河南省中等职业学校特色专业建设项目

金属加工工艺基础

主　编　高新义　赵应力

副主编　刘秋风　王献计

黄河水利出版社

·郑州·

内容提要

本书共分10个模块，从金属材料的主要性能、金属和合金的晶体结构、铁碳合金入手，介绍了钢的热处理和材料表面处理技术，铸造、塑性成形、焊接、切削加工的基础知识及工艺过程的基本知识。

本书可作为普通中等职业院校机械、材料类专业及相关专业教材，也可供有关工程技术人员参考。

图书在版编目(CIP)数据

金属加工工艺基础/高新义，赵应力主编.—郑州：黄河水利出版社，2020.12

ISBN 978-7-5509-2858-9

Ⅰ.①金… Ⅱ.①高… ②赵… Ⅲ.①金属加工-工艺学-高等学校-教材 Ⅳ.①TG

中国版本图书馆CIP数据核字(2020)第238693号

组稿编辑：田丽萍　电话：0371-66025553　E-mail:912810592@qq.com

出 版 社：黄河水利出版社　　网址：www.yrcp.com

地址：河南省郑州市顺河路黄委会综合楼14层　　邮政编码：450003

发行单位：黄河水利出版社

发行部电话：0371-66026940、66020550、66028024、66022620(传真)

E-mail:hhslcbs@126.com

承印单位：河南承创印务有限公司

开本：787 mm×1 092 mm　1/16

印张：11

字数：260千字　　印数：1—1 000

版次：2020年12月第1版　　印次：2020年12月第1次印刷

定价：50.00元

前　言

本书是中高等职业院校工程材料专业及机械设计与制造专业基础课程中的一本专业技术基础课教材。金属加工工艺是从事工程材料和机械设计及制造工作不可或缺的基础知识。

本书坚持“以工艺和常规为主”的原则，重点介绍金属材料的基本知识，铸造、金属塑性加工、焊接和金属切削加工等工艺，同时为扩大学生的视野，激发创新意识，适当介绍了学科前沿的一些新技术、新工艺和新成果。本教材适合普通中高等职业院校机械、材料类专业及相关专业学生使用，也可供有关工程技术人员参考。

全书共分10个模块。编写人员及编写分工如下：模块一、二、三、四由高新义编写，模块五、六、七、八由赵应力编写，模块九由刘秋风编写，模块十由王献计编写。本书由高新义、赵应力担任主编，刘秋风、王献计担任副主编。

本书在编写过程中得到了有关院校师生的大力支持，在此谨致谢意！

由于编者水平所限，书中不当之处，恳请广大读者批评指正。

编　者

2020年9月

目　录

模块 1 金属材料的主要性能

金属材料的性能包括使用性能和工艺性能。使用性能是指材料在使用过程中表现出来的性能,包括力学性能和物理、化学性能等;工艺性能是指材料对各种加工工艺适应的能力,包括铸造性能、锻造性能、焊接性能、切削加工性能和热处理性能等。

任务 1.1 金属材料的力学性能

金属材料的力学性能是指在各种载荷作用下表现出来的抵抗变形和破坏的能力,通常包括材料的弹性、塑性和强度。弹性是材料在外力作用下保持固有形状和尺寸的能力;塑性是材料在外力作用下发生不可逆的永久变形的能力;而强度则是材料对塑性变形和断裂的抗力。另外,由于金属材料经常在外力或环境因素的重复作用下使用,因此常用的力学性能指标还有疲劳强度、蠕变强度、冲击韧性等。此外,为便于无损检测,金属材料的力学性能指标还应包括硬度等。

1.1.1 强度

金属材料在载荷作用下所表现出来的抵抗变形或断裂的能力称为强度。强度指标一般可通过金属拉伸试验来测定,而静载荷拉伸试验是工业上最常用的试验方法之一。按标准规定,把标准试样装夹在试验机上,然后在对试样逐渐施加拉伸载荷的同时连续测量力和相应的伸长量,直至把试样拉断,依据测出的拉伸曲线,求出相关的力学性能。

1.1.1.1 拉伸曲线

在材料拉伸试验机上,对被测的标准金属材料试样施加轴向静拉力 P,试样在外力作用下产生变形。若将低碳钢试样从试验开始直到被拉断前所受的拉力 P,与其所对应的变形 Δl 绘制成曲线,可以得到如图 1-1 所示的拉伸曲线。通常以 σ(试样单位横截面上的拉力)和 ε(试样单位长度的伸长量)来代替 P 和 Δl,由此绘制成的曲线称为应力—应变曲线,反映了金属塑性变形过程典型的力学行为。下面以低碳钢拉伸曲线为例来说明拉伸过程中几个变形阶段。

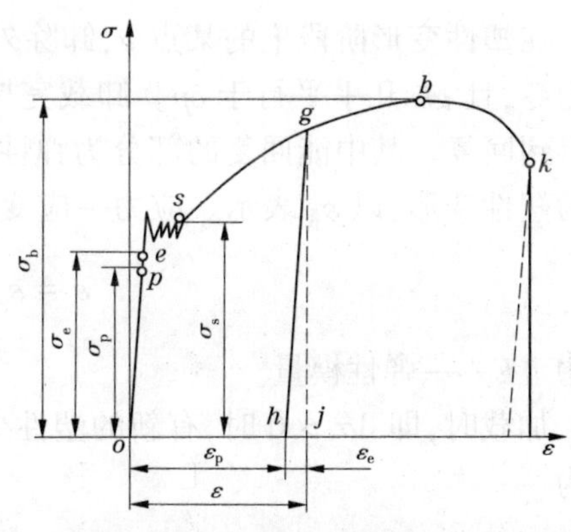

图 1-1 低碳钢的拉伸曲线

1. *oe*——弹性变形阶段

试样的伸长量与载荷成正比增加,此时若卸载,试样能完全恢复原状。图 1-1 中 p 点为比例极限点,是该曲线直线部分的顶点,e 点为弹性极限点,已稍稍偏离了直线。

2. *es*——屈服阶段

当载荷继续增加到 *s* 点时,试样所承受的载荷虽不再增加,但试样仍继续产生塑性变形,应力—应变曲线出现近似水平线段,这种现象称为材料的屈服。实际上,比例极限 σ_p、弹性极限 σ_e 和屈服极限 σ_s 三者是非常接近的,所以工程上常将三者视为一点而不加以区别,统一用 σ_s 表示。把 σ_s 视为弹性变形与塑性变形的分界点,即材料屈服之前为弹性变形阶段,屈服之后为塑性变形阶段。

3. *sb*——均匀塑性变形阶段

载荷超过 *s* 点后,试样开始产生明显塑性变形,伸长量随载荷增加而增大。当载荷继续增加至 *b* 点时,试样发生不均匀变形,截面出现局部变细的"缩颈"现象,所以 *b* 点又是简单拉伸时材料失稳的临界点,此处有 $dP = 0$ 或 $d\varepsilon = 0$,缩颈处呈现三向拉应力状态,酝酿着断裂。当变形量迅速增大至 *k* 点时,试样被拉断。*b* 点的拉力是试样在拉断前所能承受的最大载荷,其所对应的应力 σ 为抗拉强度。

4. *bk*——缩颈阶段

载荷达到最大值 δ_b 后,试样局部开始急剧缩小,出现缩颈现象。由于截面面积减小,试样变形所需载荷也随之降低,在 *k* 点时试样发生断裂。

5. 加工硬化

在塑性变形阶段,如将卸载过的试样重新加载,即可发现拉伸曲线是以 *h* 点为起点,几乎沿着 *hg* 回升,在达到 *g* 点之前,即使应力可能超过 σ_s,但试样并不发生屈服,只有当应力达到 *g* 点后,塑性变形才重新出现,以后的曲线仍然沿着 *gbk* 发展下去,这时的拉伸曲线就是 *hgbk*。*g* 点的应力就是试样重新加载时新的屈服应力,如果重复上述卸载、加载过程,就可发现重新加载时屈服应力沿 *gb* 线上升,这一现象称为应变硬化,工程上又称冷作硬化或加工硬化。这表明金属塑性变形过程伴随有力学性能的变化,是塑性变形的又一显著特点。

在塑性变形阶段上的某点 *g*,卸除外载荷时,延伸量已达 *oj* 的试样将沿 *gh* 卸载到应力为零,且 *gh* 几乎平行于 *op*。卸载完毕后,试样残存永久变形量 *oh*,只有一部分变形量 *hj* 得到回复。其中能回复的部分为弹性变形,以 ε_e 表示;不能回复的、残存的永久变形部分为塑性变形,以 ε_p 表示。应力—应变关系曲线上任一点 $g(\varepsilon,\sigma)$ 所对应的应变量为

$$\varepsilon = \varepsilon_e + \varepsilon_p = \frac{\sigma}{E} + \varepsilon_p$$

式中 E——弹性模量。

加载时,即 $d\sigma > 0$ 时,有新的塑性变形发生,应力—应变关系一般是非线性的,可表示为

$$\sigma = f(\varepsilon) = H(\varepsilon_p)$$

卸载时,即 $d\sigma \leqslant 0$ 时,不发生新的塑性变形,而只有弹性变形回复,应力—应变关系仍是线性的。

1.1.1.2 强度指标

金属材料的强度是用应力来度量的,即单位截面面积上的内力。常用的强度指标有屈服强度和抗拉强度。

1. 屈服强度 σ_s

屈服强度 σ_s，即材料产生屈服时的最小应力，单位为 MPa。

$$\sigma_s = F_s / S_0$$

式中　F_s——屈服时的最小载荷，N；

S_0——试样原始截面面积，mm^2。

对于无明显屈服现象的金属材料（如铸铁、高碳钢等），测定 σ_s 很困难，通常规定产生 0.2%塑性变形时的应力作为条件屈服强度，用 $\sigma_{0.2}$ 表示。

屈服强度表征金属发生明显塑性变形的抗力，因此它是机械设计的主要依据。

2. 抗拉强度 σ_b

抗拉强度 σ_b，即材料在拉断前所承受的最大应力，单位为 MPa。

$$\sigma_b = F_b / S_0$$

式中　F_b——试样断裂前所承受的最大载荷，N。

抗拉强度表示材料抵抗均匀塑性变形的最大能力，是设计机械零件和选材的主要依据。

1.1.2　塑性

金属材料在载荷作用下产生塑性变形而不断裂的能力称为塑性，塑性指标也是通过拉伸试验测定的。常用的指标有两个：

（1）断后伸长率 δ。

$$\delta = (L_1 - L_0) / L_0 \times 100\%$$

式中　L_0、L_1——试样原始标距和被拉断后的标距，mm。

（2）断面收缩率 ψ。

$$\psi = (S_0 - S_1) / S_0 \times 100\%$$

式中　S_0、S_1——试样原始截面面积和断裂后缩颈处的最小截面面积，mm^2。

δ、ψ 数值越大，表明材料的塑性越好。

1.1.3　硬度

硬度是表征材料表面局部体积内抵抗其他物体压入时变形的能力。金属材料质量检验主要用压入法进行硬度试验，而其中应用最为广泛的是布氏硬度试验和洛氏硬度试验。

1.1.3.1　布氏硬度试验

1. 试验原理

图 1-2 为布氏硬度试验原理示意图，它是用一定直径的淬火钢球或硬质合金钢球做压头，以相应试验力压入被测材料表面，经规定保持时间后卸载，以压痕单位面积上所受试验力的大小来确定被测材料的硬度值，用符号 HB 表示。

$$HB = \frac{F}{S_{压}} = \frac{F}{\pi D h} = \frac{2F}{\pi D\left(D - \sqrt{D^2 - d^2}\right)}$$

式中　F——试验力，N；

$S_{压}$——压痕表面积,mm^2;

D——球体直径,mm;

d——压痕平均直径,mm。

2. 表示方法

表示布氏硬度值时应同时标出压头类型。当试验压头为淬火钢球时,硬度符号为 HBS;当试验压头为硬质合金钢球时,硬度符号为 HBW。HBS 或 HBW 之后数字为硬度值,例如 HBS120、HBW450。

3. 应用范围

HBS 适用于测量布氏硬度值小于 450 的材料,HBW 适用于测量硬度值小于 650 的材料。因压痕大,布氏硬度不适宜检验薄件或成品。

1.1.3.2　洛氏硬度试验

1. 试验原理

图 1-3 为洛氏硬度试验原理示意图。洛氏硬度是用顶角为 120°的金刚石圆锥体或直径为 1.588 mm 的淬火钢球作为压头。试验时先施加初始载荷,目的是使压头与试样表面接触良好,保证测量结果准确,然后施加主载荷,保持规定时间后卸除主载荷,依据压痕深度确定硬度值。

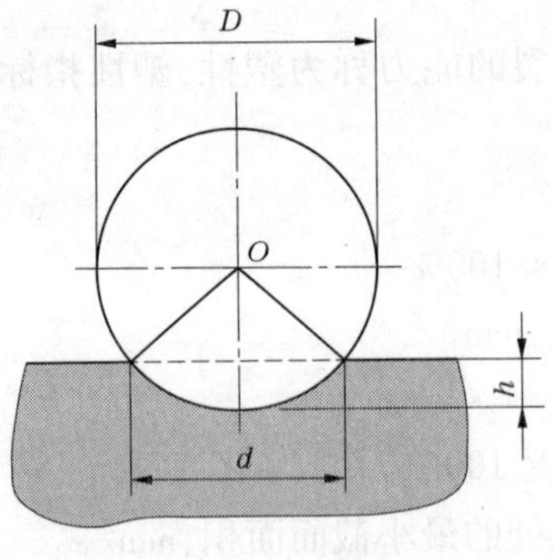

图 1-2　布氏硬度试验原理示意图

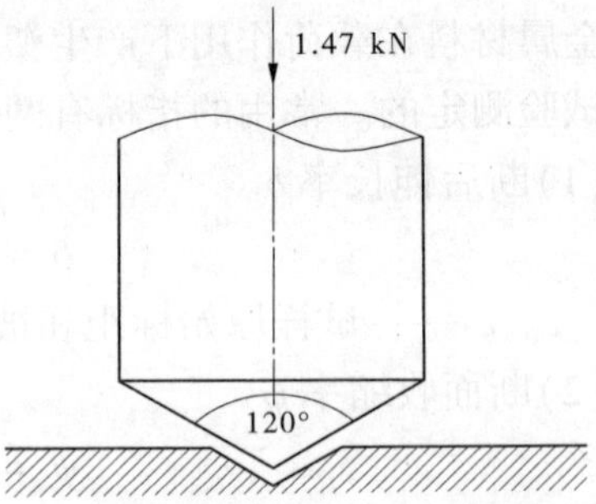

图 1-3　洛氏硬度试验原理示意图

金属越硬,压痕深度越小。为适应人们习惯上数值越大硬度越高的观念,所以人为地规定一常数 K 减去压痕深度 h 的值作为洛氏硬度指标,并规定每 0.002 mm 为一个洛氏硬度单位,用符号 HR 表示,则洛氏硬度值为

$$HR = (K - h)/0.002$$

由此可见,洛氏硬度值是一个无量纲的材料性能指标。使用金刚石压头时,常数 K 为 0.2;使用钢球压头时,常数 K 为 0.26。实际测量时,可直接从表盘上读出硬度值。

2. 表示方法

洛氏硬度计采用 A、B、C 三种标尺对不同硬度材料进行试验,硬度分别用 HRA、HRB、HRC 表示,硬度值标在符号后,如 HRC45。

3. 特点

洛氏硬度测量操作简单(直接读出硬度值);测量范围大(软硬均可);压痕小,可直接测量薄件或成品。但由于压痕小，硬度波动大，为提高精度，通常测定3个不同点取平均值。由于洛氏硬度与布氏硬度相比压痕小，因此软硬材料都可以测量。但是不同标尺之间不可相互比较硬度值的大小。

1.1.3.3　维氏硬度

维氏硬度是用锥面角为136°的金刚石四棱锥体作为压头，适用于测定薄件和经表面处理后零件表面层的硬度，如渗碳层、表面淬硬层、电镀层等，以及微观组织的硬度。

维氏硬度测定的硬度值比布氏硬度、洛氏硬度测定的精确，压痕小，改变负荷可测定从极软到极硬的各种材料的硬度，并统一比较。

1.1.4　冲击韧度

许多机械零件是在冲击载荷下工作的。冲击载荷比静载荷的破坏能力大，对于承受冲击载荷的材料，还必须具备足够的冲击韧度。冲击韧度是指材料抵抗冲击载荷作用而破坏的能力，通常用一次摆锤冲击试验来测定。

冲击试验原理示意图如图1-4所示。将标准试样安放在摆锤试验机的支座上，试样缺口背向摆锤，将具有一定重力G的摆锤举至一定高度h_1，使其获得一定势能Gh_1。然后由此高度落下将试样冲断，试样断裂后摆锤上摆到高度h_2。在忽略摩擦和阻尼等条件下，摆锤冲断试样所做的功，称为冲击吸收功，以A_k表示，则有：

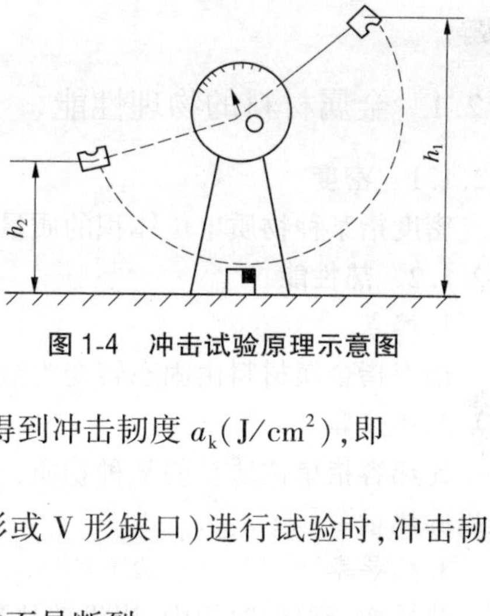

图1-4　冲击试验原理示意图

$$A_k = G(h_1 - h_2)$$

用试样的断口处截面面积去除冲击吸收功，即得到冲击韧度a_k(J/cm^2)，即

$$a_k = A_k/S_0$$

需要说明一点，使用不同类型的标准试样（U形或V形缺口）进行试验时，冲击韧度分别以a_{ku}或a_{kv}表示。

a_k值越大，表明材料的韧性越好，受到冲击时越不易断裂。

1.1.5　疲劳极限

1.1.5.1　疲劳概念

许多机械零件，例如轴、齿轮、轴承等，在工作时承受的是交变载荷。在这种载荷作用下，虽然零件所受应力远低于材料的屈服点，但在长期使用中往往会突然发生断裂，这种破坏过程称为疲劳断裂。

1.1.5.2　疲劳极限

工程上规定，材料经无数次重复交变载荷作用而不发生断裂的最大应力称为疲劳极限。图1-5为通过试验测定的材料交变应力σ和断裂前应力

图1-5　疲劳曲线

循环次数 N 之间的关系曲线。曲线表明，材料受的交变应力 σ 越大，则断裂时应力循环次数 N 越少；反之，则 N 越大。当应力低于一定值时，试样经无限次循环也不破坏，此应力值称为材料的疲劳极限，用 σ_r 表示。对称循环 $r=-1$，疲劳极限用 σ_{-1} 表示。

1.1.5.3 提高疲劳极限途径

金属产生疲劳同许多因素有关，目前普遍认为是由于材料内部有缺陷，如夹杂、气孔、疏松等，表面有划痕，残余应力及其他能引起应力集中的缺陷等，导致微裂纹产生，这种微裂纹随应力循环次数的增加而逐渐扩展，致使金属零件突然断裂。

任务 1.2 金属材料的物理、化学及工艺性能

金属材料的物理性能包括熔点、密度、热膨胀性、导电性、导热性等。化学性能包括抗腐蚀性、抗氧化性等。金属材料的工艺性能是指材料加工或成形为合格零件的难易程度，它与金属材料的物理性能密切相关，包括铸造性、可锻性、可焊性、热处理性、切削加工性等。

1.2.1 金属材料的物理性能

1.2.1.1 密度

密度指某种物质单位体积的质量。

1.2.1.2 热性能

1. 熔点

熔点指金属材料由固态转变为液态时的熔化温度。

2. 比热容

比热容指单位质量的某种物质，在温度升高 1 ℃时吸收的热量或温度降低 1 ℃时所放出的热量。

3. 热导率

热导率指单位时间内，当沿着热流方向的单位长度上温度降低 1 ℃时，单位面积容许导过的热量。

4. 线膨胀系数

线膨胀系数指金属温度每升高 1 ℃所增加的长度与原来长度的比值。

1.2.1.3 电性能

1. 电阻率

电阻率是表示物体导电性能的一个参数。它等于 1 m 长、横截面积为 1 mm^2 的导线两端间的电阻，也可用一个单位立方体的两平行端面间的电阻表示。

2. 电阻温度系数

温度每升降 1 ℃，材料电阻的改变量与原电阻之比，称为电阻温度系数。

3. 电导率

电阻率的倒数称为电导率。在数值上，它等于导体维持单位电位梯度时流过单位面

积的电流。

1.2.1.4　磁性能

1. 磁导率

磁导率是衡量磁性材料磁化难易程度的性能指标，常用符号 μ 表示。它是磁性材料中的磁感应强度 B 和磁场强度 H 的比值。磁性材料通常分为软磁材料（μ 值很高，可达数万）和硬磁材料（μ 值为1左右）两大类。

2. 磁感应强度

在磁介质中的磁化过程，可以看作在原先的磁场强度 H 上再加上一个由磁化强度 J 所决定的、数量等于 $4\pi J$ 的新磁场，因而在磁介质中的磁场 $B=H+4\pi J$ 的新磁场，称为磁感应强度。

3. 磁场强度

导体中通过电流，其周围就产生磁场。磁场对原磁矩或电流产生作用力的大小为磁场强度的表征。

4. 矫顽力

样品磁化到饱和后，由于有磁滞现象，若使磁感应强度减为零，需施加一定的负磁场 H_c，H_c 就称为矫顽力。

5. 铁损

铁磁材料在动态磁化条件下，由于磁滞和涡流效应所消耗的能量，称为铁损。

1.2.2　金属材料的化学性能

金属材料在室温或高温下，抵抗介质对它化学侵蚀的能力，称为金属材料的化学性能。金属材料的化学性能一般包括抗氧化性和抗腐蚀性等。

1.2.2.1　抗氧化性

抗氧化性是指金属材料在高温时抵抗氧化性气氛腐蚀作用的能力。火电厂热力设备的高温部件，如锅炉的过热器、水冷壁管，汽轮机的汽缸、叶片等，长期在高温下工作，容易产生氧化腐蚀。许多金属都能与空气中的氧进行化合而形成氧化物，在金属表面形成一层氧化膜。如果金属表面形成的氧化物层比较疏松，外界氧气便可以继续与金属作用，使金属材料受到破坏，这种现象就称为金属的氧化。如果金属表面形成的氧化物层比较致密，而且牢固地覆盖在金属表面上，形成了一层保护层，使氧气不能再与金属接触，阻止了金属的继续氧化，金属就得到了保护，这样的金属抗氧化性能高。如铝在空气中抗氧化性能就比较高。

1.2.2.2　抗腐蚀性

金属材料抵抗各种介质（大气、酸、碱、盐）侵蚀的能力称为抗腐蚀性。火电厂中的一些热力部件，长期接触高温烟气、水汽或一些腐蚀介质，使金属表面不断受到各种侵蚀，有时还会侵入金属内部，给安全运行带来不利影响，严重时甚至造成破裂损坏事故。火电厂锅炉管子受到的腐蚀主要是硫腐蚀和氢腐蚀，燃油锅炉还会受到钒腐蚀。水电站水轮机涡轮受到的主要是水汽腐蚀。因此，金属材料的抗腐蚀性是一个很重要的材料性能。

1.2.3 金属材料的工艺性能

1.2.3.1 铸造性

铸造性指金属材料能用铸造的方法获得合格铸件的性能。铸造性主要包括流动性、收缩性和偏析。流动性是指液态金属充满铸模的能力；收缩性是指铸件凝固时，体积收缩的程度；偏析是指金属在冷却凝固过程中，因结晶先后差异而造成金属内部化学成分和组织的不均匀性。

1.2.3.2 可锻性

可锻性指金属材料在压力加工时，能改变形状而不产生裂纹的性能。它包括在热态或冷态下能够进行锤锻、轧制、拉伸、挤压等加工。可锻性的好坏主要与金属材料的化学成分有关。

1.2.3.3 焊接性(可焊性)

焊接性(可焊性)指金属材料对焊接加工的适应性能，主要是指在一定的焊接工艺条件下，获得优质焊接接头的难易程度。它包括两个方面的内容：一是结合性能，即在一定的焊接工艺条件下，一定的金属形成焊接缺陷的敏感性；二是使用性能，即在一定的焊接工艺条件下，一定的金属焊接接头对使用要求的适用性。

1.2.3.4 切削加工性(可切削性，机械加工性)

切削加工性指金属材料被刀具切削加工后而成为合格工件的难易程度。切削加工性好坏常用加工后工件的表面粗糙度、允许的切削速度及刀具的磨损程度来衡量。它与金属材料的化学成分、力学性能、导热性及加工硬化程度等诸多因素有关。通常是用硬度和韧性作切削加工性好坏的大致判断。一般来说，金属材料的硬度越高越难切削，硬度虽不高，但韧性大，切削也较困难。

习题与思考题

1-1 拉伸试验可确定哪些力学性能？对拉伸试件有什么基本要求？

1-2 硬度的定义是什么？硬度试验有哪些特点？

1-3 什么是冲击韧性，测定冲击韧性的试样有哪几种形式？测定的冲击韧性如何表示？

1-4 工程中如何定义疲劳极限？如何测定？

1-5 金属材料的物理性能有哪些？如何定义？

1-6 金属材料的化学性能有哪些？什么是金属材料的抗氧化性？

1-7 金属材料的工艺性能有哪些？什么是金属材料的铸造性？

模块2　金属和合金的晶体结构

自然界的固态物质,根据原子在内部的排列特征可分为晶体与非晶体两大类。晶体与非晶体的区别表现在许多方面。晶体物质的基本质点(原子等)在空间排列是有一定规律的,所以有规则的外形,有固定的熔点。此外,晶体物质在不同方向上具有不同的性质,表现出各向异性的特征。在一般情况下的固态金属就是晶体。

任务2.1　金属的晶体结构

2.1.1　晶体结构

为了形象描述晶体内部原子排列的规律,将原子抽象为几何点,并用一些假想连线将几何点连接起来,这样构成的空间格子称为晶格。晶体中原子排列具有周期性变化的特点,通常从晶格中选取一个能够完整反映晶格特征的最小几何单元,这个几何单元称为晶胞,它具有很高的对称性。

2.1.2　三种典型的金属晶格

2.1.2.1　体心立方晶格

体心立方晶格的晶胞示意图如图2-1(a)所示。它的晶胞是一个立方体,立方体的8个顶角和晶胞各有一个原子,其单位晶胞原子数为2个,其致密度为0.68。属于该晶格类型的常见金属有Cr、W、Mo、V、α-Fe等。

2.1.2.2　面心立方晶格

面心立方晶格的晶胞示意图如图2-1(b)所示。它的晶胞也是一个立方体,立方体的8个顶角和立方体的6个面中心各有一个原子,其单位晶胞原子数为4个,其致密度为0.74(原子排列较紧密)。属于该晶格类型的常见金属有Al、Cu、Pb、Au、γ-Fe等。

2.1.2.3　密排六方晶格

密排六方晶格的晶胞是一个正六方柱体,原子排列在柱体的每个顶角和上、下底面的中心,另外3个原子排列在柱体内,晶胞示意图如图2-1(c)所示。其单位晶胞原子数为6个,致密度为0.74。属于该晶格类型的常见金属有Mg、Zn、Be、Cd、α-Ti等。

2.1.3　金属实际的晶体结构

前面讨论的金属结构是理想的结构,即原子排列得非常整齐,晶格位向(原子列的方位和方向)完全一致,且无任何缺陷存在,称为单晶体。目前,只有采用特殊方法才能获得单晶体。

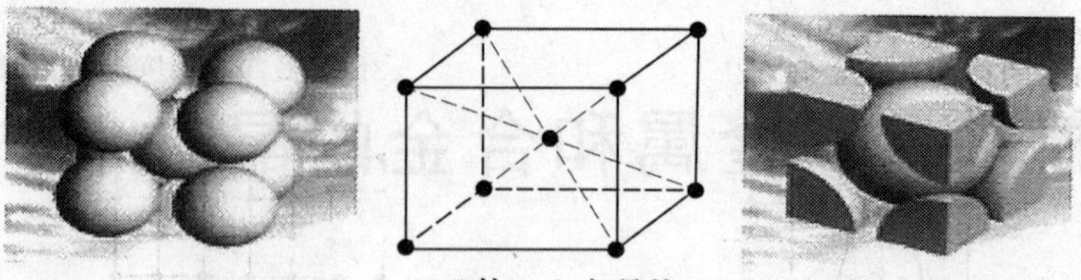

(a)体心立方晶格

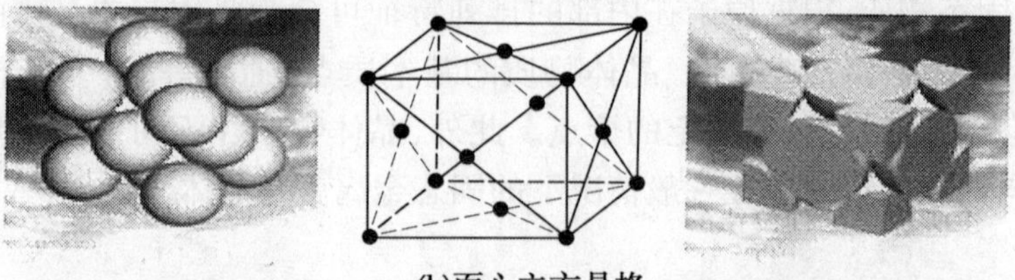

(b)面心立方晶格

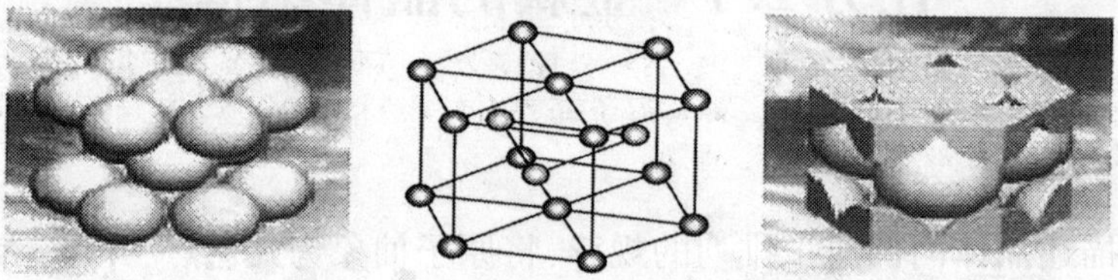

(c)密排六方晶格

图 2-1　常见金属晶格的晶胞示意图

2.1.3.1　金属的多晶体结构

实际使用的金属大都是多晶体结构，即它是由许多不同位向的小晶体组成的，每个小晶体内部晶格位向基本上是一致的，而各小晶体之间位向却不相同，如图 2-2 所示。这种外形不规则、呈颗粒状的小晶体称为晶粒。晶粒与晶粒之间的界面称为晶界。

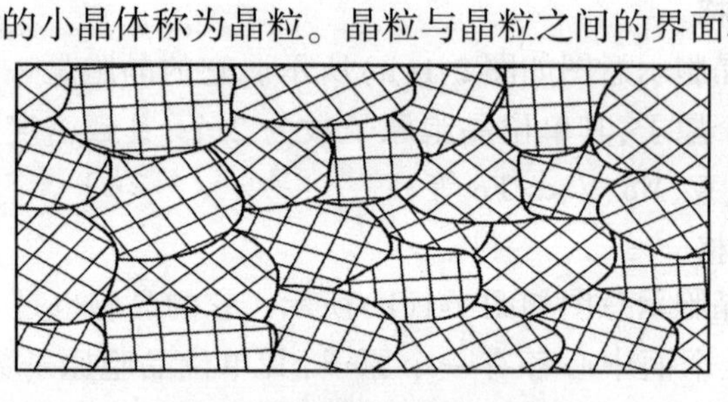

图 2-2　金属的多晶体结构

实践表明，在每个晶粒内部，晶格位向也有位向差（1°~2°），这些位向差很小的小晶块嵌镶成一颗晶粒。这些小晶块称为亚晶或亚结构，亚晶之间的边界称为亚晶界。

2.1.3.2　金属的晶体缺陷

在金属晶体中，由于晶体形成条件、原子的热运动及其他各种因素影响，原子规则排列在局部区域受到破坏，呈现出不完整性，通常把这种区域称为晶体缺陷。根据几何特征，晶体缺陷可分为点缺陷、线缺陷和面缺陷三类。

1. 点缺陷

晶体缺陷呈点状分布，最常见的点缺陷有晶格空位、间隙原子等，如图 2-3 所示。由于点缺陷的出现，周围原子发生“撑开”或“靠拢”现象，称为晶格畸变。晶格畸变的存在，使金属产生内应力,晶体性能发生变化,如强度、硬度增加,它也是强化金属的手段之一。

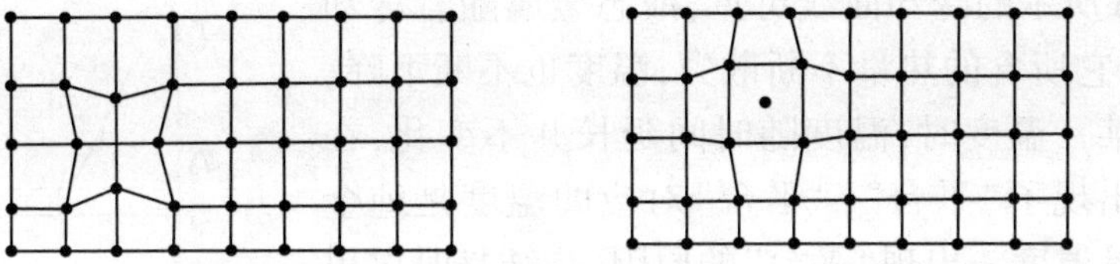

(a)晶格空位　(b)间隙原子

图 2-3　点缺陷示意图

2. 线缺陷

晶体缺陷呈线状分布,线缺陷主要是指位错。最常见的位错是刃型位错,如图 2-4 所示。这种位错的表现形式是晶体的某一晶面上多出一个半原子面,它如同刀刃一样插入晶体,所以称为刃型位错。在位错线附近一定范围内,晶格发生了畸变。

3. 面缺陷

缺陷呈面状分布,通常指的是晶界和亚晶界。实际中金属材料是多晶体结构,多晶体中两个相邻晶粒之间晶格位向是不同的,所以晶界处是不同位向晶粒原子排列无规则的过渡层,如图 2-5 所示。晶界处原子处于不稳定状态,能量较高,因此晶界与晶粒内部有着一系列不同特征。例如,常温下晶界有较高的强度和硬度;晶界处原子扩散速度较快;晶界处容易被腐蚀、熔点低等。

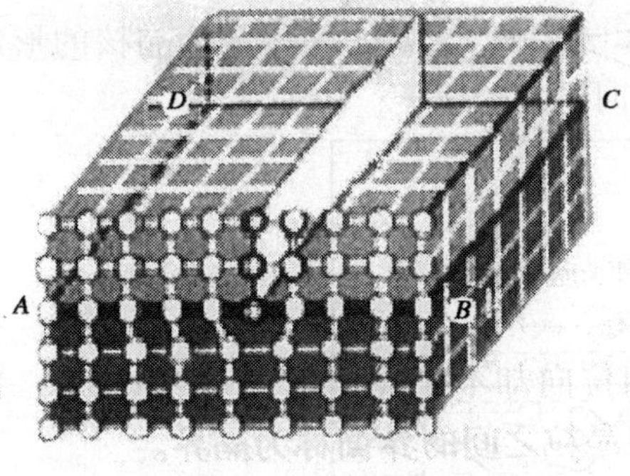

图 2-4　刃型位错示意图

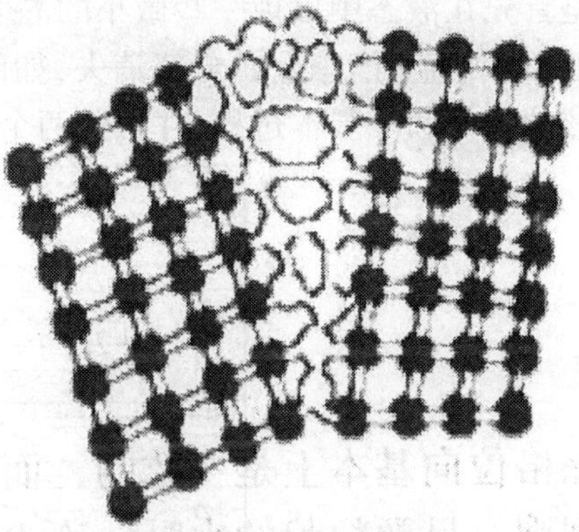

图 2-5　晶界示意图

任务 2.2　金属的结晶

2.2.1　纯金属的结晶

2.2.1.1　结晶的概念

金属的结晶是指金属由液态转变为固态的过程。

2.2.1.2　纯金属的冷却曲线

纯金属的结晶都是在一定温度下进行的,它的冷却结晶过程可用图 2-6 所示的冷却曲线来描述。

由图 2-6 所示的冷却曲线可见，液态金属随着冷却时间的延长，它所含的热量不断散失，温度也不断下降，但当冷却到某一温度时，温度随时间延长并不变化，在冷却曲线上出现了“平台”，“平台”对应的温度是纯金属的实际结晶温度。出现“平台”的原因，是结晶时放出的潜在热正好补偿了金属向外界散失的热量。结晶完成后，由于金属继续向环境散热，温度又重新下降。

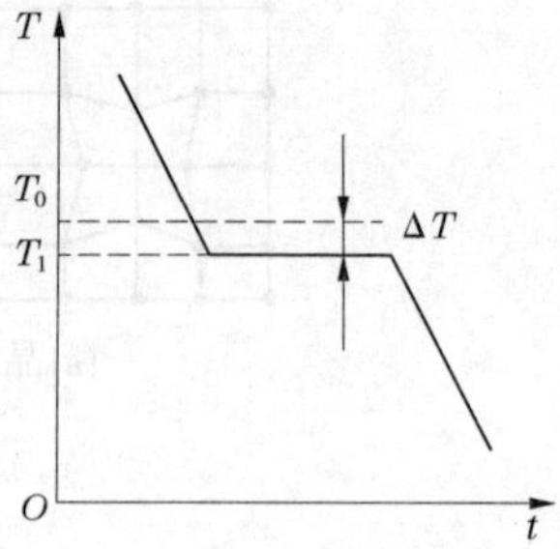

图 2-6　纯金属的冷却曲线

需要指出的是，图 2-6 中 T_0 为理论结晶温度，金属实际结晶温度 T_1 总是低于理论结晶温度 T_0 的现象，称为过冷现象；理论结晶温度和实际结晶温度之差称为过冷度，以 ΔT 表示：

$$\Delta T = T_0 - T_1$$

金属结晶时温度的大小与冷却速度有关，冷却速度越大，过冷度就越大，金属的实际结晶温度就越低。

2.2.2　纯金属的结晶过程

纯金属的结晶过程发生在冷却曲线上“平台”所经历的这段时间。液态金属结晶时，都是首先在液态中出现一些微小的晶体——晶核，它不断长大，同时新晶核又不断产生并相继长大，直至液态金属全部消失，如图 2-7 所示。因此，金属的结晶包括晶核的形成和晶核的长大两个基本过程，并且这两个过程是同时进行的。

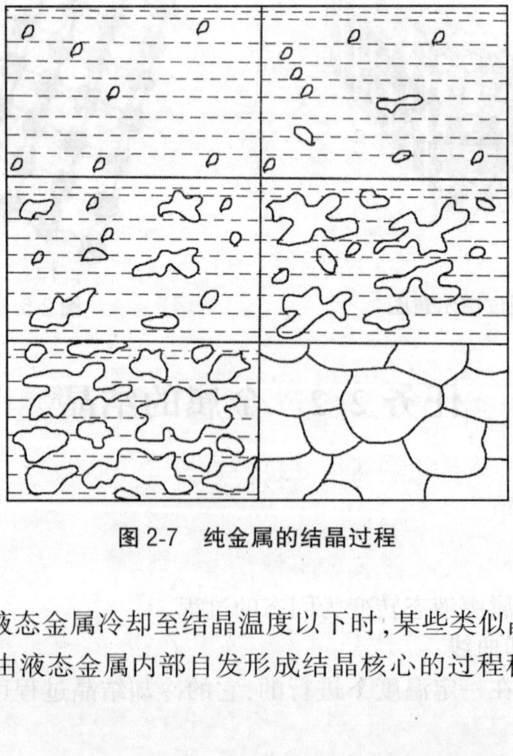

图 2-7　纯金属的结晶过程

2.2.2.1　晶核的形成

由图 2-7 可见，当液态金属冷却至结晶温度以下时，某些类似晶体原子排列的小集团便成为结晶核心，这种由液态金属内部自发形成结晶核心的过程称为自发形核。而在实际中金属常有杂质的存在,这种液态金属依附于这些杂质更容易形成晶核。这种依附于杂质或型壁而形成晶核的过程称为非自发形核。自发形核和非自发形核在金属结晶时是同时进行的,但非自发形核常起优先和主导作用。

2.2.2.2　晶核的长大

晶核形成后,当过冷度较大或金属中存在杂质时,金属晶体常以树枝状的形式长大。在晶核形成初期,外形一般比较规则,但随着晶核的长大,形成了晶体的顶角和棱边,此处散热条件优于其他部位,因此在顶角和棱边处以较大成长速度形成枝干。同理,在枝干的长大过程中,又会不断生出分支,最后填满枝干的空间,结果形成树枝状晶体,简称枝晶。

2.2.3　金属结晶后的晶粒大小

金属结晶后的晶粒大小对金属的力学性能有重大影响,一般来说,细晶粒金属具有较高的强度和韧性。为了提高金属的力学性能,希望得到细晶组织,因此必须了解影响晶粒大小的因素及控制方法。

结晶后的晶粒大小主要取决于形核率 N 与晶核长大速率 G。显然,凡能促进形核率 N、抑制晶核长大速率 G 的因素,均能细化晶粒。具体细化晶粒方法如下:

(1)增大过冷度。形核率 N 和晶核长大速率 G 都随过冷度增大而增大,但在很大范围内形核率 N 比晶核长大速率 G 增长得更快。所以,过冷度越大,单位体积中晶粒数目越多,晶粒越细化。实际生产中,通过加快冷却速度来增大过冷度,这对于大型零件显然不易办到,因此这种方法只适用于中小型铸件。

(2)变质处理。在液态金属结晶前加入一些细小变质剂,使结晶时形核率 N 增加,而晶核长大速率 G 降低,这种细化晶粒方法称为变质处理。

此外,采用机械振动、超声波和电磁波振动等,增加结晶动力,使枝晶破碎,也会间接增加形核核心,同样可细化晶粒。

任务2.3　合金的晶体结构

纯金属虽然具有优良的导电、导热等性能,但它的力学性能较差,并且价格昂贵,因此在使用上受到很大限制。机械制造领域中广泛使用的金属材料是合金,尤其是铁碳合金。

2.3.1　合金的基本概念

(1)合金。由两种以上的金属元素,或金属与非金属元素组成的具有金属特性的物质称为合金。

(2)组元。组成合金的最基本的独立物质称为组元,简称元。组元一般是指组成合金的元素,但一些稳定的化合物有时也可作为组元,如 Fe_3C。

(3)合金系。由两个或两个以上组元按不同比例配制成一系列不同成分的合金,称为合金系。

(4)相。在金属组织中,化学成分、晶体结构和物理性能相同的组分称为相。

(5)组织。用肉眼或借助于显微镜观察到材料具有独特微观形貌特征的部分称为组织。组织反映材料的相组成、相形态、大小和分布状况，因此组织是决定材料最终性能的关键。

2.3.2 合金的组织

多数合金组元液态时都能互相溶解，形成均匀液溶体。固态时，由于各组分之间相互作用不同，形成不同的组织。通常情况下，固态时合金形成固溶体、金属化合物和机械混合物三类组织。

2.3.2.1 固溶体

合金由液态结晶为固态时，一组元的晶格中溶入另一种或多种其他组元而形成的均匀相称为固溶体。保留晶格的组元称为溶剂，溶入晶格的组元称为溶质。

根据溶质原子在溶剂中所占位置的不同，固溶体可分为置换固溶体和间隙固溶体。

1. 置换固溶体

溶剂结点上的部分原子被溶质原子所替代而形成的固溶体，称为置换固溶体。溶质原子溶于固溶体中的量称为固溶体的溶解度，通常用质量分数来表示。

2. 间隙固溶体

溶质原子溶入溶剂晶格之中而形成的固溶体，称为间隙固溶体。

溶质原子的溶入，会引起固溶体晶格发生畸变。晶格畸变使合金变形阻力增大，从而提高了合金的强度和硬度，这种现象称为固溶强化。它是提高材料力学性能的重要途径之一。

2.3.2.2 金属化合物

合金组元间发生相互作用而形成一种具有金属特性的物质称为金属化合物。它的晶格类型和性能完全不同于任一组元，一般可用化学分子式表示，如 Fe_3C。

金属化合物具有熔点高、硬度高、脆性大的特点，在合金中主要作为强化相，可以提高材料的强度、硬度和耐磨性，但塑性和韧性有所降低。

2.3.2.3 机械混合物

两种或两种以上的相按一定质量分数组合而成的物质称为机械混合物。混合物中各组成相仍保持自己的晶格，彼此无交互作用，其性能主要取决于各组成相的性能以及相的分布状态。

任务 2.4 合金的结晶

2.4.1 合金相图的概念

合金相图是表明在平衡条件下，合金的组成相和温度、成分之间关系的简明图解。它是进行金相分析，制定铸造、锻压、焊接、热处理等热加工工艺的重要依据。

2.4.2 二元合金相图的建立

相图大多数是通过试验方法建立起来的，目前测绘相图的方法很多，但最常用的是热分析法。

2.4.3 二元合金相图的分析

两组元在液态和固态下均能无限互溶所构成的相图称为二元匀晶相图。属于该类相图的合金有 Cu-Ni、Fe-Cr、Au-Ag 等。下面以 Cu-Ni 合金为例,对二元合金结晶过程进行分析。

2.4.3.1 相图分析

图 2-8 为 Cu-Ni 合金相图,图中 *A* 点、*B* 点分别是纯铜和纯镍的熔点。*AaB* 线是合金开始结晶的温度线,称为液相线;*AbB* 线是合金结晶终了的温度线,称为固相线。

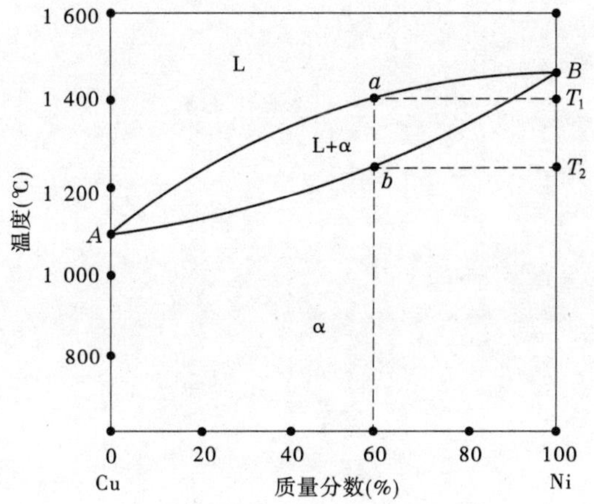

图 2-8 Cu-Ni 合金相图

液相线以上为单一液相区,以 L 表示;固相线以下是单一固相区,以 α 表示;液相线与固相线之间为液相和固相两相共存区,以 L+ α 表示。

2.4.3.2 合金的结晶过程

以 w_{Ni} =60%的合金为例说明合金的结晶过程。由图 2-8 可见,当合金以极缓慢的速度冷却至 T_1 时,开始从液相中析出 α ,随着温度的不断降低, α 相不断增多,而剩余的液相 L 不断减少,并且液相和固相的成分通过原子扩散分别沿着液相线和固相线变化。当结晶终了时,获得与原合金成分相同的 α 相固溶体。

2.4.3.3 枝晶偏析

合金在结晶过程中,只有在极其缓慢冷却条件下原子才具有充分扩散的能力,固相的成分才能沿固相线均匀变化。但在实际生产条件下,冷却速度较快,原子扩散来不及充分进行,导致先后结晶出的固相成分存在差异,这种晶粒内部化学成分不均匀的现象,称为晶内偏析(又称枝晶偏析)。

偏析的存在严重降低了合金的力学性能和加工工艺性能,生产中常采取扩散退火工艺来消除偏析。

习题与思考题

2-1 金属的实际晶体结构与理论晶体结构有何区别?

2-2 叙述一下纯金属的结晶过程。

2-3 影响金属结晶后晶粒大小的因素有哪些?

2-4 合金的组织有哪些?什么是固溶体?

2-5 什么是合金相图?它是如何建立的?

模块 3　铁碳合金

铁碳合金是机械制造工业中应用最为广泛的金属材料。这类合金以铁和碳为主要组成元素,并添加一定量的其他组元构成合金,习惯上称为铁碳合金。常见的钢与铸铁即为此类合金,因此了解钢与铸铁的本质,掌握铁碳合金的相关知识是必要的。铁碳合金状态图通过研究铁碳合金的成分、温度与组织之间的变化关系,了解其力学性能,对制定和使用钢铁材料的加工工艺具有重要的指导意义。

任务 3.1　纯铁的晶体结构与同素异构转变

3.1.1　纯铁的晶体结构

在晶体中,内部原子在空间上是按一定的几何规律排列的,如图 3-1(a)所示。为了便于研究晶体中原子的排列规律,可以将原子简化成一个点,用假想的线将这些点连接起来,构成有明显规律性的空间格架。这种表示原子在晶体中排列规律的空间格架称为晶格,如图 3-1(b)所示。晶格是由许多形状、大小相同的最小几何单元重复堆积而成的。这种能够完整地反映晶格特征的最小几何单元称为晶胞,如图 3-1(c)所示。晶胞中各棱边的长度称为晶格常数,其单位为 Å(1 Å $=10^{-10}$m = 0.1 nm),晶胞各棱边之间的夹角分别以 α 、β 、γ 表示,称为棱间夹角。由于在晶体的各个晶面和晶向上原子排列的疏密程度不同,原子密度及原子间结合力大小也就不同,从而在不同的晶面和晶向上显示出不同的性能,这就是晶体具有各向异性的原因。而各种金属晶体结构的主要差别就在于其晶格类型和晶格常数的不同。

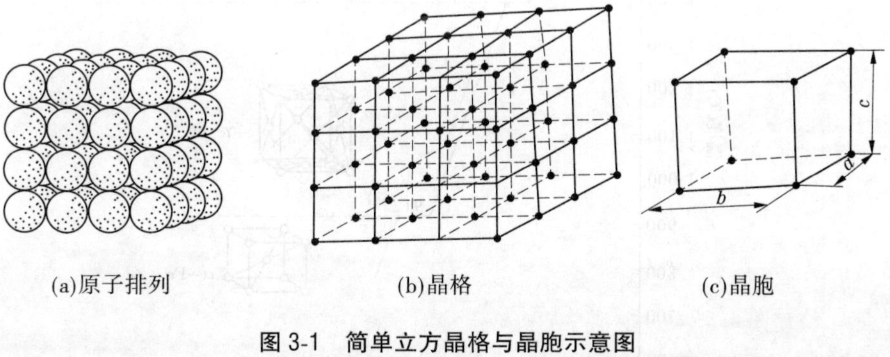

(a)原子排列　(b)晶格　(c)晶胞

图 3-1　简单立方晶格与晶胞示意图

晶体的晶体结构通常分为 7 个晶系、14 种晶格。纯铁的晶格有体心立方晶格和面心立方晶格两种。

(1)体心立方晶格。体心立方晶格的晶胞是一个立方体,立方体的 8 个顶角上和立方体的中心各有一个原子,如图 3-2 所示。

(2)面心立方晶格。面心立方晶格的晶胞也是一个立方体,立方体的 8 个顶角上和立方体 6 个面的中心各排列一个原子,如图 3-3 所示。

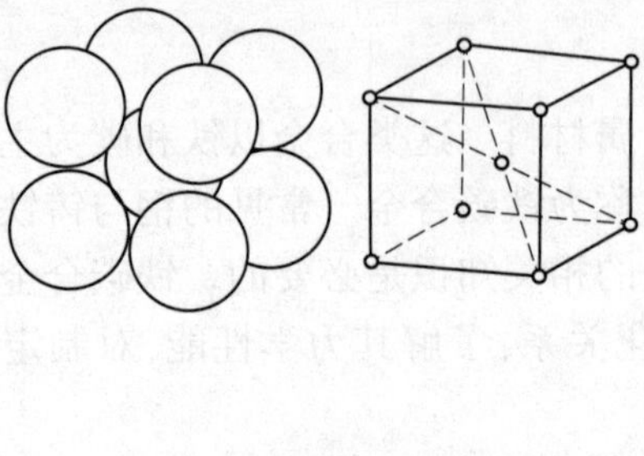

图 3-2　体心立方晶胞

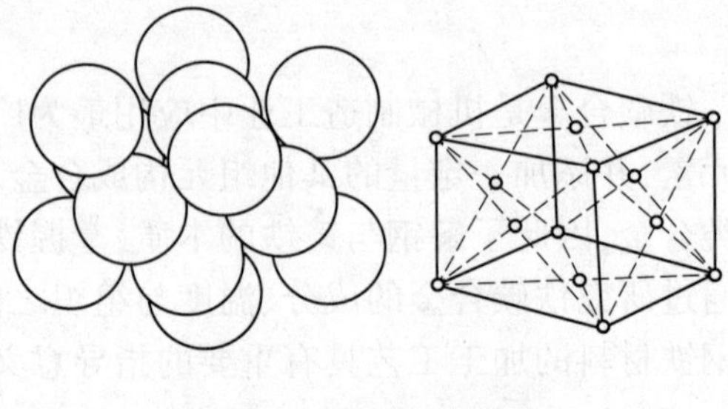

图 3-3　面心立方晶胞

3.1.2　纯铁的同素异构转变

自然界中大多数金属结晶后晶格类型都不再变化,但少数金属,如铁、锰、钴等,结晶后随着温度(或压力)的变化,晶格会有所不同,金属这种在固态下晶格类型随温度(或压力)变化的特性为同素异构转变。以不同晶格形式存在的同一金属元素的晶体称为该金属的同素异构晶体,简称同素异构体。

铁是典型的具有同素异构转变特性的金属。图 3-4 所示为纯铁的冷却曲线。由图 3-4 可见,液态纯铁在 1 538 ℃时开始结晶,得到具有体心立方晶格的 δ-Fe;继续冷却到 1 394 ℃时发生同素异构转变,具有体心立方晶格的 δ-Fe 转变为具有面心立方晶格的 γ-Fe;再冷却到 912 ℃时又发生同素异构转变,具有面心立方晶格的 γ-Fe 转变为具有体心立方晶格的 α-Fe;如继续冷却到室温,晶格的类型不再发生变化。这些转变可以表示为

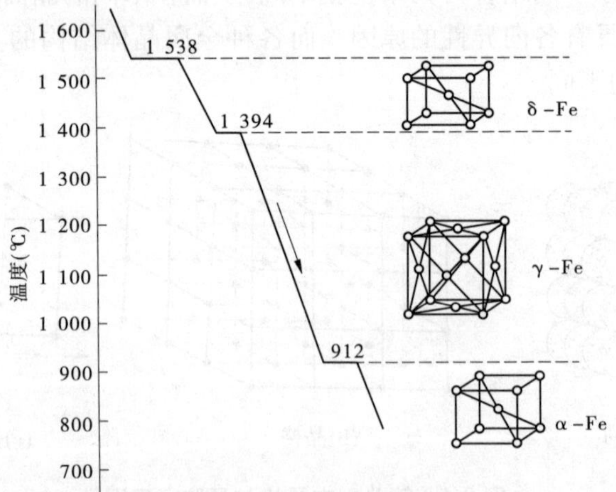

图 3-4　纯铁的冷却曲线

$$(\text{液态})Fe \xrightleftharpoons{1\ 538\ ℃} \delta\text{-}Fe \xrightleftharpoons{1\ 394\ ℃} \gamma\text{-}Fe \xrightleftharpoons{912\ ℃} \alpha\text{-}Fe$$

同素异构转变是物质在固态下原子的重新排列过程,从广义上说也属于结晶过程。它也遵循晶核的形成与晶核长大的结晶规律,并且转变也是在一定的过冷度下进行的,同时会产生结晶热效应。为了与由液态转变为固态的初次结晶区别,通常将同素异构转变称为重结晶或二次结晶。

纯铁具有同素异构转变的特征,这是钢铁材料能够通过热处理改善性能的重要依据。纯铁在发生同素异构转变时,由于晶格结构变化,体积也随之改变,这是加工过程中产生内应力的主要原因。

任务3.2　铁碳合金的基本组织

机械制造及工业生产中广泛应用的不是纯金属,而是合金。因为合金比纯金属具有更高的强度和硬度,并且成本较低,同时还可以通过改变合金的成分和进行不同的热处理,在很大的范围内调整其性能。

由一种金属元素与其他金属原子或非金属元素组成的具有金属性质的物质称为合金。组成合金的最基本的、独立的物质称为组元。如铁、碳等元素是钢和铸铁中的组元,合金中的稳定化合物(例如 Fe_3C 等)也是组元。由给定的组元配以不同的比例,就可以得到一系列成分不同的合金,这一系列合金就构成了一个合金系。

合金的结构比纯金属复杂得多。因为合金的组元之间相互作用而构成不同的相。相是指合金中结构相同、成分和性能均一并以界面相互分开的组成部分。例如,钢液为一个相,即液相,开始结晶后就变成两个相,即固相和液相。需要指出的是,由于在不同的条件下,同一组成物的相结构的形状、大小和分布可发生变化。因此,按照显微镜下各相的特征,又可以分为不同的组织。

由一种固相组成的合金称为单相合金,由几种不同固相组成的合金称为多相合金。通常所见的铁碳合金即为多相合金。它的组织结构非常复杂,并且会随着成分、温度和冷却速度的变化而改变。按照铁和碳相互作用的形式不同,铁碳合金的组织又可以分为固溶体、金属化合物和机械混合物三种类型。

3.2.1　固溶体

固溶体是指合金的组元之间以不同的比例相互混合,混合后形成固相的晶体结构与组成合金的某一组元相同,这种相就称为固溶体。也就是说,固溶体是以某一种组元作为溶剂,另一种或多种组元作为溶质。固溶体拥有溶剂组元的晶格类型,固溶体的成分可以在一定的范围内变化。由于在相图中这种固溶体位于相图的两端,所以又称为端际固溶体。

固溶体有很多的分类方法,一般可以归纳为以下几种:

(1)按溶质原子的位置,可分为置换固溶体和间隙固溶体,如图3-5所示。当溶质原子位于溶剂晶格的某些结点位置时所形成的固溶体,称为置换固溶体;当溶质原子位于溶剂晶格的某些间隙位置时所形成的固溶体,称为间隙固溶体。

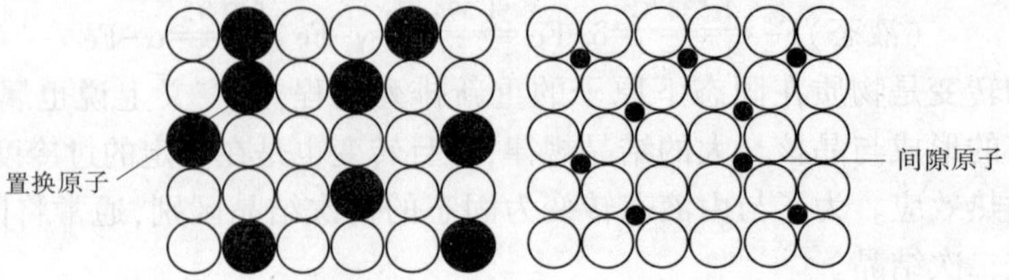

(a)置换固溶体　(b)间隙固溶体

图 3-5　固溶体的两种类型

(2)按溶解度的大小,可以分为有限固溶体和无限固溶体。在一定条件下,溶质原子在固溶体中的浓度有一定的限度,这个限度称为溶解度,这种固溶体就称为有限固溶体。当溶质原子能以任何比例溶入溶剂中,这种固溶体就称为无限固溶体。例如,Cu -Ni、Ag-Au 等合金系都可形成无限固溶体。

(3)按溶质原子与溶剂原子的相对分布,可分为无序固溶体和有序固溶体。无序固溶体是溶质原子统计地或随机地分布于溶剂的晶格中,占据溶剂晶格的结点位置或位于溶剂晶格的间隙中,这种分布无次序性和规律性。而当溶质原子按适当比例并按一定顺序和一定方向,围绕着溶剂原子分布时,这种固溶体称为有序固溶体。它既可以是置换式的有序,也可以是间隙式的有序。

合金中的固溶体由于溶质原子溶入后造成了晶格畸变,固溶体的硬度、屈服强度高于组成它的纯金属组元的性能的平均值。把固溶体随着溶质原子的增多,固溶体的强度、硬度上升,塑性、韧性下降的现象称为固溶强化。加入同样量的溶质原子,间隙原子的强化效果最大;对于置换原子,溶质原子与溶剂原子的尺寸差别越大,强化效果越好。由于固溶体具有较高的强度和硬度、较好的塑性和韧性,所以在合金中,固溶体一般是作为合金的基体相。

铁碳合金中的固溶体都是碳溶入铁的晶格中的间隙固溶体。此时,碳的溶解度是有限度的,因此也属于有限固溶体。碳在铁中的溶解度主要取决于铁的晶格类型,并且随着温度等条件的变化而改变。碳可以溶入 δ-Fe、γ-Fe、α-Fe 中,形成不同的固溶体。碳溶入铁中形成的固溶体具体如下:

(1)铁素体。铁素体是碳溶解在 α-Fe 中形成的间隙固溶体,它仍保持 α-Fe 的体心立方晶格结构,通常以符号 F 表示。由于 α-Fe 晶粒的间隙小,溶碳量极微,在 727 ℃时其最大溶碳量只有 0.021 8%,所以铁素体是几乎不含碳的纯铁。

铁素体由于溶碳量小,力学性能与纯铁相似,即塑性和冲击韧度较好,而强度、硬度较低。其参数值为 $\sigma_b=180\sim280$ MPa,$HBS=50\sim80$,$\delta=30\%\sim50\%$。

显微镜下观察,铁素体呈灰色并有明显大小不一的颗粒形状,如图 3-6 所示。

(2)奥氏体。奥氏体是碳溶解在 γ-Fe 中形成的间隙固溶体,通常以符号 A 表示。它保持 γ-Fe 的面心立方晶格结构。因其晶格间隙较大,所以溶碳能力比铁素体强,在 727 ℃时溶碳量为 0.77%,1 148 ℃时溶碳量达到 2.11%。由于 γ-Fe 仅存在于高温条件下,因此稳定的奥氏体通常存在于 727 ℃以上,所以在铁碳合金中奥氏体属于高温组织。

奥氏体的强度、硬度较低,但具有良好的塑性,是绝大多数钢高温进行压力加工的理想组织。其参数值为 $\sigma_b\approx400$ MPa,$HBS=160\sim200$,$\delta=40\%\sim50\%$。

利用显微镜观察,奥氏体呈现外形不规则的颗粒状结构,并有明显的界限。相对于铁素体,其晶界较平直,并有双晶带,如图 3-7 所示。

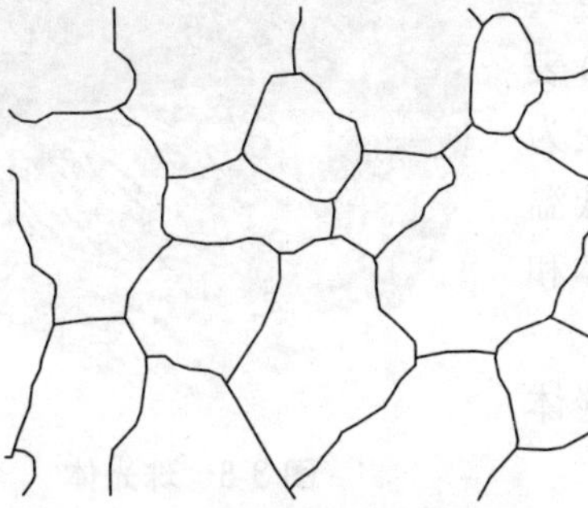

图 3-6 铁素体

图 3-7 奥氏体

3.2.2 金属化合物

合金中的组元按一定的原子数量之比相互化合而形成的、具有金属特性的物质称为金属化合物。金属化合物的组成一般可用化学式来表示。金属化合物具有复杂的晶格类型,其晶格结构不同于任一组元。金属化合物熔点高、硬度高、脆性大。金属化合物通常能提高合金的硬度和耐磨性,但塑性和韧性会降低。金属化合物是许多合金的重要组成相。

金属化合物与金属中存在的某些非金属化合物有着本质的不同,比如钢铁中含有的 FeS、MnS 等不具有金属性质,属于非金属夹杂物。

铁碳合金中的渗碳体(Fe_3C) 属于金属化合物。它是铁与碳形成的具有复杂斜方结构的间隙化合物,碳含量为 6.69%,硬度很高(HBW800),塑性和韧性几乎为零。渗碳体主要作为铁碳合金中的强化相存在,其形状、数量和分布对钢的性能有很大的影响。

显微镜下观察,渗碳体呈银白色光泽。渗碳体在热力学上属于亚稳相,高温下发生分解($Fe_3C \to 3Fe+C$),形成铁与石墨。这个特性对铸铁有重要意义。

3.2.3 机械混合物

机械混合物是由结晶过程形成的两相混合组织。它可以是纯金属、固溶体或化合物之间各自的混合,也可以是它们之间的混合。机械混合物各相均保持其原有的晶格,因此机械混合物的性能介于各组成相之间,它不仅取决于各相的性质和比例,还与各相的形状、大小和分布有关。

铁碳合金中的机械混合物有珠光体和莱氏体。

3.2.3.1 珠光体

珠光体是铁素体和渗碳体组成的机械混合物,通常用符号 P(或 $Fe+Fe_3C$)表示。珠光体的平均碳含量为 0.77%,在 727 ℃以下温度范围内存在。

珠光体的力学性能介于铁素体和渗碳体之间,即综合性能良好。其参数值为 $\sigma_b \approx$ 770 MPa,$HBS=180$, $\delta=20\% \sim 35\%$。

显微镜观察,珠光体呈层片状特征,表面具有珍珠光泽,因此而得名,如图 3-8 所示。

3.2.3.2　莱氏体

莱氏体是由奥氏体和渗碳体组成的共晶体。铁碳合金中碳含量为4.3%的液体冷却到1 148 ℃时发生共晶转变,生成高温莱氏体,用符号 Ld 或(A_E+ Fe_3C)表示。合金继续冷却到727 ℃时,其中的奥氏体转变为珠光体,所以室温时由珠光体和渗碳体组成,称为低温莱氏体,用符号 Ld′或(P+Fe_3C) 表示。高温莱氏体和低温莱氏体统称为莱氏体。

莱氏体中由于存在大量渗碳体,其性能与渗碳体相似,即硬度高,塑性差。

图 3-8　珠光体

任务 3.3　铁碳合金状态图

铁碳合金状态图是表示在缓慢冷却或缓慢加热的条件下,不同成分的铁碳合金的状态或组织随温度变化的图形。铁碳合金状态图是研究铁碳合金的重要工具。

铁碳合金状态图是以温度为纵坐标、合金成分(一般是碳含量)为横坐标的图形,如图 3-9 所示。从图 3-9 中可以看出,横坐标只给出了碳含量为 6. 69%的部分坐标,因为碳含量更高的铁碳合金,脆性很大,难以加工,没有实用价值。由于 Fe_3C 的碳含量为 6. 69%,并且是个稳定的化合物,所以可以作为合金的一个组元,因此研究的铁碳合金状态图实际上是 Fe-Fe_3C (w_C=6. 69%)状态图。

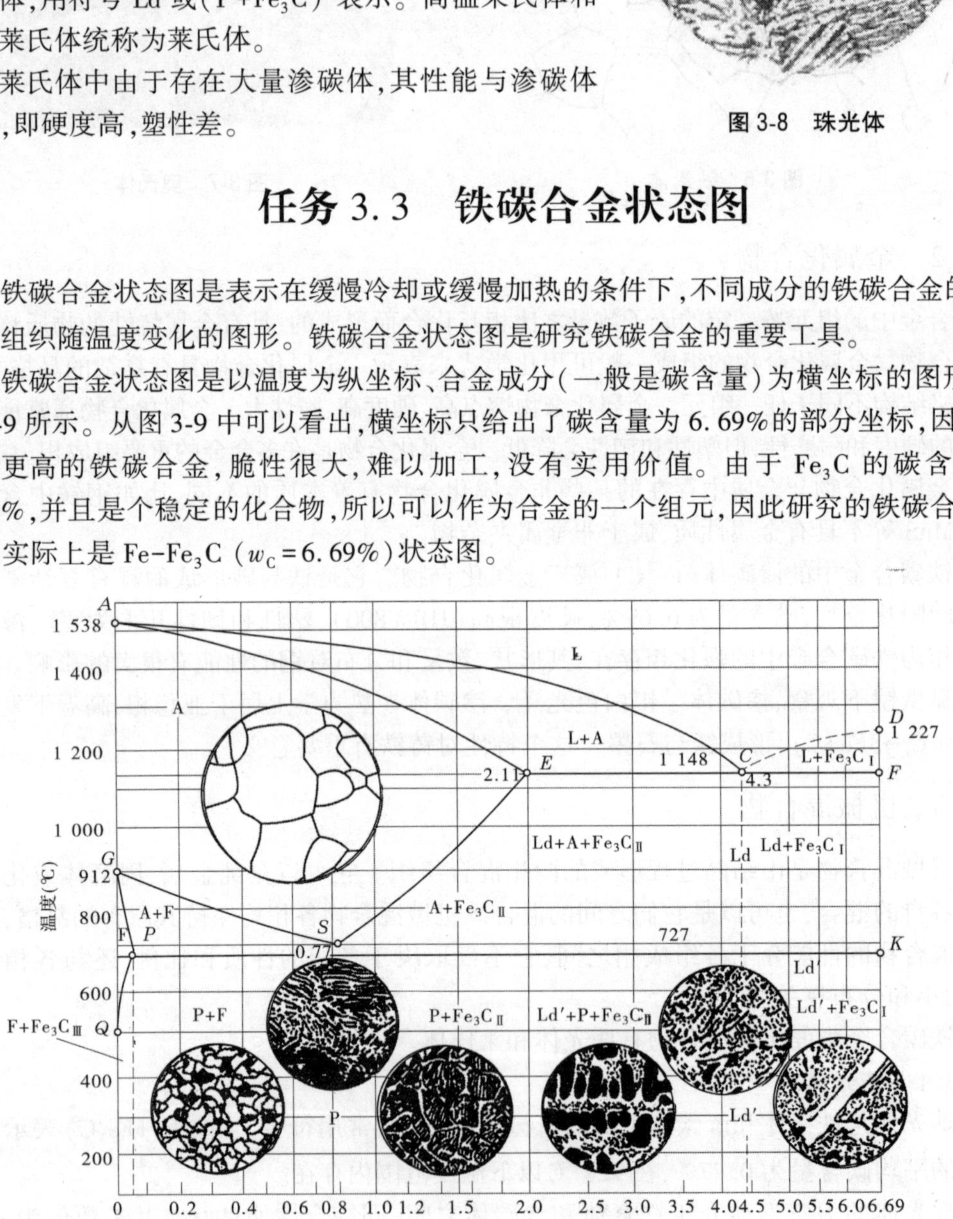

图 3-9　简化的铁碳合金状态图

铁碳合金的状态图非常复杂，为了便于分析和研究，图3-9中左上角部分已简化，但这并不影响其在工程上的实际应用。

3.3.1　状态图中的点、线、区

3.3.1.1　状态图中的点

铁碳合金状态图中，用字母标出的点都有其特定的意义，称为特征点，如图3-9所示。主要特征点的温度、碳含量和含义见表3-1。

表3-1　$Fe-Fe_3C$ 状态图中典型点的含义

符号	温度(℃)	碳含量(%)	说明
A	1 538	0	纯铁的熔点
C	1 148	4.3	共晶点
D	1 227	6.69	渗碳体的熔点
E	1 148	2.11	碳在γ-Fe中的最大溶解度
G	912	0	纯铁的同素异构转变点α-Fe⇔γ-Fe
S	727	0.77	共析点

注：因试验条件和方法的不同，不同资料中各主要点的温度和碳含量数据会略有出入。

3.3.1.2　状态图中的线

状态图中各条线都表示铁碳合金发生组织转变的界限，所以这些线就是组织转变线，又称为特征线。现将图3-9中一些主要线的含义简单介绍如下：

(1)液相线*ACD*。结晶时液相的成分，其上为液相。

(2)固相线*AECF*。结晶时固相的成分，其下为固相。

(3)恒温转变的线。即*ECF*共晶线和*PSK*共析线。

*ECF*共晶线：对应温度为1 148 ℃，当冷却到1 148 ℃时，具有*C*点成分的液体中同时结晶出具有*E*点成分的奥氏体和渗碳体的两相混合物——莱氏体 (Ld)→(A_E + Fe_3C)。

*PSK*共析线：在此线上的合金都要发生共析反应。这条线上的温度，为冷却时奥氏体转变为珠光体的温度、加热时珠光体转变为奥氏体的温度。*PSK*线又称为A_1线。

(4)固溶度线。即*ES*线和*PQ*线。

*ES*线：碳在奥氏体中的溶解度线。随温度升高，溶解度增大。这条线上的温度既是冷却时从奥氏体中开始析出二次渗碳体的温度，也是加热时二次渗碳体完全溶入奥氏体中的温度。*ES*线又称为A_{cm}线。

*PQ*线：碳在铁素体中的溶解度线。随温度升高，最大溶解度增大。这条线上的温度既是冷却时从铁素体中开始析出三次渗碳体的温度，也是加热时三次渗碳体完全溶入铁素体中的温度。

(5)同素异构转变线。即*GS*线和*GP*线。

*GS*线：冷却时，由奥氏体向铁素体转变的开始温度；加热时，铁素体完全转变为奥氏体的温度。*GS*线又称为A_3线。

*GP*线：加热时，由铁素体向奥氏体转变的开始温度；冷却时，由奥氏体完全转变为铁

素体的温度。

3.3.1.3　**状态图中的相区**

铁碳合金状态图中有四个基本相区，即液相区、奥氏体相区、铁素体相区和渗碳体相区，它们都有其相应的单相区。两个单相区之间的区域为两相区，该两相区由相邻的两个单相所组成。在状态图中，三相区为一水平线，在水平线上将发生恒温转变。该三相区的相是由参与三相平衡反应的3个单项组成。

根据碳含量的不同，习惯上将铁碳合金分为钢和铸铁两大类。根据室温组织的不同，铁碳合金习惯上分为以下几类：

(1)共析钢，碳含量为0.77%；

(2)亚共析钢，碳含量小于0.77%；

(3)过共析钢，碳含量大于0.77%；

(4)共晶白口铸铁，碳含量为4.3%；

(5)亚共晶白口铸铁，碳含量小于4.3%；

(6)过共晶白口铸铁，碳含量大于4.3%。

3.3.2　典型铁碳合金的结晶过程

在铁碳合金状态图的实际使用过程中，常需要分析具体成分的合金在加热或冷却过程中的组织转变。下面就以一些典型成分的碳钢为例(见图3-10)，简单分析它们在缓慢冷却过程中的组织转变。

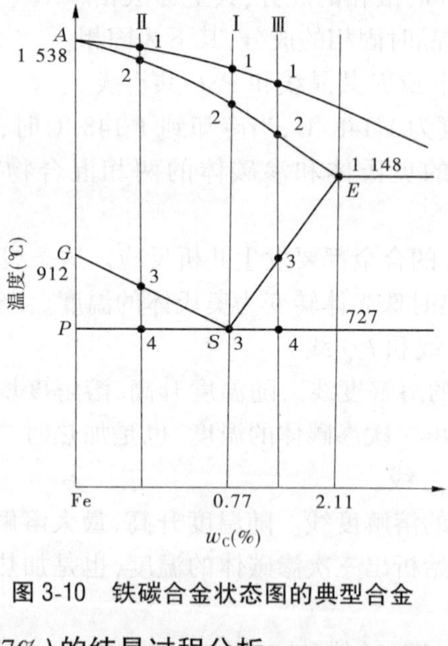

图3-10　铁碳合金状态图的典型合金

3.3.2.1　**共析钢(w_C=0.77%)的结晶过程分析**

合金Ⅰ在1点温度以上为液相L；在1—2点温度之间，发生匀晶反应，从液相中析出奥氏体相；在2—3点温度之间，为单相奥氏体，只有温度的降低，无相的变化；在3点(*S*点)时到达共析温度(727 ℃)，奥氏体发生共析反应，生成珠光体组织；3点以下直到室温,合金温度降低,为珠光体组织。

所以,w_C=0.77%的铁碳合金室温下的相为 F + Fe_3C,其组织组成物是珠光体(P),组织形貌为 F 和 Fe_3C 层片状混合物,如图 3-11 所示。

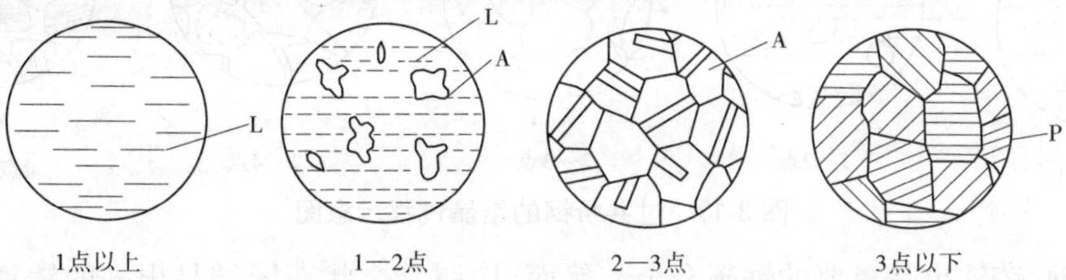

图 3-11　共析钢的结晶过程示意图

3.3.2.2　亚共析钢(w_C=0.4%)的结晶过程分析

合金Ⅱ在 1 点温度以上为液相 L;在 1—2 点温度之间,从液相中结晶出奥氏体,直到 2 点全部结晶成奥氏体;合金继续冷却到 3 点以前,组织不再发生变化;当温度降低到 3 点以后,逐渐由奥氏体中析出铁素体,由于铁素体的碳含量很低,所以剩余奥氏体的碳含量沿着 *GS* 线增加;当温度降低到 4 点时,剩余奥氏体的碳含量已增加到 *S* 点所对应的成分,即共析成分;到达 4 点以后,剩余奥氏体因发生共析反应而转变为珠光体,已析出的铁素体不再发生变化;从 4 点直到室温,组织为 F+P,合金温度降低,组织不再变化。

因此,亚共析钢室温下的相为 F + Fe_3C,组织组成物是 F 和 P,组织形貌为块状 F 和片状 P,如图 3-12 所示。

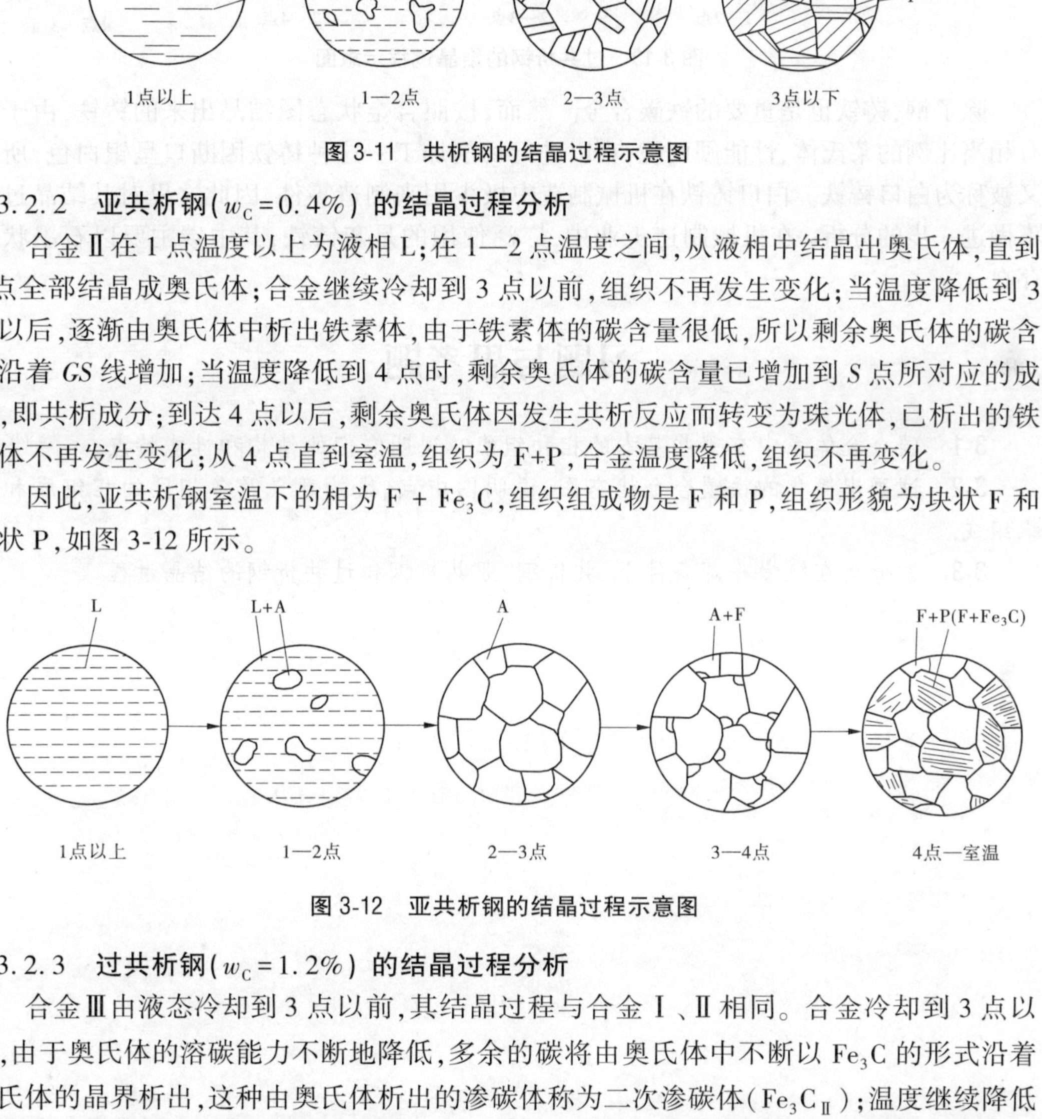

图 3-12　亚共析钢的结晶过程示意图

3.3.2.3　过共析钢(w_C=1.2%)的结晶过程分析

合金Ⅲ由液态冷却到 3 点以前,其结晶过程与合金Ⅰ、Ⅱ相同。合金冷却到 3 点以后,由于奥氏体的溶碳能力不断地降低,多余的碳将由奥氏体中不断以 Fe_3C 的形式沿着奥氏体的晶界析出,这种由奥氏体析出的渗碳体称为二次渗碳体($Fe_3C_{Ⅱ}$);温度继续降低到 4 点时,未转变的奥氏体发生共析反应,转变为珠光体组织;此后温度继续降低到室温,组织不再变化。因此,过共析钢室温下的相为 F +Fe_3C,室温组织为珠光体+二次渗碳体,组织形态为片状 P 和二次渗碳体,分布在 A 晶界中。需要注意的是,在过共析钢中,当碳含量小于 0.9%时,二次渗碳体呈片状分布在 A 晶界中;当碳含量大于 0.9%时,二次渗碳体成为网状沿晶界分布,如图 3-13 所示。

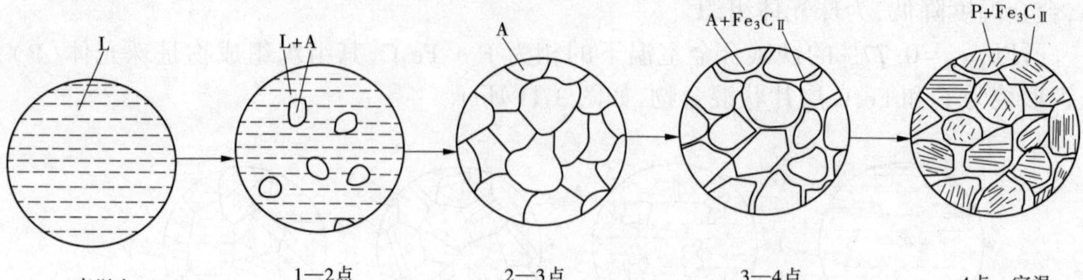

图 3-13　过共析钢的结晶过程示意图

除了钢,铸铁也是重要的铁碳合金。然而,按照合金状态图结晶出来的铸铁,由于含有相当比例的莱氏体,性能硬而脆,难以进行切削加工。这种铸铁因断口呈银白色,所以又被称为白口铸铁。白口铸铁在机械制造中极少用来制造零件,因此这里对其结晶过程不做进一步的分析。在机械制造工业中,广泛使用的是灰铸铁,其中碳主要以石墨状态存在。

习题与思考题

3-1　碳合金体系中有哪些基本的相和组织?说明它们的结构和性能特点。

3-2　试画出简化的铁碳合金状态图,说明图中点、线的意义及各相区的相组成和组织组成。

3-3　试分析在缓慢冷却条件下,共析钢、亚共析钢和过共析钢的结晶过程。

模块 4　钢的热处理

随着工业发展的不断进步,人们对钢材的性能指标的要求逐渐提高。而改变其性能指标主要有两种途径:一是合金化(加入合金元素,调整钢的化学成分);二是进行热处理。热处理是改善钢的性能的最重要的加工方法。

钢的热处理是将钢在固态下,通过采用适当的方式对材料或工件进行加热、保温和冷却,以获得预期的组织结构与性能的工艺。

热处理是机械零件及工具制造过程中的重要工序。它可改善工件的组织和性能,充分发挥材料潜力,从而延长工件的使用寿命。就目前机械工业生产状况而言,各类机床中要经过热处理的工件占总质量的 60%~70%;汽车、拖拉机中占 70%~80%;轴承、各种工模具等几乎都需要热处理。因此,热处理在机械制造工业中占有十分重要的地位。

热处理工艺方法较多,但其过程都是由加热、保温、冷却三个阶段组成的。热处理工艺曲线示意图如图 4-1 所示。按其加热和冷却方式不同,热处理大致分类如图 4-2 所示。

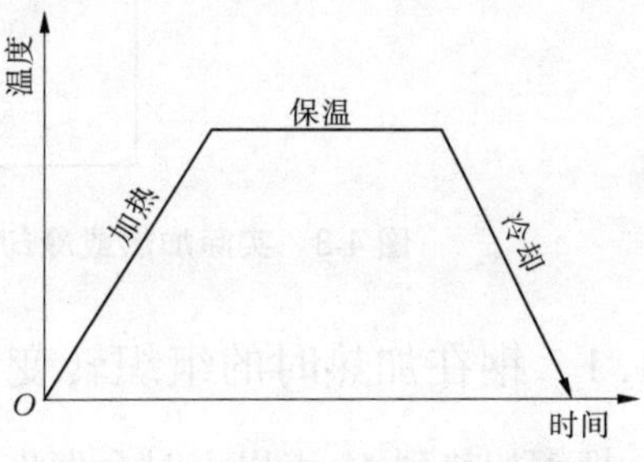

图 4-1　热处理工艺曲线示意图

- 热处理
  - 普通热处理
    - 退火
    - 正火
    - 淬火
    - 回火
  - 表面热处理
    - 感应加热表面淬火
    - 火焰加热表面淬火
    - 激光加热表面淬火
    - 化学物理气相沉积
  - 化学热处理
    - 渗碳
    - 渗氮
    - 多元共渗

图 4-2　热处理分类

本模块主要介绍钢的热处理的基本原理和常用热处理工艺及其应用。

任务 4.1　钢在加热和冷却时的组织转变

金属或合金在加热或冷却过程中,发生相变的温度称为相变点或临界点。在 Fe-Fe_3C 状态图中,A_1、A_3、A_{cm} 是不同成分的钢在平衡条件下的临界点。Fe-Fe_3C 状态图中的临界点是在极其缓慢的加热或冷却条件下测得的,而实际生产中的加热和冷却并不是极其缓慢的，所以实际发生组织转变的温度与 $Fe-Fe_3C$ 状态图所示的理论临界点 A_1、A_3、A_{cm} 之间有一定的偏离，如图 4-3 所示。随着加热和冷却速度的增加，相变点的偏离将逐渐增大。为了区别钢在实际加热和冷却时的相变点，加热时在“A”后加下角注“c”；冷却时加下角注“r”。因此，实际加热时的临界点标为 A_{c_1}、A_{c_3}、$A_{c_{cm}}$；冷却时标为 A_{r_1}、A_{r_3}、$A_{r_{cm}}$。

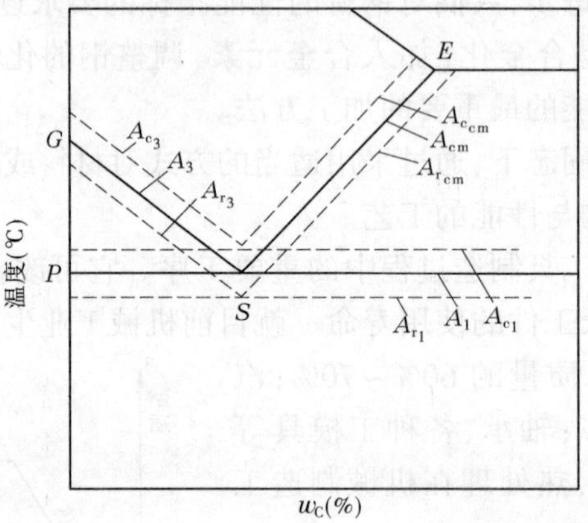

图 4-3 实际加热或冷却过程中 $Fe-Fe_3C$ 状态图上各特征点的位置

4.1.1 钢在加热时的组织转变

把钢加热到 A_{c_1} 点以上时会发生珠光体向奥氏体的转变，加热到 A_{c_3} 和 $A_{c_{cm}}$ 以上时，便全部转变为奥氏体，这种加热转变过程称为钢的奥氏体化。

4.1.1.1 奥氏体的形成过程

奥氏体的形成是通过形核和晶核长大过程来实现的。珠光体向奥氏体转变可以分为以下四个阶段：

(1) 奥氏体晶核的形成；

(2) 奥氏体晶核的长大及渗碳体的溶解；

(3) 残余渗碳体的完全溶解；

(4) 奥氏体化学成分的均匀化。

图 4-4 为共析钢奥氏体形成过程示意图。

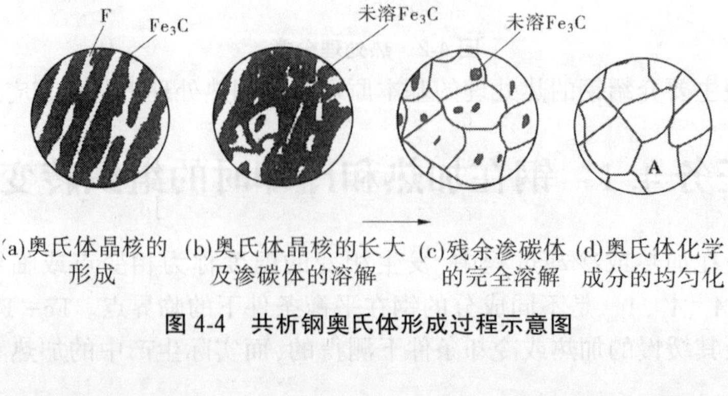

图 4-4 共析钢奥氏体形成过程示意图

钢热处理时之所以需要一定的保温时间，不仅是为了把零件热透，也是为了获得化学成分均匀的奥氏体，以便在冷却时得到良好的组织和性能。

对于亚共析钢与过共析钢，若加热温度没有超过 A_{c_3} 或 $A_{c_{cm}}$，而在稍高于 A_{c_1} 停留，只能使原始组织中的珠光体转变为奥氏体，而共析铁素体或二次渗碳体仍将保留。只有进一步加热至 A_{c_3} 或 $A_{c_{cm}}$ 以上并保温足够时间，才能得到单相的奥氏体。

4.1.1.2　奥氏体晶粒的长大及其控制

钢中奥氏体晶粒的大小直接影响到冷却后的组织和性能。奥氏体晶粒细小，则其转变产物的晶粒也较细小，其性能也较好。如果加热温度过高，或者保温时间过长，将会促使奥氏体晶粒粗化。奥氏体晶粒粗化后，热处理后钢的晶粒就粗大，会降低钢的力学性能。

若使钢在加热时获得细小均匀的奥氏体晶粒，生产中通常采用以下措施来控制奥氏体晶粒的长大：

(1)合理选择加热温度和保温时间。奥氏体形成后，随着加热温度的升高和保温时间的延长，奥氏体晶粒将会逐渐长大。特别是加热温度对其影响更大。这是由于晶粒长大是通过原子扩散进行的，而扩散速度随加热温度的升高而急剧加快。

(2)选用含有合金元素的钢。碳与一种或数种金属元素所构成的化合物，称为碳化物。大多数合金元素如铬、钨、钼、钒、钛等，在钢中均可以形成难溶于奥氏体的碳化物并分布在晶粒边界上，阻碍奥氏体晶粒长大。

4.1.2　钢在冷却时的组织转变

冷却是钢热处理的三个工序中影响性能的最重要环节，因此冷却转变是热处理的关键。热处理冷却方式通常有两种，即等温冷却和连续冷却。等温冷却是指将奥氏体化的钢件迅速冷却至 A_{r_1} 以下某一温度并保温，使其在该温度下发生组织转变，然后冷却至室温。连续冷却则是将奥氏体化的钢件连续冷却至室温，并在连续冷却过程中发生组织转变。

同一化学成分的钢在加热到奥氏体状态后，若采用不同的冷却方法和冷却速度进行冷却，将得到形态不同的各种组织，从而获得不同的性能。这种现象已不能用 $Fe-Fe_3C$ 状态图来解释了。这是因为 $Fe-Fe_3C$ 状态图只能说明平衡状态的相变规律，冷却速度提高则脱离了平衡状态。因此，研究钢在冷却时的相变规律，对制定热处理工艺有着重要的意义。

过冷奥氏体是指在相变温度 A_1 以下，未发生转变而处于不稳定状态的奥氏体(A)。在不同的过冷温度下，反映过冷奥氏体转变产物与时间关系的曲线称为过冷奥氏体等温转变曲线。由于曲线形状像字母 C，所以又称为 C 曲线，如图 4-5 所示。

共析钢过冷奥氏体在 A_{r_1} 线以下不同温度会发生三种不同的转变，即珠光体转变、贝氏体转变和马氏体转变。

4.1.2.1　珠光体转变

共析成分的奥氏体过冷到 A_{r_1} ~550 ℃高温区等温停留时，将发生共析转变，转变产物

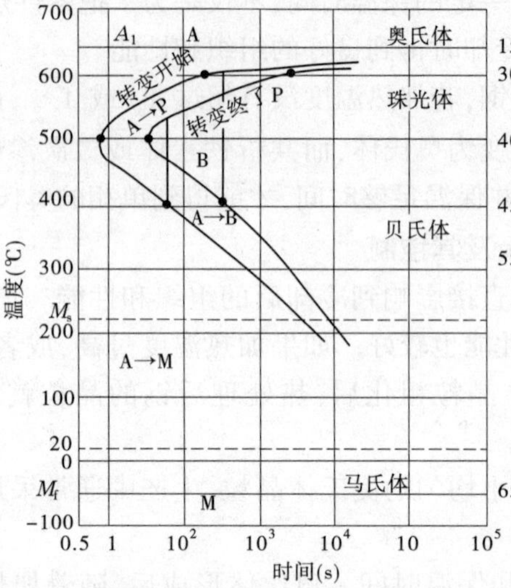

图 4-5　共析钢的等温转变曲线

为珠光体组织,都是由铁素体和渗碳体的层片组成的机械混合物。由于过冷奥氏体向珠光体转变温度不同,珠光体中铁素体和渗碳体片厚度也不同。在 A_{r_1} ~650 ℃范围内,片间距较大,称为珠光体(P);在 650 ~600 ℃范围内,片间距较小,称为索氏体(S);在 600 ~550 ℃范围内,片间距很小,称为托氏体(T)。

珠光体组织中的片间距越小,相界面越多,强度和硬度越高;同时,由于渗碳体变薄,塑性和韧性也有所改善。

4.1.2.2　**贝氏体转变**

共析成分的奥氏体过冷到 550 ℃ ~ M_s 的中温区停留时,将发生过冷奥氏体向贝氏体的转变,形成贝氏体(B)。由于过冷度较大,转变温度较低,贝氏体转变时只发生碳原子的扩散而不发生铁原子的扩散。因而,贝氏体是由含过饱和碳的铁素体和碳化物组成的两相混合物。

按组织形态和转变温度,可将贝氏体组织分为上贝氏体($B_上$)和下贝氏体($B_下$)两种。上贝氏体是在 550 ~ 350 ℃温度范围内形成的,由于上贝氏体脆性较高,基本无实用价值,本书不做讨论。下贝氏体是在 350 ℃ ~ M_s 温度范围内形成的,由含过饱和的细小针片状铁素体和铁素体片内弥散分布的碳化物组成,因而具有较高的强度和硬度、塑性和韧性。在实际生产中,常采用等温淬火来获得下贝氏体。

4.1.2.3　**马氏体转变**

当过冷奥氏体被快速冷却到 M_s 点以下时,便发生马氏体转变,形成马氏体(M),它是奥氏体冷却转变最重要的产物。奥氏体为面心立方晶体结构,当过冷至 M_s 以下时,其晶体结构将转变为体心立方晶体结构。由于转变温度较低,原奥氏体中溶解的过多碳原子没有能力进行扩散,致使所有溶解在原奥氏体中的碳原子难以析出,从而使晶格发生畸变。碳含量越高,畸变越大,内应力也越大。马氏体实质上就是碳溶于 α-Fe 中形成的过饱和间隙固溶体。

马氏体的强度和硬度主要取决于马氏体的碳含量。当 w_C 低于 0.2%时，可获得呈一束束尺寸大体相同的平行条状马氏体，称为板条状马氏体。

钢的组织为板条状马氏体时，其具有较高的硬度和强度、较好的塑性和韧性。当马氏体中 w_C 大于 1%时，得到针片状马氏体。针片状马氏体具有很高的硬度，但塑性和韧性很差，脆性大。当 w_C 为 0.2%～1%时，低温转变得到板条状马氏体与针片状马氏体的混合组织。随着碳含量的增加，板条状马氏体量减少而针片状马氏体量增加。

与前两种转变不同的是，马氏体转变不是等温转变，而是在一定温度范围内（M_s～M_f）快速连续冷却完成的转变。随着温度的降低，马氏体量不断增加。而实际进行马氏体转变的淬火处理时，冷却只进行到室温，这时奥氏体不能全部转变为马氏体，还有少量未发生转变而残余下来，称为残余奥氏体。过多的残余奥氏体会降低钢的强度、硬度和耐磨性，而且因残余奥氏体为不稳定组织，在钢件使用过程中易发生转变而导致工件产生内应力，引起变形、尺寸变化，从而降低工件精度。因此，生产中常对硬度要求高或精度要求高的工件，淬火后迅速将其置于接近 M_f 的温度下，促使残余奥氏体进一步转变成马氏体，这一工艺过程称为冷处理。

任务 4.2　钢的普通热处理

普通热处理是将工件整体进行加热、保温和冷却，以使其获得均匀的组织和性能的一种热处理工艺。它包括退火、正火、淬火和回火。

4.2.1　钢的退火

钢的退火是将工件加热到适当温度，保持一定时间，然后缓慢冷却（一般随炉冷却）的热处理工艺。其目的是消除钢的内应力，降低硬度，提高塑性，细化组织，均匀化学成分，以利于后续加工，并为最终热处理做好组织准备。

根据钢的化学成分和退火目的不同，退火常分为完全退火、球化退火、去应力退火、扩散退火和再结晶退火等。各种退火与正火工艺的加热温度范围如图 4-6 所示。

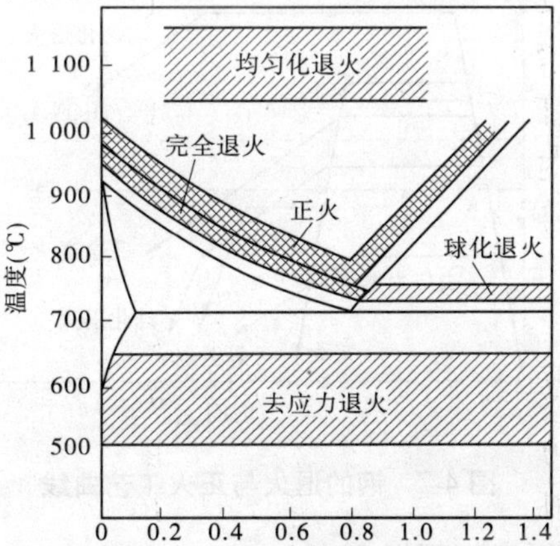

图 4-6　各种退火与正火工艺的加热温度范围

4.2.1.1 完全退火

完全退火是将工件完全奥氏体化后缓慢冷却，获得接近平衡组织的退火。完全退火后所得到的室温组织为铁素体和珠光体。

完全退火主要用于亚共析钢的铸件、锻件、焊接件等。过共析钢不宜采用完全退火，因为其被加热到 $A_{c_{cm}}$ 线以上退火后，二次渗碳体以网状形式沿奥氏体晶界析出，使钢的强度和韧性显著降低，也使以后的热处理（如淬火）容易产生淬火裂纹。

4.2.1.2 球化退火

球化退火是使工件中碳化物球状化而进行的退火，所得到的室温组织为铁素体基体上均匀分布着球状（粒状）渗碳体，即球状珠光体组织。在保温阶段，没有溶解的渗碳体会自发地趋于球状（球体表面积最小），在随后的缓冷过程中，球状渗碳体会逐渐长大，最终形成球状珠光体组织。球化退火的目的是降低硬度，改善切削性能，并为淬火做组织准备。球化退火主要用于过共析钢和共析钢制造的刃具、量具、模具等零件。

4.2.1.3 去应力退火

去应力退火是为了去除工件塑性变形加工、切削加工或焊接造成的内应力及铸件内存在的残余应力而进行的退火。去应力退火主要用于消除钢件在切削加工、铸造、锻造、热处理、焊接等过程中产生的残余应力并稳定其尺寸，这些应力若不消除会导致随后的切削加工或使用中的变形开裂。在去应力退火中不发生组织转变。

4.2.2 钢的正火

正火是指将工件加热到奥氏体化后在空气中冷却的热处理工艺。正火的目的是细化晶粒，消除网状渗碳体，并为淬火、切削加工等后续工序做组织准备。

正火与退火相比，奥氏体化温度高，冷却速度快，过冷度较大，因此正火后所得到的组织比较细，强度、硬度比退火高一些。同时，正火与退火相比，具有操作简便、生产周期短、生产效率高、成本低等特点。钢的退火与正火工艺曲线如图 4-7 所示。

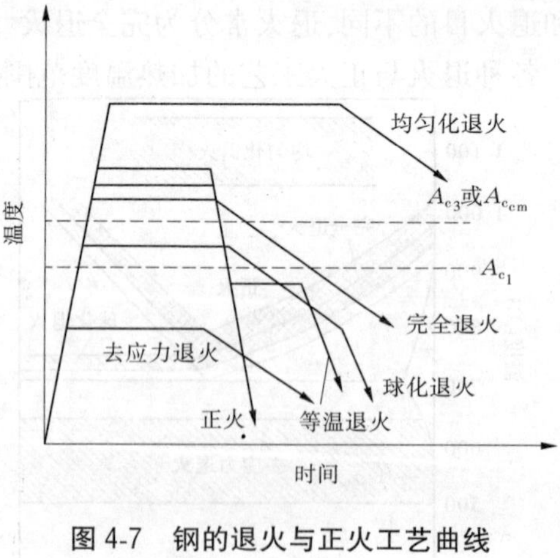

图 4-7 钢的退火与正火工艺曲线

正火在生产中主要应用于如下场合：

（1）改善切削性能。低碳钢和低碳合金钢退火后铁素体所占比例较大，硬度偏低，切削加工时都有“粘刀”现象，而且表面粗糙度参数值都较大。正火能适当提高硬度，改善切削加工性。因此，低碳钢、低碳合金钢都选择正火作为预备热处理；而 $w_C>0.5\%$ 的中高碳钢、合金钢都选择退火作为预备热处理。

(2)消除网状碳化物，为球化退火时间做组织准备。对于过共析钢，正火加热到 $A_{c_{cm}}$ 以上可使网状碳化物充分溶解到奥氏体中，空气冷却时碳化物来不及充分析出，因而消除了网状碳化物组织，同时细化了珠光体组织，有利于以后的球化处理。

(3)用于普通结构零件或某些大型非合金钢工件的最终热处理，以代替调质处理，如用于铁道车辆的车轴等的最终热处理。

4.2.3 钢的淬火

钢的淬火是指将钢件加热到 A_{c_3} 或 A_{c_1} 以上 30~50 ℃，保温一定时间，以适当方式冷却(一般为水冷或油冷)获得马氏体组织的热处理工艺。

马氏体是碳或合金元素在 α-Fe 中的过饱和固溶体，是单相亚稳组织，硬度较高，用符号 M 表示。马氏体的硬度主要取决于马氏体中碳的质量分数。马氏体中由于溶入过多的碳原子，从而使 α-Fe 晶格发生畸变，增加了其塑性变形的抗力，所以马氏体中碳的质量分数越高，其硬度也越高。

4.2.3.1 淬火的目的

淬火的目的主要是使钢件得到马氏体组织，提高钢的硬度和强度。但淬火必须和回火相配合，否则淬火后的工件硬度、强度高，但韧性、塑性低，不能得到优良的综合力学性能。

4.2.3.2 淬火工艺

1.淬火加热温度的选择

不同的钢种其淬火加热温度不同。非合金钢的淬火加热温度由 $Fe-Fe_3C$ 状态图来确定，如图 4-8 所示。为了防止奥氏体晶粒粗化，淬火温度不宜选得过高，一般只允许比临界点高 30~50 ℃。

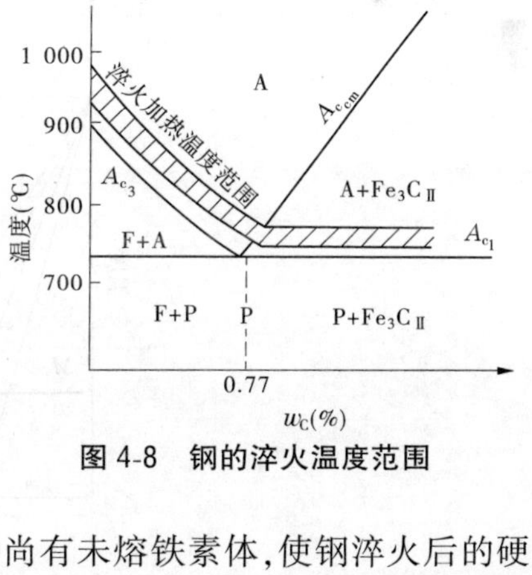

图 4-8 钢的淬火温度范围

亚共析钢淬火加热温度均为 A_{c_3} 以上 30~50 ℃，因为在此温度范围内，可获得全部细小的奥氏体晶粒，淬火后得到均匀细小的马氏体。若加热温度过高，则引起奥氏体晶粒粗大，使钢淬火后的性能变差；若加热温度过低，则淬火组织中尚有未熔铁素体，使钢淬火后的硬度不足。

共析钢和过共析钢淬火加热温度为 A_{c_1} 以上 30~50 ℃，此时的组织为奥氏体加渗碳体颗粒，淬火后获得细小马氏体和球状渗碳体，能保证钢淬火后具有高的硬度和耐磨性。如果加热温度超过 $A_{c_{cm}}$，将导致渗碳体消失，奥氏体晶粒粗化，淬火后得到粗大针片状马氏体，残余奥氏体量增多，硬度和耐磨性降低，脆性增大；如果淬火温度过低，可能得到非马氏体组织，则钢的硬度达不到要求。

2. 淬火介质

淬火时为了得到足够的冷却速度，以保证奥氏体向马氏体转变，又不致冷却速度过大而引起零件内应力增大，造成零件变形和开裂，因此应合理选用冷却介质。常用的淬火介质有水、盐水、油、盐浴和空气等。水常用于碳钢的淬火，油常用于合金钢的淬火。

3. 淬火方法

为了使工件淬火成马氏体并防止变形和开裂，单纯依靠选择淬火介质是不行的，还必须采取正确的淬火方法。根据钢材成分及对组织、性能和钢件尺寸精度的要求，在保证技术要求规定的前提下，应选择简便而经济的淬火方法。最常用的淬火方法有如下 4 种：

(1) 单液淬火法(单介质淬火)。它是将已奥氏体化的钢件在一种淬火介质中冷却的方法，如图 4-9 中①所示。例如，碳素钢在水中淬火、合金钢在油中淬火等。这种淬火方法主要适用于形状简单的钢件。

(2) 双液淬火法(双介质淬火)。将工件加热，奥氏体化后先浸入冷却能力较强的介质中，在组织即将发生马氏体转变时立即转入冷却能力弱的介质中冷却的方法，称为双液淬火法(见图 4-9 中②)。如先在水中冷却再在油中冷却的双介质淬火。这种淬火方法主要适用于中等复杂形状的高碳钢工件和较大尺寸的合金钢工件。

(3) 马氏体分级淬火。将工件加热，奥氏体化后浸入温度稍高于或稍低于 M_s 点的盐浴或碱浴中，保持适当时间，在工件整体都达到冷却介质温度后取出空冷，以获得马氏体组织的淬火方法，称为马氏体分级淬火，如图 4-9 中③所示。马氏体分级淬火能够减小工件中的热应力，并缓和相变产生的组织应力，减少淬火变形。这种淬火方法适用于尺寸比较小且形状复杂的工件。

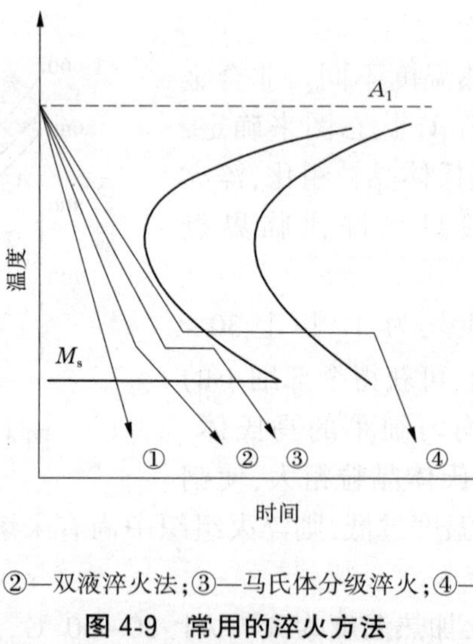

①—单液淬火法；②—双液淬火法；③—马氏体分级淬火；④—贝氏体等温淬火

图 4-9 常用的淬火方法

(4) 贝氏体等温淬火。将加热的工件放入温度稍高于 M_s 点的盐浴或碱浴中，保温足够长的时间使其完成贝氏体转变，等温淬火后获得下贝氏体组织的淬火方法，称为贝氏体等温淬火，如图 4-9 中④所示。下贝氏体与回火马氏体相比，在碳含量相近、硬度相当的情况下,下贝氏体比回火马氏体具有较高的塑性与韧性,而且等温淬火后一般不需进行回火。这种淬火方法适用于尺寸较小、形状复杂、变形小、具有高硬度和强韧性的工具和模具等。

4. 冷处理

冷处理是指工件淬火冷却到室温后,继续在一般制冷设备或低温介质中冷却的工艺。冷处理的主要目的是消除和减少残余奥氏体,稳定工件尺寸,获得更多的马氏体。如量具、精密轴承、精密丝杠、精密刀具等,均应在淬火之后进行冷处理,以消除残余奥氏体。

4.2.3.3　钢的淬透性与淬硬性

1. 淬透性和淬硬性的概念

钢的淬透性是评定钢的淬火质量的一个重要参数,它对于钢材选择、编制热处理工艺都具有重要意义。淬透性是指在规定条件下以钢试样淬硬深度和硬度分布来表征的材料特性。换句话说,淬透性是钢材的一种属性,是指钢淬火时获得马氏体的能力。钢淬火后可以获得较高硬度,不同化学成分的钢淬火后所得马氏体组织的硬度值是不相同的。以钢在理想条件下淬火所能达到的最高硬度来表征的材料特性,称为淬硬性。淬硬性主要与钢中碳的质量分数有关,更确切地说,它取决于淬火加热时固溶于奥氏体中的碳的质量分数的多少。奥氏体中碳的质量分数越高,钢的淬硬性越高,淬火后硬度值也越高。

由于淬硬性和淬透性是两个不同的概念,因此必须注意淬火后硬度高的钢不一定淬透性就高,而淬火后硬度低的钢不一定淬透性就低。

2. 影响淬透性的因素

(1)化学成分。C 曲线距纵坐标越远,淬火的临界冷却速度越小,则钢的淬透性越好。对于碳钢,钢中碳含量越接近共析成分,其 C 曲线越靠右,临界冷却速度越小,则淬透性越好,即亚共析钢的淬透性随碳含量的增加而增大,过共析钢的淬透性随碳含量的增加而减小。除 Co 和 Al 外的大多数合金元素都使 C 曲线右移,使钢的淬透性增加,因此合金钢的淬透性比碳钢好。

(2)奥氏体化的条件。奥氏体化温度越高,保温时间越长,所形成的奥氏体晶粒也就越粗大,晶界面积就减少,这样就会降低过冷奥氏体转变的形核率,不利于奥氏体的分解,使其稳定性增大,淬透性增加。

3. 淬透性的应用

淬透性是机械零件设计时选择材料和制定热处理工艺的重要依据。淬透性不同的钢材,淬火后得到的淬硬层深度不同,所以沿截面的组织和力学性能差别很大。

通常,机械制造中截面较大或形状较复杂的重要零件,以及应力状态较复杂的螺栓、连杆等零件,要求截面力学性能均匀,应选用淬透性较好的钢材。受弯曲和扭转力的轴类零件,应力在截面上的分布是不均匀的,其外层受力较大,心部受力较小,可考虑选用淬透性较低的、淬硬层较浅(如为直径的1/3~1/2)的钢材。有些工件(如焊接件)不能选用淬透性高的钢件,否则容易在焊缝热影响区内出现淬火组织,造成焊缝变形和开裂。

4.2.3.4　淬火缺陷与防止

工件在淬火加热和冷却过程中,由于加热温度高,冷却速度快,很容易产生某些缺陷。在热处理过程中设法减轻各种缺陷的影响,对提高产品质量有实际意义。

1. 过热与过烧

工件在热处理加热时，由于加热温度偏高而使晶粒过度长大，导致力学性能显著降低的现象称为过热。工件过热后形成粗大的奥氏体晶粒，需通过正火和退火来消除。

工件加热温度过高，致使晶界氧化和部分熔化的现象称为过烧。过烧工件淬火后强度低，脆性大，并且无法补救，只能报废。

过热和过烧主要都是加热温度过高引起的，因此合理确定加热规范，严格控制加热温度和时间可以防止过热和过烧。

2. 氧化与脱碳

工件在加热时，介质中的氧、二氧化碳和水蒸气等与之反应生成氧化物的过程称为氧化。工件在加热时，介质与其表层碳的质量分数降低的现象称为脱碳。

氧化使工件表面烧损，增大表面粗糙度参数值，减小工件尺寸，甚至使工件报废。脱碳使工件表面碳的质量分数降低，力学性能下降，引起工件早期失效。防止氧化与脱碳的措施主要有两大类：第一类是控制加热介质的化学成分和性质，使之对工件不发生氧化与脱碳反应，如采用可控气氛、氮基气氛等；第二类是对工件表面进行涂层保护和真实加热。

3. 硬度不足

钢件淬火后硬度达不到技术要求，称为硬度不足。加热温度过低或保温时间过短，淬火介质冷却能力不够，工件表面氧化脱碳等，均容易使工件淬火后达不到要求的硬度值。钢件淬火硬化后，其表面存在硬度偏低的局部小区域，这种小区域称为软点。

工件产生硬度不足和大量的软点时，可在退火或正火后，重新进行正确的淬火，即可消除硬度不足和大量的软点。

4. 变形与开裂

变形是淬火时工件产生形状或尺寸偏差的现象。开裂是淬火时工件产生裂纹的现象。工件产生变形与开裂的主要原因都是热处理过程中工件内部存在着较大的内应力。

热应力是指工件加热和（或）冷却时，不同部位出现温差而导致热胀和（或）冷缩不均所产生的应力。相变应力是热处理过程中，因工件不同部位组织转变不同步而产生的内应力。

工件在淬火时，热应力和相变应力同时存在，这两种应力总称为淬火应力。当淬火应力大于钢的屈服点时，工件就会发生变形；当淬火应力大于钢的抗拉强度时，工件就会产生开裂。

为减少工件淬火时产生变形和开裂的现象，可以从两个方面采取措施：第一，淬火时正确编制加热温度、保温时间和冷却方式，可以有效地减少工件变形和开裂现象；第二，淬火后及时进行回火处理。

4.2.4 钢的回火

回火是指工件淬硬后，加热到 A_{c_1} 以下的某一温度，保温一定时间，然后冷却到室温的热处理工艺。淬火钢的组织主要由马氏体和少量残余奥氏体组成（有时还有未熔碳化物），其内部存在很大的内应力，脆性大，韧性低，一般都不能直接使用。如不及时消除内应力，将会引起工件的变形，甚至开裂。回火是紧接淬火之后进行的，通常也都是零件进行热处理的最后一道工序。其目的是消除和减小内应力，稳定组织，调整性能，以获得强度和韧性较好的配合。

4.2.4.1　钢在回火时组织和性能的变化

工件淬火之后，其中的马氏体与残余奥氏体都是不稳定的组织，它们有自发向稳定组织转变的趋势，如马氏体中过饱和的碳要析出、残余奥氏体要分解等。为了促进这种转变，可进行回火。回火是一个由非平衡组织向平衡组织转变的过程，这个过程是依靠原子的迁移和扩散进行的。回火温度越高，扩散速度就越快；反之，扩散速度就越慢。

随着回火温度的升高，淬火组织将发生一系列变化。根据组织转变的情况，回火一般分为四个阶段：马氏体分解、残余奥氏体分解、碳化物转变、碳化物的聚集长大和铁素体的再结晶。

(1)第一阶段（≤200 ℃）——马氏体分解。在 80 ℃以下温度回火时，淬火钢没有明显的组织转变，此时只发生马氏体中碳的偏聚，而没有开始分解。在 80～200 ℃回火时，马氏体开始分解，析出极细微的碳化物，使马氏体中碳的质量分数降低。

在这一阶段中，由于回火温度较低，马氏体中仅析出了一部分过饱和的碳原子，所以它仍是碳在 α-Fe 中的过饱和固溶体。析出的极细微碳化物均匀分布在马氏体基体上。这种过饱和度较低的马氏体和极细微碳化物的混合组织称为回火马氏体。

(2)第二阶段(200～300 ℃)——残余奥氏体分解。当温度升至 200～300 ℃时，马氏体分解继续进行，但占主导地位的转变已是残余奥氏体的分解过程了。残余奥氏体分解是通过碳原子的扩散先形成偏聚区，进而分解为 α 相和碳化物的混合组织，即形成下贝氏体。此阶段钢的硬度没有明显降低。

(3)第三阶段(250～400 ℃)——碳化物转变。在此温度范围，由于温度较高，碳原子的扩散能力较强，铁原子也恢复了扩散能力，马氏体分解和残余奥氏体分解析出的过渡碳化物将转变为较稳定的渗碳体。随着碳化物的析出和转变，马氏体中碳的质量分数不断降低，马氏体的晶格畸变消失，马氏体转变为铁素体，得到铁素体基体内分布着细小粒状(或片状)渗碳体的组织，该组织称为回火托氏体。此阶段淬火应力基本消除，钢的硬度有所下降，塑性、韧性得到提高。

(4)第四阶段（>400 ℃）——碳化物的聚集长大和铁素体的再结晶。由于回火温度已经很高，碳原子和铁原子均具有较强的扩散能力，第三阶段形成的渗碳体薄片将不断球化并长大。在 500～600 ℃以上时，α 相逐渐发生再结晶，使铁素体形态失去原来的板条状或片状，而形成多边形晶粒。此时组织为铁素体基体上分布着粒状碳化物，该组织称为回火索氏体。回火索氏体具有良好的综合力学性能。此阶段淬火内应力和晶格畸变完全消除。

4.2.4.2　回火方法及其应用

回火是最终热处理。根据钢在回火后组织和性能的不同，按回火温度范围可将回火分为三种：低温回火、中温回火和高温回火。

1. 低温回火

低温回火温度范围在 250 ℃以下。淬火钢经低温回火后组织为回火马氏体，保持了淬火组织的高硬度和耐磨性，降低了淬火应力，减小了钢的脆性。低温回火后钢件硬度一般为 HRC58～62。低温回火主要用于高碳钢、合金工具钢制造的刃具、量具、冷作模具、滚动轴承及渗碳件、表面淬火件等。

2. 中温回火

中温回火温度范围为 250～500 ℃。淬火钢经中温回火后组织为回火托氏体，大大降低了淬火应力，使工件获得了高的弹性极限和屈服强度，并具有一定的韧性。中温回火后钢件硬度为 HRC35～50。中温回火主要用于处理弹性元件，如各种卷簧、板簧、弹簧钢丝等。有些受小能量多次冲击载荷的结构件，为了提高强度、增加小能量多重抗力，也采用中温回火。

3. 高温回火

高温回火温度范围在 500 ℃以上。淬火钢经高温回火后组织为回火索氏体，淬火应力完全消除，强度较高，具有良好的塑性和韧性，即具有良好的综合力学性能。高温回火后钢件硬度为 HRC24～38。高温回火主要用于处理轴类、连杆、螺栓、齿轮等工件。

工件淬火加高温回火的复合热处理工艺又称为调质处理。调质处理可作为最终热处理，但由于调质处理后钢的硬度不高，便于切削加工，并能得到较好的表面质量，所以也作为表面淬火和化学热处理的预备热处理。

4.2.4.3　回火脆性及防止

钢在某一温度范围内回火时，其冲击韧度比较低温度回火时反而显著下降，这种脆化现象称为回火脆性。

在 250～350 ℃温度范围内出现的回火脆性称为第一类回火脆性。这类回火脆性无论是在碳钢还是合金钢中均会出现，它与钢的成分和冷却速度无关，即使加入合金元素及回火后快冷或重新加热到此温度范围内回火，这类回火脆性都无法避免，所以又称为不可逆回火脆性。防止的办法常常是避免在此温度范围内回火。

在 500～600 ℃温度范围内出现的回火脆性称为第二类回火脆性，部分合金钢易产生这类回火脆性，如果在回火时快冷就不会出现。另外，如果脆性已经发生，只要再加热到原来的回火温度重新回火并快冷，则可完全消除，因此这类回火脆性又称为可逆回火脆性。

任务 4.3　钢的表面热处理和化学热处理

一些在弯曲、扭转、冲击载荷、摩擦条件区工作的机器零件，如齿轮、花键轴、活塞销等，要求表面具有高硬度和耐磨性，心部具有一定的强度和足够的韧性。在这种情况下，要达到上述要求，如果只从材料方面去解决是很困难的。如选用高碳钢，淬火后硬度虽然很高，但心部韧性不足；如采用低碳钢，虽然心部韧性好，但表面硬度低、耐磨性差。这时就需要对零件进行表面热处理或化学热处理，以满足上述要求。

4.3.1　钢的表面热处理

表面热处理是为改变工件表面的组织和性能，仅对其表面进行热处理的工艺。表面淬火是最常用的表面热处理。

表面淬火是指仅对工件表层进行淬火的工艺,其目的是使工件表面获得高硬度和耐磨性,而心部保持较好的塑性和韧性,以提高其在扭转、弯曲等交变载荷或在摩擦、冲击、接触应力大等工作条件下的使用寿命。它不改变工件表面化学成分,而是采用快速加热方式,使工件表层迅速奥氏体化,心部仍处于临界点以下,并随之淬火,使表层硬化。依据加热方法的不同,表面淬火方法主要有感应加热表面淬火、火焰加热表面淬火、电接触加热表面淬火及电解液加热表面淬火等。目前,生产中应用最多的是感应加热表面淬火和火焰加热表面淬火。

4.3.1.1　感应加热表面淬火

利用感应电流通过工件所产生的热效应,使工件表层、局部或表面加热并进行快速冷却的淬火工艺,称为感应加热表面淬火。

1. 感应加热的基本原理

一个线圈通以交流电,就会在线圈内部和周围产生一交变磁场。如将工件置于此交变磁场中,工件中将产生一交变感应电流,其频率与线圈中电流频率相同,在工件中形成一闭合回路,称为涡流。它在工件内的分布是不均匀的,表面密度大,心部密度小。通入线圈的电流频率越高,涡流就越集中于工作的表层,这种现象称为集肤效应。依靠感应电流的热效应,使工件表层在几秒钟内快速加热到淬火温度,然后迅速冷却,使工件表面层淬硬,这就是感应加热表面淬火的基本原理,如图 4-10 所示。

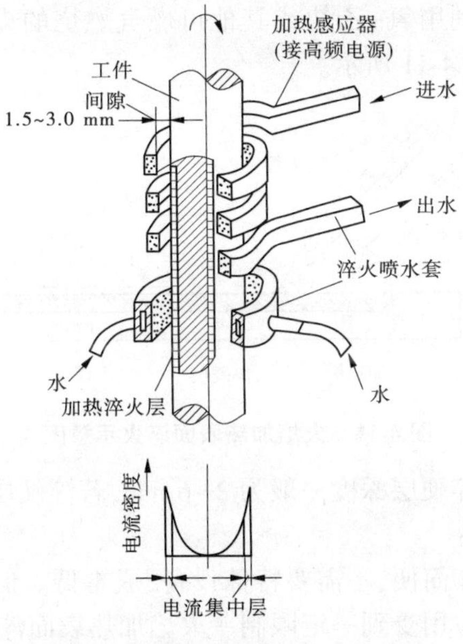

图 4-10　感应加热表面淬火示意图

2. 感应加热表面淬火的特点

加热感应器(接高频电源)感应加热表面淬火与普通加热淬火相比具有如下特点:

(1)加热时间短,工件基本无氧化、脱碳,且变形小。奥氏体晶粒细小,淬火后获得细小马氏体组织,使表层比一般淬火硬度高 HRC2~3,且脆性较低。表面淬火后,在淬硬的表面层中存在较大的残余压应力,提高了工件的疲劳强度。

(2)加热速度快、热效率高,生产率高,易实现机械化、自动化,适用于大批生产。

(3)感应加热设备投资大,维修调试比较困难。

3. 感应加热表面淬火的应用

感应加热表面淬火主要用于中碳钢和中碳低合金钢制造的中小型工件的成批生产。感应加热表面淬火的应用见表 4-1。淬火时,工件表面加热深度主要取决于电流频率,因此生产上通过选择不同的电流频率来达到不同要求的淬硬层深度。

表 4-1 感应加热表面淬火的应用

分类	频率范围(kHz)	淬火深度(mm)	适用范围
高频加热	50~300	0.3~2.5	中小型轴、销、套等圆柱形零件,小模数齿轮
中频加热	1~10	3~30	尺寸较大的轴类,大模数齿轮
工频加热	50	10~20	大型(大于ϕ 300)零件表面淬火或棒料穿透加热

根据电流频率不同,感应加热表面淬火分为三类:高频加热、中频加热和工频加热。感应加热表面淬火后,需要进行低温回火,但回火温度比普通低温回火温度稍低,其目的是降低淬火应力。生产中有时采用自回火法,即当工件淬火冷至 200 ℃左右时,停止喷水,利用工件中的余热达到回火的目的。

4.3.1.2 火焰加热表面淬火

火焰加热表面淬火是利用氧-乙炔或其他可燃气燃烧的火焰对工件表层加热,随之快速冷却的淬火工艺,如图 4-11 所示。

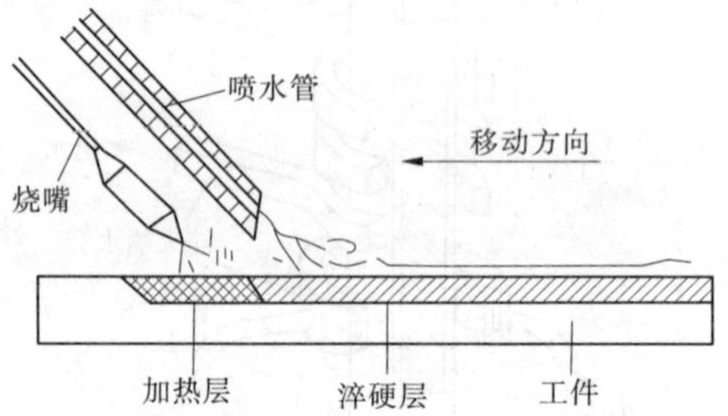

图 4-11 火焰加热表面淬火示意图

火焰加热表面淬火的淬硬层深度一般为 2~6 mm,若淬硬层过深,往往使工件表面严重过热,产生变形与裂纹。

火焰加热表面淬火操作简便,不需要特殊设备,成本低。但生产率低,工件表面容易过热,质量较难控制,因此应用受到一定限制。火焰加热表面淬火主要用于单件或小批生产的各种齿轮、轴轧辊等。

4.3.2 钢的化学热处理

钢的化学热处理是将工件置于适当的活性介质中加热、保温,使一种或几种元素渗入到它的表层,以改变其化学成分、组织和性能的热处理工艺。这种热处理与表面淬火相比,其特点是表层不仅有组织的变化,而且有化学成分的变化。

化学热处理方法很多,通常以渗入元素来命名,如渗碳、渗氮、碳氮共渗、渗硼、渗硅、渗金属等。由于渗入元素的不同,工件表面处理后获得的性能也不相同。渗碳、渗氮、碳氮共渗是以提高工件表面硬度和耐磨性为主,渗金属的主要目的是提高耐腐蚀性和抗氧化性等。化学热处理由分解、吸收和扩散三个基本过程所组成,即渗入介质在高温下通过化学反应进行分解,形成渗入元素的活性原子;渗入元素的活性原子被钢的表面吸附;被吸附的活性原子由钢的表层逐渐向内扩散,形成一定深度的扩散层。在机械制造业中,目前最常用的化学热处理是渗碳、渗氮和碳氮共渗。

4.3.2.1 渗碳

为提高工件表层碳的质量分数并在其中形成一定的碳含量梯度,将工件在渗碳介质中加热保温,使碳原子渗入的化学热处理工艺称为渗碳。

渗碳所用钢种一般是碳的质量分数为 0.10%~0.25%的低碳钢和低碳合金钢,如15C、20C、20Cr、20CrMnTi 等钢。渗碳后的工件都要进行淬火和低温回火,使工件表面获得高的硬度(HRC56~64)、耐磨性和疲劳强度,而心部仍保持一定的强度和良好的韧性。渗碳被广泛应用于要求表面硬而心部韧的工件上,如齿轮、凸轮轴、活塞销等。

根据渗碳时介质的物理状态不同,渗碳可分为气体渗碳、固体渗碳和液体渗碳,目前气体渗碳应用最广泛。气体渗碳是工件在气体渗碳介质中进行的渗碳工艺,它是将工件放入密封的加热炉中(见图 4-12),通入气体渗碳介质进行的渗碳。

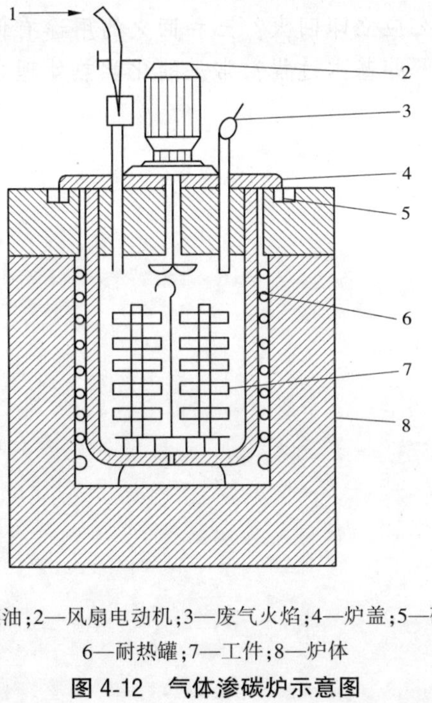

1—煤油;2—风扇电动机;3—废气火焰;4—炉盖;5—砂封;
6—耐热罐;7—工件;8—炉体

图 4-12 气体渗碳炉示意图

4.3.2.2 渗氮

在一定温度下于一定介质中,使氮原子渗入工件表层的化学热处理工艺,称为渗氮(又称为氮化)。渗氮的目的是提高工件表层的硬度、耐磨性、热硬性、耐腐蚀性和疲劳强度。

渗氮广泛应用于各种高速转动的精密齿轮、高精度机床主轴、交变循环载荷作用下要求疲劳强度高的零件(如高速柴油机曲轴),以及要求变形小和具有一定耐热、抗腐蚀能力的耐磨零件(如阀门)等。但是渗氮层薄而脆,不能承受冲击和振动,而且渗氮生产周期长,生产成本较高。钢件渗氮后不需淬火就可达到 HRC68～72 的硬度。目前常用的渗氮方法有气体渗氮和离子渗氮两种。

零件不需要渗氮的部分应镀锡或镀铜保护,也可留 1 mm 的余量,在渗氮后磨去。

渗氮工件的加工工艺路线为:毛坯锻造→退火或正火→粗加工→调质→精加工→镀锡(非渗氮面)→渗氮→精磨或研磨。

4.3.2.3　碳氮共渗

在奥氏体状态下,同时将碳、氮原子渗入工件表层,并以渗碳为主的化学热处理工艺,称为碳氮共渗。根据共渗温度不同,可分为低温(520～580 ℃)、中温(760～880 ℃)和高温(900～950 ℃)碳氮共渗,其目的主要是提高工件表层的硬度和耐磨性。

习题与思考题

4-1　什么是热处理？它对零件制造有何意义？

4-2　钢的热处理包括哪些基本方法？

4-3　钢在淬火后为什么应立即回火？三种回火的用途有何不同？

4-4　化学热处理包括哪些基本过程？常见的化学热处理方法有哪几种？

模块5　材料表面处理技术

磨损、腐蚀和断裂是机械零部件、工程构件的主要破坏形式，由此导致的经济损失非常巨大。尤其是磨损、腐蚀导致的机件失效与相应的经济损失占非常大的比重。在美国国家材料政策委员会向国会提出的一份报告中指出：由摩擦磨损引起1 000亿美元的损失中，材料部分损失约为200亿美元。

众所周知，磨损和腐蚀都是发生于工件表面的材料流失过程中，而且其他形式的构件失效有许多也是从表面开始的。因此，采用表面防护措施延缓和控制表面的破坏，成为解决上述问题的主要方法，同时也促进了表面工程科学和技术的发展。表面工程技术主要围绕腐蚀、摩擦磨损和功能特性(声、光、磁、电的转换等) 三大因素，成为20世纪80年代以来重点发展的十大关键技术之一，并且取得了长足的进展，形成了一门新兴学科——表面工程学。目前，表面工程学的发展势头有增无减，仍是热点研究的领域。众所周知，传统的表面淬火、渗碳、渗氮等表面强化技术属于热处理工艺的一部分，其本身虽不属于金属材料新的表面技术，但是这些工艺仍在发展。近年来，有许多新的科学技术应用于表面强化技术领域，使材料的表面处理技术得到迅猛的发展，由此研发出来的表面强化技术构成了目前材料表面技术的主流。材料表面新技术的大量出现，已引起各类工业部门及材料科学工作者的高度关注，成为材料学科中最活跃的领域之一。

表面工程技术最主要的作用是提高金属构件的耐蚀性、耐磨性及获得电、磁、光等功能性的表面。表面工程技术的作用可以通过以下几方面来加以概括：

(1)抗腐蚀性，即可以提高基体构件的耐大气、海洋气氛、天然水及某些酸碱盐的腐蚀作用。

(2)抗磨性，包括磨料磨损、黏着磨损、疲劳磨损、腐蚀磨损、冲蚀磨损等。

(3)电性能，主要包括绝缘性、导电性等。

(4)耐热性，主要包括抗高温氧化、热疲劳等。

(5)光学特性，主要包括反光性、光选择吸收性、吸光性等。

(6)电磁特性，主要包括磁性、半导体性、电磁屏蔽性等。

(7)密封性。

(8)装饰性，主要包括染色性、光泽性等。

(9)其他表面特性，例如抗疲劳性、保油性、可焊接性等。

表面技术的应用使基体材料表面具有原来没有的性能，从而大幅度地拓宽了材料的使用范围，充分发挥了材料的应用潜力。举例如下：

(1)可用一般的材料替换稀有的、昂贵的材料制造机器零件，而不降低甚至超过原使用零件的质量或性能。

(2)可以复合两种或两种以上的材料，各取其长，解决单一材料解决不了的问题。

(3)增强在严酷条件下材料服役能力，大幅度延长现有构件的寿命。

（4）赋予材料一些特殊的物理、化学性能，可以成功地修复磨损、腐蚀的零件。

任务 5.1　金属表面强化处理

金属表面形变强化是在外力作用下，使金属表面层产生塑性变形，导致表面形成形变硬化层（此形变硬化层的深度可达 0.5~1.5 mm），产生形变硬化和残余应力，从而使表面层硬度、强度提高。常用方法有喷丸、滚压、内挤压等强化工艺。例如，对弹簧喷丸强化可显著延长其使用寿命；球墨铸铁曲轴渗碳处理后，再对轴颈与轴肩过渡圆角进行滚压强化，可使其疲劳寿命延长近 1 倍。

5.1.1　喷丸

喷丸是广泛使用的一种在再结晶温度以下进行的表面强化方法，是利用高速喷射的砂丸或铁丸对工件表面进行撞击，使之形成形变硬化层并产生残余压应力，以提高零件的部分力学性能和改变表面状态的工艺方法。喷丸通常是直径为 0.5~2.0 mm 的砂粒或铁丸，砂粒的材料多为 Al_2O_3 或 SiO_2，其表面处理的效果与丸粒的大小、喷射速度和持续时间有关。喷丸可显著提高抗弯曲疲劳、抗腐蚀疲劳、抗应力腐蚀疲劳、抗微动磨损、耐蚀等能力，具有操作简单、耗能少、效率高、适应面广等优点，是金属材料表面改性的有效方法。喷丸强化用的设备（见图 5-1）简单、成本低、耗能少，已广泛用于弹簧、齿轮、链条、轴、叶片、火车轮等零部件。

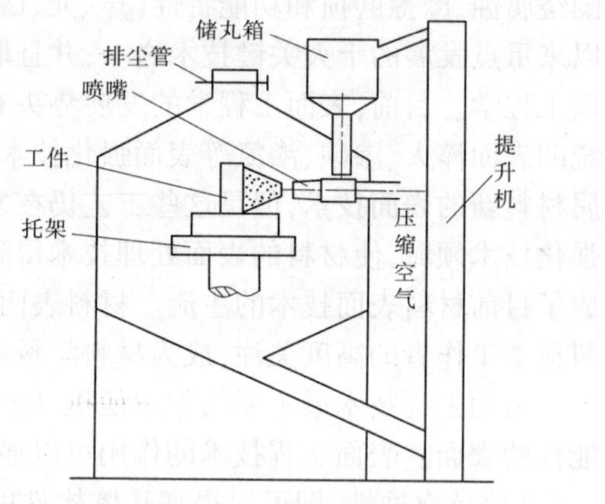

图 5-1　机械喷丸

5.1.2　滚压加工

滚压强化工艺是一种无切削加工工艺，表面滚压可以显著地提高零件的疲劳强度，并且降低缺口敏感性。滚压加工是将硬度高且光滑的滚柱与金属表面滚压接触，使其局部产生微小塑性变形而进行的塑性精加工，在工件表面形成冷硬层和产生残余压应力，从而提高表面粗糙度和硬度，并且由于产生压缩残留应力可得到具有耐久性的表面，以提高工件硬度和强度的工艺方法。这种方法主要应用在大型轴类、套筒类零件内、外旋转表面的加工，滚压螺钉、螺栓等零件的螺纹，以及滚压小模数齿轮和滚花等，并取得了显著成果，很好地提高了经济效益。

在车床上滚压外圆的操作示意图如图 5-2（a）所示。图 5-2（b）为滚压外圆所使用的滚轮式弹性液压工具，使用过程中，先将杆体安装在车床方刀架上，使滚轮与工件接触，再通过横向进刀对工件施加一定压力。弹力大小是通过拧动螺塞、调节弹簧的压缩来实现的，而弹簧力又通过加压杆使滚轮对工件表面产生一定压力。为了有利于金属塑性变形，减小滚轮与工件的接触面积，提高单位面积的液压力，常将滚轮轴线与工件轴线偏斜一定角度或用钢球做滚压工具的工作头。

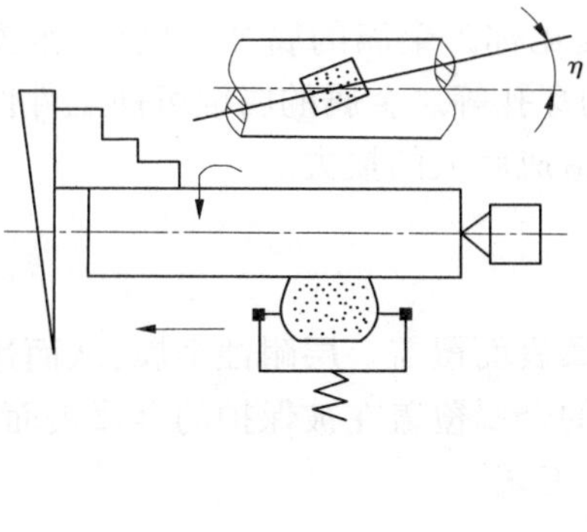

(a)操作示意图

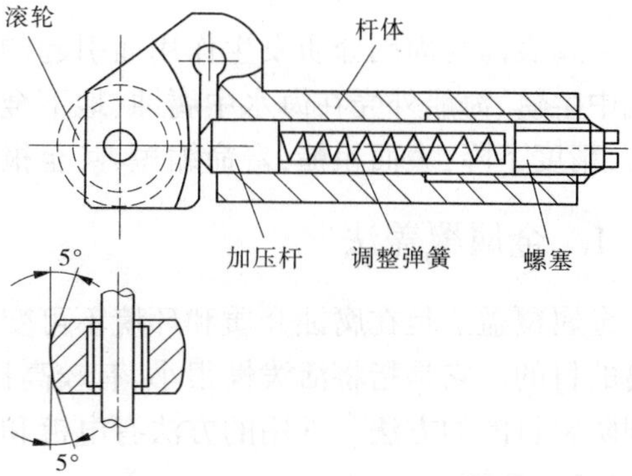

(b)滚轮式弹性液压工具

图 5-2　滚压外圆操作示意图及所用工具

5.1.3　金属表面复合处理强化法

金属表面复合处理强化是将两种以上的可以单独使用的表面强化工艺组合起来，用于同一构件上，使其各自优点都能发挥，获得更加显著的强化效果。这种组合的表面强化方法称为表面复合处理强化法。如先将工件进行渗钛的化学热处理，然后进行离子渗氮的化学热处理后，可在工件表面形成硬度极高、耐磨性很好、耐蚀性较高的金黄色 TiN 化合物层。氮化或渗碳与高频感应加热表面淬火的复合强化，可以显著提高工件的表面硬度、耐磨性和疲劳性能，同时又减少了热处理变形。比如齿轮、弹簧、曲轴等重要受力构件经过淬火和回火后，再经喷丸表面形变强化处理，其疲劳强度、耐磨性和使用寿命都有明显的提高。

5.1.4　金属表面相变强化法

金属表面相变强化法是通过相变改变表层金属组织结构，从而强化金属表面工艺的方法。一般通过快速加热，使钢表层奥氏体化后迅速冷却，表层获得具有高硬度细小的马氏体组织。生产中常用工艺方法是火焰表面淬火、感应加热表面淬火等。

5.1.5　金属表面化学热处理强化法

金属表面化学热处理强化是将其他元素渗入到金属表面层，通过改变材料表层的化学成分，形成单相或多相的扩散层、化合物层，从而获得特殊性能的表面。常用的工艺方法有渗碳、渗氮、碳氮共渗、渗硼等，可以使表层获得高强度、高硬度或改变使用性能。例如，45 钢经渗硼处理制成的无缝钢管拉拔模比原渗碳模寿命延长 6 倍；汽车、内燃机凸轮插臂经低温渗硫后寿命延长 4 倍等。

任务 5.2 金属表面防腐处理

金属表面与周围介质发生作用而引起的破坏和变化称为金属的腐蚀。例如：钢铁在大气中生锈、海船外壳在海水中腐蚀、地下金属管道的穿孔等。金属的腐蚀可使工件性能变坏，精度下降，表面粗糙，寿命缩短，甚至报废，进而造成巨大的损失。

5.2.1 金属覆盖法

金属覆盖法是在腐蚀介质和环境不可变时，在金属表面覆盖一层耐蚀金属，从而达到防腐的目的。它是指将活泼性很小、有较高抗蚀能力的金属覆盖在被保护的金属表面，以达到防腐目的的方法。常用的方法有电镀和化学镀等工艺。

5.2.1.1 电镀

电镀就是利用电解原理在某些金属表面上镀一薄层其他金属或合金的过程，是利用电解作用使金属或其他材料制件的表面附着一层金属膜的工艺。其目的在于改变固体材料的表面特性，提高耐磨性、导电性、反光性、抗腐蚀性及增进美观；或制取特定成分和性能的金属覆层，提供特殊的电、磁、光、热等表面特性和其他物理性能等。

一般来说，阴极上金属电沉积的过程是由下列步骤组成的：

(1)把镀层金属接在阳极，把镀件接在阴极。

(2)通以直流电的电源后，阳极的金属会进行氧化反应(失去电子)，在电解液中的预镀金属的离子或它们的络离子由于浓度差向阴极(工件)表面或表面附近迁移。

(3)溶液中的正离子则在阴极被还原(得到电子)成原子并积聚在阴极表层。

1. 单金属电镀

单金属电镀是指镀液中只含有一种金属离子，镀后形成单一金属镀层的方法。它不但可以作为钢铁零件等的防腐方法，还具有装饰功能和起到改善可焊性的作用。常用的单金属电镀主要有镀锌、镀镍、镀铜、镀铬、镀锡等。此处以镀锌为例叙述单金属电镀过程。

锌是银白色金属，在干燥空气中很稳定，能溶于酸碱。与其他金属相比，锌是相对便宜而又易镀覆的一种金属。锌的标准电极电位为-0.76 V。对钢铁基体来说，锌镀层属于阳极性镀层，在钢铁表面镀锌层既有机械保护作用，又有化学保护作用。经钝化或涂层后，防护装饰性和耐磨性更好。加上成本较低，因此镀锌被广泛用于保护钢铁件，特别是防止大气腐蚀，并用于装饰。

电镀锌工艺分为氰化物镀锌和无氰镀锌两类。氰化物镀锌的特点是溶液均镀能力好，镀层光滑细致，应用较广，但由于氯化物属剧毒物，近年来已趋向采用微氰和无氰镀液。无氰镀液有碱性锌酸盐镀液、铵盐镀液、硫酸盐镀液及无铵氯化物镀液等。

1)锌酸盐镀锌

锌酸盐镀锌的优点是维护费用低廉，对钢铁设备腐蚀作用小，镀层结晶细致，废水处理方便；缺点是电镀时气体与镀液刺激性都较大，镀液的均镀能力和深镀能力比氰化物镀液差，电流效率(70%~80%)较低，镀层超过一定厚度时脆性增加。锌酸盐镀锌常用镀液配方和工作条件见表 5-1。

表 5-1　锌酸盐镀锌常用镀液配方和工作条件

配方及工作条件	配方 1	配方 2	配方 3	配方 4
氧化锌(ZnO)(g/L)	8~12	8~12	8~12	8~12
氢氧化钠($NaOH$)(g/L)	100~120	100~120	100~120	100~120
三乙醇胺(mL/L)	20~30	20~30		
DPE-Ⅲ(mL/L)	4~6			4~5
DE(mL/L)			4~6	
KR-7(mL/L)				1~2
EQD-3(mL/L)		2~3		
香草醛(mL/L)			0.1~0.5	
硫酸镍($NiSO_4 \cdot 7H_2O$)(g/L)			0.5~1.0	
温度(℃)	10~30	10~30	10~30	10~30
阴极电流密度(A/dm^2)	1.0~2.5	1.0~2.5	1.0~2.5	1.0~4.0

2)氯化钾(钠)镀锌

氯化钾(钠)镀锌是以氯化钾(钠)代替氯化铵作为导电盐,通常称为无铵镀锌。这种镀液的优点是不含配合物,废水处理容易,镀液稳定,电流效率较高,允许较大电流密度,光亮性好;缺点是钝化膜结合强度较差,镀层性脆,分散能力和覆盖能力较差,亮度比氯化铵镀锌略逊一些, 成本高。氯化钾(钠)镀锌常用镀液配方和工作条件见表 5-2。

表 5-2　氯化钾(钠)镀锌常用镀液配方和工作条件

配方及工作条件	配方 1 (钾盐)	配方 2 (钠盐)
氯化锌($ZnCl_2$)(g/L)	50~100	50~70
氯化钾(KCl)(g/L)	150~250	
氯化钠($NaCl$)(g/L)		200~250
硼酸(H_3BO_3)(g/L)	25~35	25~35
组合添加剂(m/L)	15~25	15~25
温度(℃)	10~30	10~30
阴极电流密度(A/dm^2)	1~4	1~4
pH 值	4.5~6.0	4.5~6.0

3)氯化铵镀锌

氯化铵镀锌是目前应用较广的镀液。其中以氯化铵型和氨三乙酸-氯化铵型使用最为普遍,氨三乙酸-氯化铵型的分散能力和覆盖能力比氯化铵型的好。氯化铵镀液的优点是镀液成本低,电流效率高,镀层结晶细密,光亮性好,如果结合使用适当添加剂,可明显改善其均镀和深镀能力；缺点是对钢铁设备腐蚀严重，废水处理较困难，钝化膜容易变色。氯化铵镀锌常用镀液配方和工作条件见表 5-3。

表 5-3　氯化铵镀锌常用镀液配方和工作条件

配方及工作条件	配方 1	配方 2	配方 3
氯化锌(g/L)	40~45	18~20	30~35
氯化铵(g/L)	200~270	220~270	220~270
氨三乙酸(g/L)	30~40	30~40	20~30
硫脲(g/L)	1.0~1.5	1.0~2.0	1.5
聚乙二醇(g/L)	1.0~1.5	1.0~1.5	2.0
表面活性剂(mL/L)	0.1~1.5	0.2~0.4	0.5
硼酸(g/L)	30~40		25~30
温度(℃)	15~35	15~35	15~30
阴极电流密度(A/dm^2)	1.0~2.0	1.0~1.5	0.5~0.8
pH 值	5.6~6.2	5.8~6.2	5.4~6.2

4)镀锌层的后处理

镀锌层的后处理主要包括去氢和钝化两部分。去氢一般采用镀后加热处理，使氢逸出。去氢的效果与处理的温度和时间有关，一般在烘烤箱内进行，温度为 200~250 ℃，时间为 2 h。温度的高低取决于基体材料。去氢后钝化若有困难，可在钝化前先用 10%硫酸等活化。

2. 合金电镀

各种单金属组成的镀层虽可以满足各种特殊表面性能的要求，但没有合金种类繁多，可供选择的范围小，由于现代工业和科学技术的发展，对材料表面性能，尤其是功能性镀层提出了越来越高的要求，仅靠单一金属镀层已不能满足性能要求，因此近年来合金电镀的研究与应用日益为人们所重视。合金电镀是在阴极上同时沉积出两种或两种以上金属，形成结构和性能符合要求的镀层的工艺过程。合金镀层具有许多单金属镀层所不具备的特殊性能，如外观、颜色、硬度、装饰等。到目前为止，已研究的电镀合金超过 240 种，在生产上实用的约有 40 余种。合金电镀的优点如下：

(1)可制备高熔点金属与低熔点金属组成的合金；

(2)可制备平衡相图没有的、与冶炼合金明显不同的物相，如过饱和固溶体、高温相、混合相或金属间化合物等；

(3)可获得近年来引起人们广泛关注的非晶态合金，如 N-P 合金等；

(4)使单独从水溶液中不能析出的金属如 W、Mo、Ti 等能够以合金形式析出，如 Ni-Mo、Ni-W、Cd-Ti 等；

(5)合金电镀中还出现电位较负的金属优先析出的特异现象，如 Zn- Fe、Zn-Ni 等。

目前，合金电镀主要是电镀锌合金、电镀锡合金、电镀镍合金、电镀贵金属合金。

5.2.1.2 化学镀

化学镀是指在没有外电流通过的情况下，利用化学方法使溶液中的金属离子还原为金属并沉积在基体表面，形成镀层的一种表面加工方法。被镀件浸入镀液中，化学还原剂在溶液中提供电子使金属离子还原沉积在镀件表面。反应式为

$$M^{n+} + ne \rightarrow M$$

如果被镀的金属本身是催化剂，则化学镀的过程就具有自动催化作用，反应生成物本身对反应的催化作用使反应继续下去，这时镀层厚度也逐渐增加，因此可获得一定的厚度。化学镀又称为自催化镀、无电解镀。

化学镀与电镀比较，具有如下优点：

(1)不要外加直流电源设备；

(2)镀层外观良好，晶粒细，无孔，耐蚀性更好；

(3)不管零件形状如何复杂，其镀层厚度都很均匀；

(4)可在金属、非金属、半导体等各种基材上镀覆。

化学镀与电镀相比，所用的溶液稳定性较差，且溶液的维护、调整和再生都比较麻烦，材料成本费较高。但是化学镀(镍、铜等)层具有耐磨、耐蚀、高硬度、焊接性好、磁性等性能，因此在电子、石油、化工、航空航天、核能、汽车、机械等工业中得到广泛应用。

1. 化学镀镍

用还原剂将镀液中的镍离子还原为金属镍并沉积到基体金属表面上的方法称为化学镀镍。化学镀镍使用的还原剂有次磷酸盐、硼氢化物、氨基硼烷、肼及其衍生物等，其中使用次磷酸盐作还原剂的酸性镀液是使用最广泛的化学镀镍液。

2. 化学镀铜

化学镀铜主要用于导体材料的金属化处理，以及在非导体材料表面形成导电层。目前，化学镀铜已广泛应用在印刷电路板孔金属化和塑料电镀。化学镀铜层的物理化学性质与电镀法所得铜层基本相似。

化学镀铜的主盐通常采用硫酸铜，使用的还原剂有甲醛、肼、次磷酸钠、硼氢化钠等，但生产中使用最普遍的是甲醛。甲醛必须在 pH 值大于 11 的碱性条件下才具有还原作用。

5.2.2 非金属覆盖法

5.2.2.1 涂油漆法

涂油漆法是将油漆涂覆在金属表面，隔离开周围介质与金属的接触，从而达到防腐蚀目的的方法。常用的油漆主要有红丹漆、醇酸树脂漆、酚醛树脂漆等。为了提高防腐效果，防锈油漆中还应该加入钝化剂。涂油漆法操作简便，成本低，主要用于桥梁、船舶和机械外表面的防大气腐蚀。

5.2.2.2 涂塑料法

涂塑料法是采用浸涂、喷涂或刷涂等方法，使被保护金属外表面裹上一层塑料薄膜，隔离开周围介质与金属的接触，从而达到防腐蚀目的的方法。此法可防酸、碱、盐溶液腐蚀。当不需要防腐塑料薄膜时，可立即剥除。

5.2.2.3 涂防锈剂法

此方法主要是用于储存、加工和运输过程中的防腐处理。耐蚀期短时,可以涂矿物油;耐蚀期较长时,涂凡士林、石蜡等混合物。

任务 5.3 金属表面装饰处理

金属表面装饰处理是指用一定方法在金属表面形成有色薄膜,提高材料装饰功能的工艺过程。金属表面装饰处理是采用镀、渗、涂及表面转化等技术,在制件表面获得美观的装饰性薄膜。金属表面装饰处理不仅有装饰性,还可以提高金属表面的物化性能,如耐蚀性等。随着现代工业的迅速发展和人们对物质生活水平要求的日益提高,金属表面装饰处理有着越来越广泛的需求和更加广阔的发展空间。

5.3.1 表面抛光

表面抛光是利用机械、化学或者电化学原理,在抛光机或砂带磨床上进行的光整合加工的方法。抛光时,抛光膏涂在高速旋转的软弹性抛光轮或砂带上,利用剧烈摩擦产生高温,使加工面上形成极薄熔流层,即可填平加工面上的微观凹凸不平。表面抛光用的磨料根据被磨材料而定,对于青铜、黄铜、铸铁、硬铝、锡、锌等软材料,可以使用人造金刚砂;而对于钢,使用人造刚玉。

5.3.2 装饰性电镀

装饰性电镀可以是单金属电镀,如铜、镍、铬、金、银;也可以是合金电镀,如铜锌合金、锡镍合金等。

光亮镀镍是在普通电镀的基础上,加入少量能使镀层产生光亮的添加剂,从而形成光亮镀镍层。光亮镀铬一般是在光亮镀镍后进行的。

电镀铜锌合金时,其镀层外观色泽随锌含量的不同可以呈现红色、金黄色、浅黄色或银白色。其中,应用最广泛的是含锌30%左右的仿金黄铜,经常用于室内装饰品、家具、首饰及建筑五金等。

5.3.3 氧化与磷化

有色金属如果经过氧化或磷化处理,可以在其表面形成一层多色彩的装饰性薄膜。例如:铝及铝合金通过磷酸-铬酸法可以得到绿色的氧化膜;含铜铝合金的磷化膜为橄榄绿色,不含铜的铝合金可以获得蓝绿色带浅彩虹色的磷化膜层;铜及铜合金在碱溶液中进行氧化处理,氧化膜颜色可以发生黑色或棕色向紫、红、橙、黄转变。

不锈钢也可以通过氧化获得多种色彩的效果。彩色不锈钢本身是无色的,色彩的获得是由于表面有一层无色透明的致密氧化物薄膜,当光线照射到薄膜上时,其反射光与通过薄膜的折射光发生光的干涉现象的结果。表面氧化膜的化学成分、组织结构、粗糙度、膜的厚度以及入射光线等决定了彩色不锈钢表面呈现何种颜色,其中起决定作用的是膜的厚度。氧化膜的厚度一般在200~400 nm。氧化膜较薄,呈现蓝色或棕色;中等厚度的氧化膜,呈现金黄色或红色;较厚的氧化膜,呈现绿色甚至是黑色。

彩色不锈钢的着色工艺一般分为氧化成膜、电解固化、封闭处理三个阶段。彩色不锈钢化学着色工艺流程为:不锈钢制品→机械抛光→清洗→碱性除油→清洗→电解抛光→清洗→活化→清洗→化学着色→着色膜固化处理→清洗→封闭→清洗→干燥→成品。

5.3.4 表面着色处理

表面着色就是在金属表面形成一层很薄的、具有一定化学耐蚀性的金属层化合物,经过抛光,使这一薄层显示出平滑和富有光泽的工艺。采用不同的着色工艺可使金属或者合金获得不同颜色。金属表面着色处理形成的薄膜厚度一般为 0.025~0.055 μm。膜厚不同也会改变色彩深浅,通常可获得黄、红、蓝、绿及彩虹等多种色彩。铜及铜合金的着色处理需要在硫化钾、亚硝酸钠等组成的处理液中完成,通常可形成绿、黑、蓝、红等基本色调,并能衍生出古铜、金黄、淡绿、巧克力等色。

习题与思考题

5-1 指出材料表面处理方法及主要目的。

5-2 金属表面强化处理方法有哪些?

5-3 金属的腐蚀形式有全面腐蚀和局部腐蚀,请问哪种腐蚀危害性更大?

5-4 化学腐蚀和电化学腐蚀有何区别?

5-5 指出电镀的基本原理和镀锌的工艺过程及应用。

5-6 涂料一般由哪几部分组成?各起何作用?

5-7 指出生活中常见的建筑设施、家具、电器、工具等所采用的表面处理技术。

5-8 在金属表面的覆盖层保护法中,常用的非金属覆盖法有哪些?

5-9 金属表面装饰加工的途径有哪些?

模块 6　铸　造

任务 6.1　概　述

铸造是将金属熔炼成符合一定要求的液体,并以直接浇注、射压或吸入等方式将其注入预先制好的铸型内,经冷却凝固、落砂清理后得到具有一定形状、尺寸和性能的零件毛坯或成品铸件的工艺过程。

铸造是人类较早掌握的一种制造工艺,在国民经济中占有很重要的地位,广泛应用于工业生产的各个领域。铸造工艺灵活性大,适应性很广,从单件、小批到大量生产均可采用。工业上常用的金属材料都可用铸造获得,应用范围广,生产成本低。

目前,常用的铸造方法有砂型铸造和特种铸造两大类。砂型铸造就是将熔化的金属注入砂型凝固后获得铸件的方法,图 6-1 为砂型铸造生产的基本操作工序。特种铸造是包括低压铸造、陶瓷型铸造、连续铸造、金属型铸造、熔模铸造、离心铸造等多种区别于传统砂型铸造的铸造方法的统称。

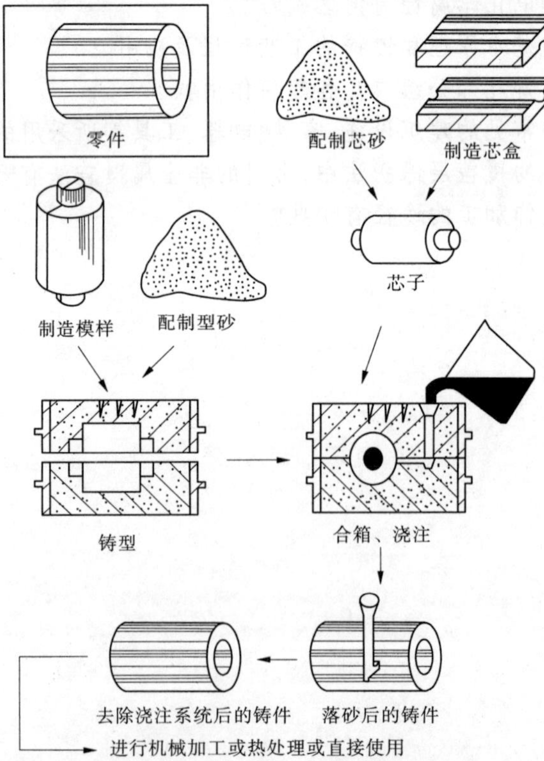

图 6-1　砂型铸造生产的基本操作工序

任务6.2　铸造工艺设计基础

6.2.1　概念

铸造工艺设计就是根据铸造零件的结构特点、技术要求、生产批量和生产条件等，确定铸造方案和工艺参数，绘制铸造工艺图，编制铸造工艺卡等技术文件的过程。铸造工艺设计的有关文件是生产准备、管理和铸件验收的依据，并直接用于指导生产操作。因此，铸造工艺设计的好坏对铸件品质、生产率和成本起着重要作用。

6.2.2　设计依据

铸造工艺设计人员在设计之前，应掌握生产任务和要求，熟悉工厂和车间的生产条件，并应对铸造先进技术有所了解，具有经济观点和发展观点，才能很好地完成设计任务，这些是铸造工艺设计的出发点和基本依据。

6.2.2.1　生产任务

(1)铸造零件图样。提供的图样必须清晰无误，有完整的尺寸和各种标记。注意零件的结构是否符合铸造工艺性。

(2)零件的技术要求。金属材质牌号、金相组织、力学性能要求、铸件尺寸和质量公差及其他特殊性能要求。

(3)产品数量及生产期限。产品数量是指生产批量的大小，生产期限是指交货日期长短。根据产品数量，一般可分为三种生产类型，即大量生产(年产量在5 000件以上)、成批生产(年产量在500~5 000件)和单件或小批生产(年产量在500件以下)。生产类型不同，工艺设计的内容和要求也有所不同。

6.2.2.2　生产条件

(1)设备生产能力，包括起重运输机的吨位、熔炉的吨位和生产率、造型和制芯机种类、烘干炉和热处理炉的能力等。

(2)车间原材料的应用情况和供应情况。

(3)工人技术水平和生产经验。

(4)模具等工艺装备制造车间的加工能力。

要考虑经济性。对各种原材料、炉料等的价格、各级工种工时费用、设备每小时费用等，都应有所了解，以便考核该项工艺的经济性。

还要考虑环境保护。铸造工艺设计要考虑节约能源、保护环境和维护工人身体健康。

6.2.3　设计内容和程序

铸造工艺图规定了铸件的形状和尺寸，也规定了铸件的基本生产方法和工艺过程。铸造工艺设计所涉及的具体内容和设计程序见表6-1。

表 6-1　铸造工艺设计所涉及的具体内容和设计程序

项目	内容	用途及应用范围	设计程序
铸造工艺图	在零件图上,用标准 JB 2435—2013 规定的红、蓝色符号表示出浇注位置和分型面、加工余量、铸造收缩率(说明)、起模斜度、模样的反变形量、分型负数、工艺补正量、浇注系统和冒口、内外冷铁、铸肋、砂芯形状和数量、芯头大小等	用于制造模样、模板、芯盒等工艺装备,也是设计这些金属模具的依据,还是生产准备和铸件验收的根据。适用于各种批量的生产	(1)零件的技术条件和结构工艺性分析; (2)选择铸造及造型方法; (3)确定浇注位置和分型面; (4)选用工艺参数; (5)设计浇冒口、冷铁和铸肋; (6)砂芯设计
铸件图	反映铸件实际形状、尺寸和技术要求。铸件用标准规定符号和文字标注,反映内容:加工余量、工艺余量、不铸出的孔槽、铸件尺寸公差、加工基准、铸件金属牌号、热处理规范、铸件验收技术条件等	铸件检验和验收、机械加工夹具设计的依据。适用于成批、大量生产或重要的铸件	(7)在完成铸造工艺图的基础上画出铸件图
铸型装配图	表示出浇注位置、分型面和砂芯数目、固定和下芯顺序、浇注系统、冒口和冷铁布置、砂箱结构和尺寸等	生产准备、合箱、检验、工艺调整的依据。适用于成批、大量生产的重要件,单件生产的重型件	(8)通常在完成砂箱设计后画出
铸造工艺卡	说明造型、造芯、浇注、开箱、清理等工艺操作过程及要求	用于生产管理和经济核算。依批量大小填写必要内容	(9)综合整个设计内容

任务 6.3　铸造工艺方案的确定

6.3.1　零件结构分析

6.3.1.1　铸造工艺性分析

铸件结构本身适应铸造工艺要求并能保证铸件质量的这种性能,称为铸件结构的铸造工艺性。合理的铸件结构不仅要符合零件的使用要求,而且要保证铸件质量,简化铸造工艺。对铸件结构进行铸造工艺性分析时,必须首先考虑保证铸件质量和使用要求,防止片面追求简化铸造工艺的倾向。

铸型工艺方案是根据实际生产条件和铸件的生产批量对拟采用铸造方法生产的零件进行工艺分析，并在进行了各种可能方案的比较后，根据现实与可能的条件择优确定造型、制芯方法和铸型的种类、浇注位置、分型面、砂芯分块、浇冒口系统等。

6.3.1.2 铸件质量对零件结构的要求

(1)铸件应有合适的壁厚。在一定的铸造条件下，铸造合金能充满铸型的最小允许壁厚的数值，除与铸造合金的种类有关外，还与铸造方法、铸件形状、浇注温度、合金成分、铸件尺寸、铸型的热物理性等因素有关。在保证使用性能的前提下，为了避免浇不到、冷隔等缺陷，铸件不应太薄。合适的壁厚应使铸件既能满足力学性能的要求，又不使其产生铸造缺陷。

铸件壁厚应随铸件尺寸增大而相应增大，在适宜壁厚的条件下，既方便铸造又能充分发挥材料的力学性能。各种合金铸件的临界壁厚可按最小壁厚的3倍来考虑。设计受力铸件时，不可单纯用增厚的方法来增加铸件的强度，在有必要或可能时，还应当采用带加强肋的薄断面结构。这样不仅可以减小铸件的质量或体积，还有利于防止出现收缩类缺陷(见图6-2)。

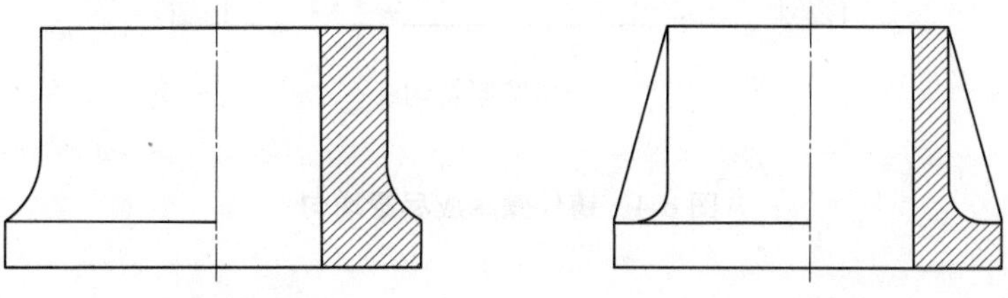
(a)不合理 (b)合理

图6-2 采用加强肋减小铸件厚度

(2)铸件结构不应造成严重的收缩阻碍，应注意壁厚过渡和圆角。铸件薄、厚壁的相接、拐弯，等厚度的壁与壁的各种交接，都应采取逐渐过渡和转变的形式，并应使用较大的圆角相连接，否则棱角分明的铸件结构可能造成缩孔、缩松，甚至裂纹等缺陷。为防止这些缺陷及柱状晶直交缺陷，铸造工作者在铸件的转角处和连接处往往采用结构圆角，如图6-3所示。

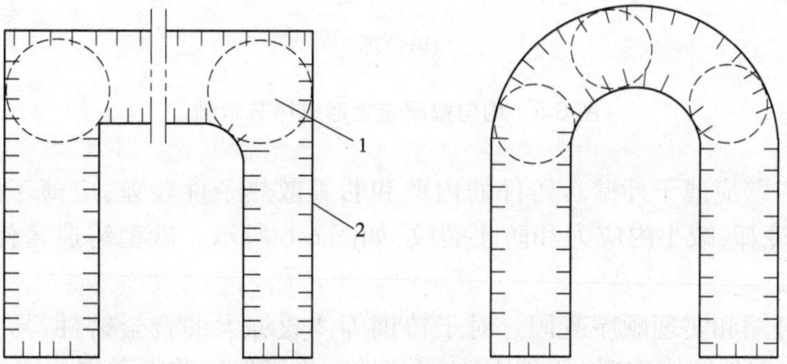

1—虚线内为金属堆积情况；2—垂直壁的短线表示结晶方向

图6-3 铸造圆角的作用

(3) 壁厚力求均匀,减少厚大部分,防止形成热节。薄厚不均的铸件在冷却过程中会形成较大的内应力,容易使铸件产生缩孔、缩松、裂纹等缺陷。因此,应取消那些不必要的厚大部分,肋条布置应尽量减少交叉,防止形成热节,如图 6-4 和图 6-5 所示。

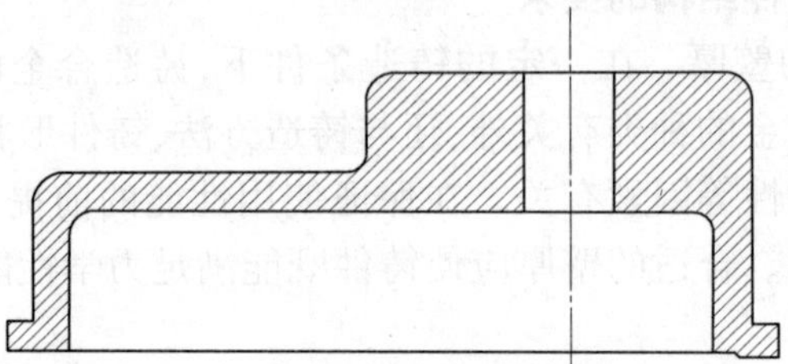

(a)壁厚不均匀

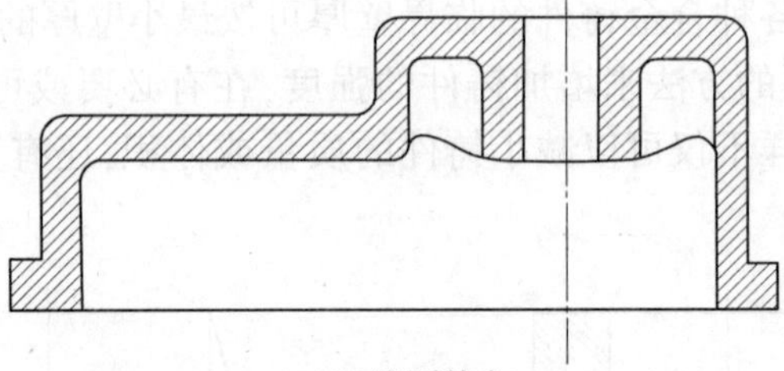

(b)壁厚均匀

图 6-4　铸件壁厚应尽量均匀

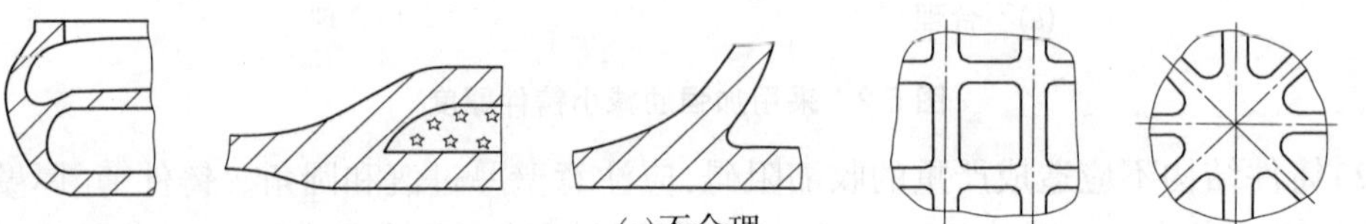

(a)不合理

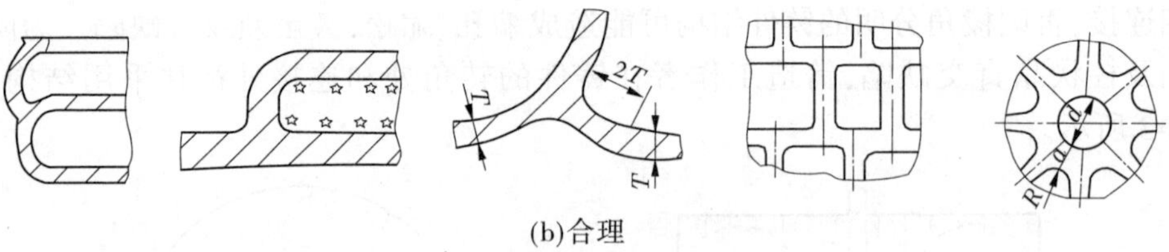

(b)合理

图 6-5　均匀壁厚避免形成热节示例

(4) 铸件内壁应薄于外壁。铸件的内壁和肋等散热条件较差,应薄于外壁,以使内、外壁能均匀地冷却,减小内应力和防止裂纹,如图 6-6 所示。砂型铸造铸件的内、外壁厚相差值见表 6-2。

(5) 利于补缩和实现顺序凝固。对于铸钢等体收缩大的合金铸件,易于形成收缩缺陷,应仔细审查零件结构实现顺序凝固的可能性。为了保证获得致密的铸件,铸件本身结构应具备定向凝固的补缩条件。按定向凝固原则设计铸件结构如图 6-7 所示。

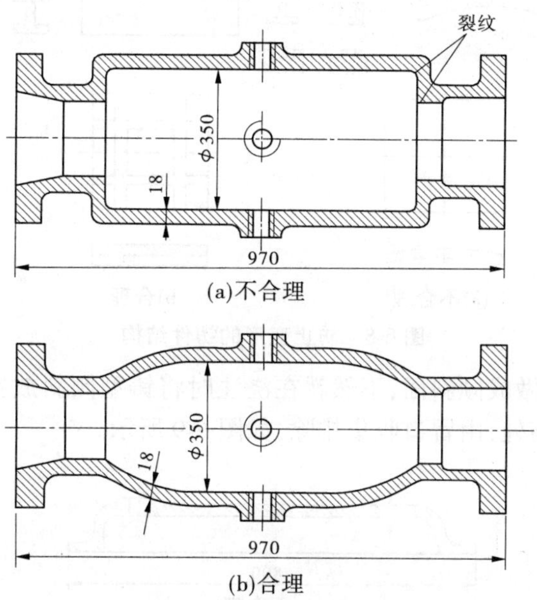

图 6-6　铸钢件结构的改进

表 6-2　砂型铸造铸件的内、外壁厚相差值

合金种类	铸铁件	铸钢件	铸铝件	铸铜件
内、外壁相差值(%)	10~20	20~30	10~20	15~20

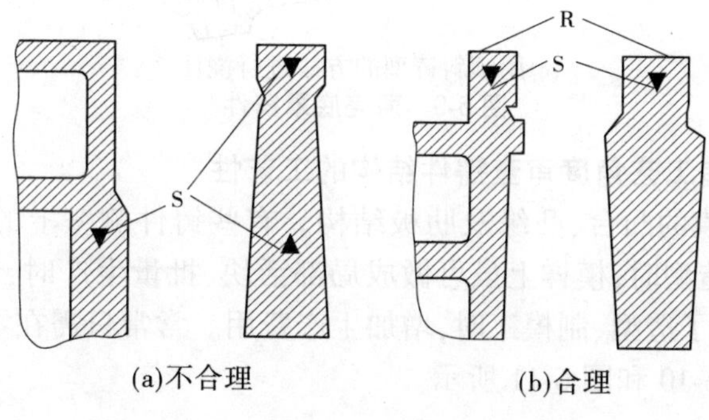

R—晶;S—缩孔

图 6-7　按定向凝固原则设计铸件结构

(6)防止铸件翘曲变形。生产经验表明:某些壁厚均匀的细长形铸件、较大的平板形铸件,以及壁厚不均的长形箱体件,如机床床身等,会产生翘曲变形。可通过改进铸件结构,铸件热处理时矫形、塑性,进行机械矫形和采用反变形模样等措施予以解决。图 6-8 为防止变形的铸件结构。

(7)避免浇注位置上有水平的大平面结构。在浇注时,型腔内出现较大的水平面,当金属液上升到该位置时,由于断面突然扩大,金属液面上升速度变得非常小,灼热的金属液面较长时间、近距离地烘烤顶面型壁,极易造成夹砂、渣孔、砂孔或浇不到等缺陷。因

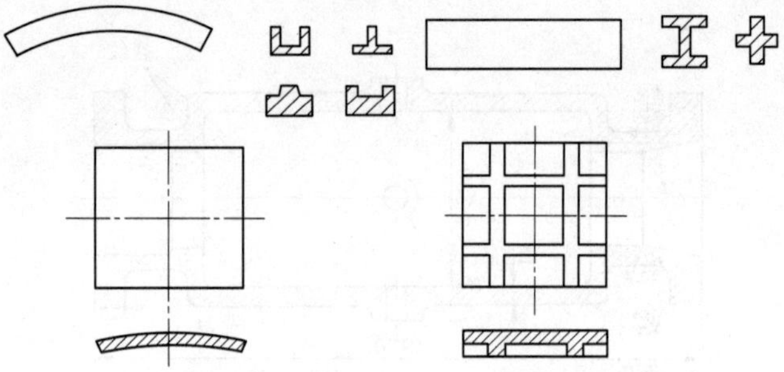

(a)不合理　　(b)合理

图 6-8　防止变形的铸件结构

此,最好把较大水平面做成倾斜面,不然就在浇注时将铸型倾斜放置,这样便于杂质和气体随金属液升至铸件高处,由冒口收集排除,如图 6-9 所示。

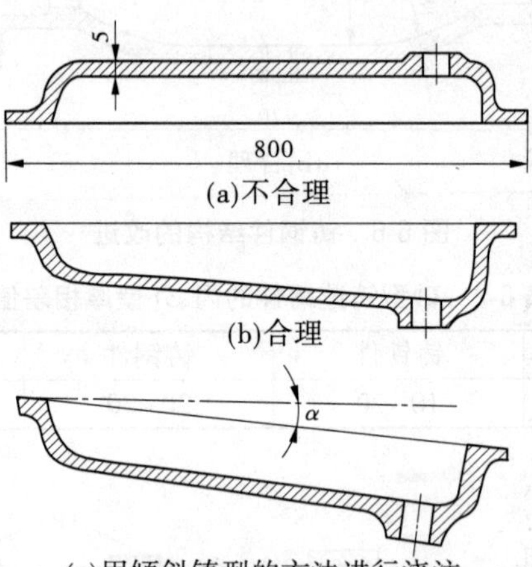

(a)不合理

(b)合理

(c)用倾斜铸型的方法进行浇注

图 6-9　薄壳底罩铸件

6.3.1.3　从简化铸造工艺角度审查铸件结构的工艺性

(1)改进妨碍起模的凸台、凸缘及肋板结构。有些铸件侧壁上的凸台、凸缘、肋板等常常妨碍起模,手工造型时,模样上虽可做成局部活块,批量生产时,可局部采用砂芯,但都在不同程度上增加了造型、制模工时,增加生产费用。常常只需在零件结构设计上稍加改进就可避免,如图 6-10 和图 6-11 所示。

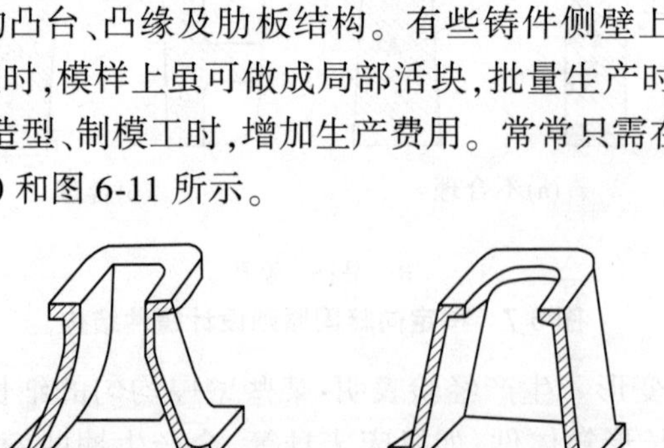

(a)不合理(两个分型面或者中箱部分下芯)　　(b)合理(一个分型面)

图 6-10　外壁内凹的框形件

(2)尽量取消外表侧凹。铸件外表侧壁上有凹入部分必然妨碍起模,需要增加砂芯才能形成铸件形状。常稍加改进即可避免凹入部分,如图 6-12 所示。

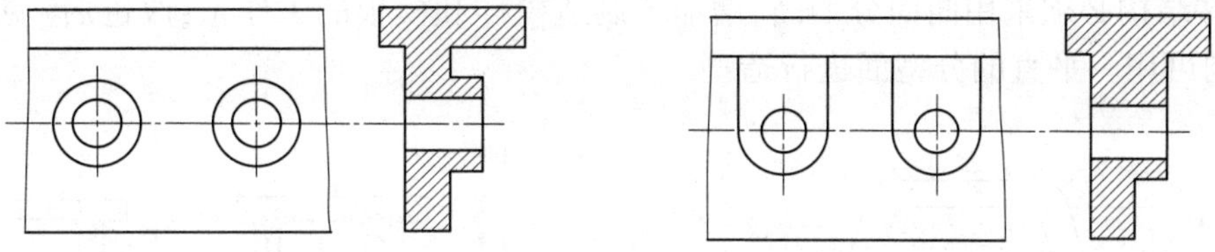

(a)不合理　　(b)合理

图 6-11　带凸台的铸件不好起模的例子

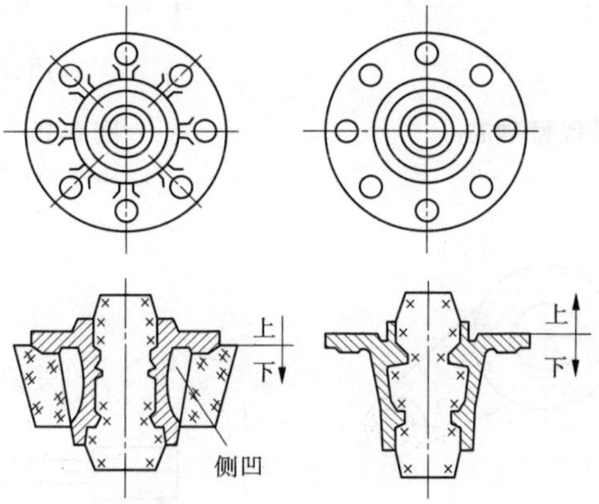

(a)不合理　　(b)合理

图 6-12　带有外表侧凹的铸件结构的改进

(3)改进铸件内腔结构,减少砂芯数量。铸造生产中,应尽可能地简化铸件内腔结构或其中的肋条、凸块的布置,便能少用或不用砂芯。如图 6-13(a)所示,支架铸件需要两个砂芯,如改为图 6-13(b)的结构,则只需一个砂芯即可;或改由台砂(也称砂胎、砂垛或自带砂芯)代替砂芯,如图 6-14 所示。

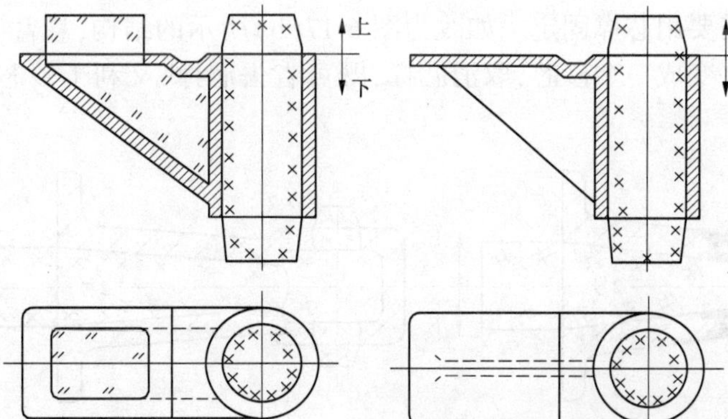

(a)不合理　　(b)合理

图 6-13　支架铸件

(4)减少和简化分型面。减少和简化分型面不仅可以减少和简化工装,而且可以提高铸件精度。有的铸件只要结构稍加改进,就可以减少分型面(见图 6-15)。图 6-16(a)

所示铸件结构必须采用曲面分型面,增加了制造模样和模板的工作量;改进后[见图 6-16(b)],则可用一平直的分型面进行造型。

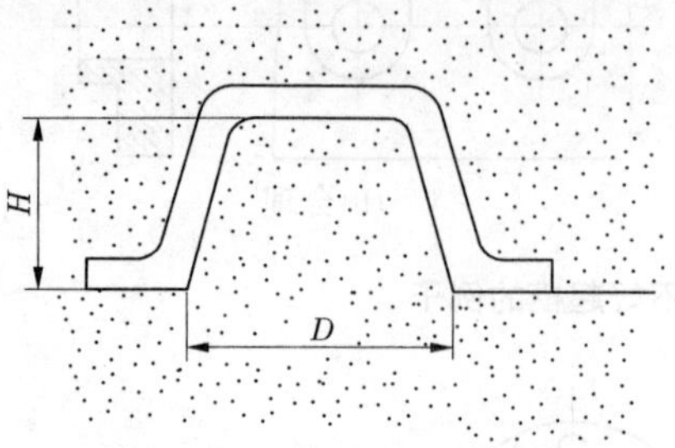

图 6-14　台砂代替砂芯

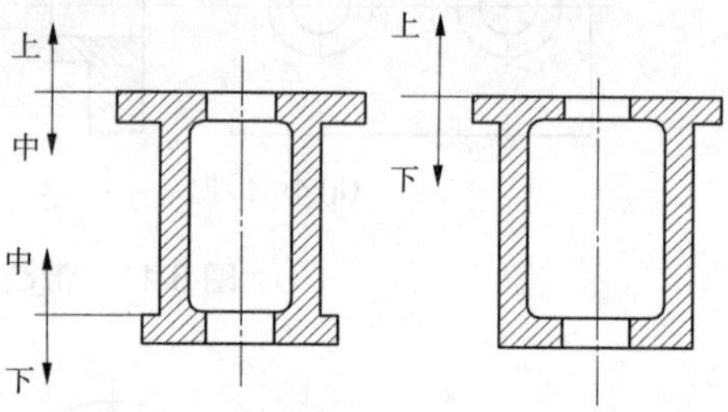

(a)不合理　(b)合理

图 6-15　铸件结构与分型面

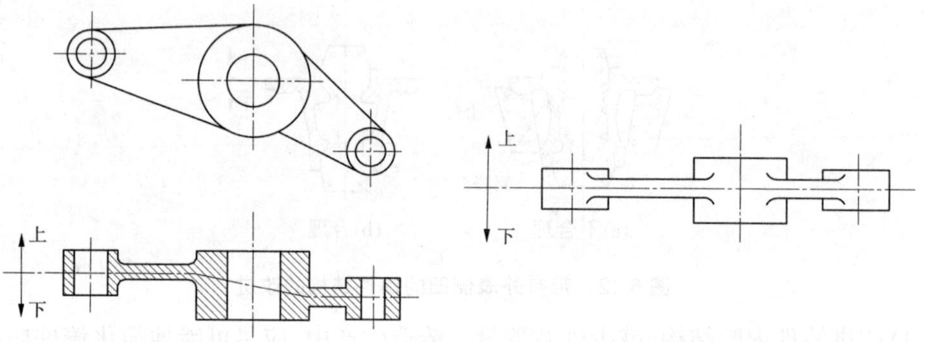

(a)不合理　(b)合理

图 6-16　简化分型面的铸件结构

(5)有利于砂芯的固定和排气。图 6-17(a)为撑架铸件的原结构,需要两个砂芯,2 号砂芯呈悬臂式,需要用芯撑固定。如改为图 6-17(b)所示的结构,悬臂砂芯 2 号和轴孔砂芯 1 号连成一体,变成一个砂芯,取消芯撑,既可省去芯撑,又利于砂芯的固定,合型方便,便于排气。

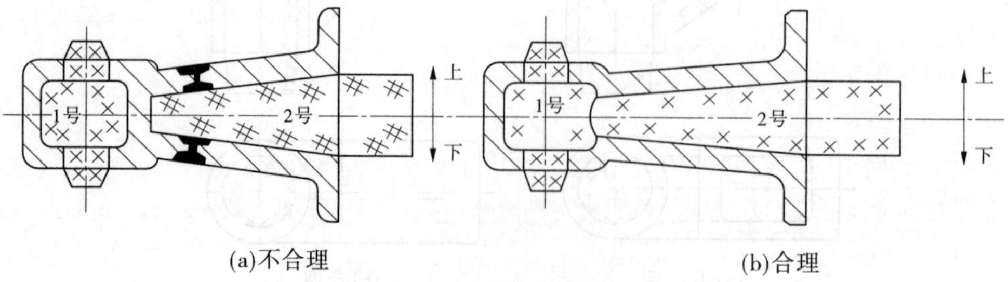

(a)不合理　(b)合理

图 6-17　撑架铸件结构实例

任务6.4　砂型铸造

砂型铸造是目前最基本、应用最普遍的获得铸件的方法,各种形状、大小、批量及各种合金铸件的生产都可以使用这种方法。掌握砂型铸造的基本规律、过程和方法是了解铸造工艺过程的基础。图6-1为砂型铸造生产的基本操作工序,主要包括制造模样和芯盒、制备型砂和芯砂、造型和造芯、合箱、准备炉料、熔化金属与浇注、铸件落砂清理及质量检验等。

6.4.1　砂型铸造工艺的基本知识

铸造工艺图是在将要铸造的零件图(见图6-18)上,用标准规定的线条及符号表示出相应内容的图(见图6-19)。需要用符号表示的参数为:浇注位置和分型面,加工余量,起模斜度,浇注系统和冒口,内外冷铁,铸肋,砂芯形状、数量,芯头大小、尺寸及芯头间隙等。它是制造模样、模板、芯盒等工艺装备的依据,也是生产准备和铸件验收的根据。

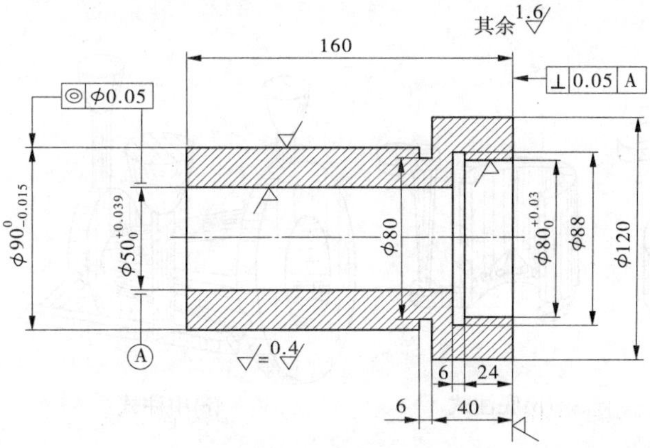

图6-18　轴套零件图

浇注系统是金属液进入型腔的通道,典型的浇注系统(见图6-20)包括浇口杯(外浇口)、直浇道、横浇道、内浇道。浇注系统根据内浇道与型腔的位置关系分为顶注式、底注式、中注式、阶梯式(见图6-21)。

浇口杯是用来承接金属液的容器,一般呈漏斗形,它还可以起到一定的挡渣作用;直浇道是连接浇口杯和横浇道的垂直通道,它提供的静压力使金属液充填型腔;横浇道是浇注系统中的水平通道,其作用是分配金属液流和挡渣;内浇道是引导金属液流入型腔的通道,其作用是控制金属液的充型速度和方向、调节铸型各部分的温度、控制铸件凝固顺序等。

模样(见图6-22)是与铸件外形及尺寸相仿的,在造型时形成铸型型腔的工艺装备。模样的结构应便于制作和加工,要有足够的强度和刚度,表面光滑,尺寸精确。

模样根据制作材料的不同分为木模、金属模、塑料模、石膏模等。生产中最为常见的是木模和金属模。木模质量轻,易加工,但强度和硬度较低,寿命短,不适宜大批量生产和使用;金属模具有强度高、表面光洁、尺寸精确、使用寿命长等优点,适宜大批量生产。

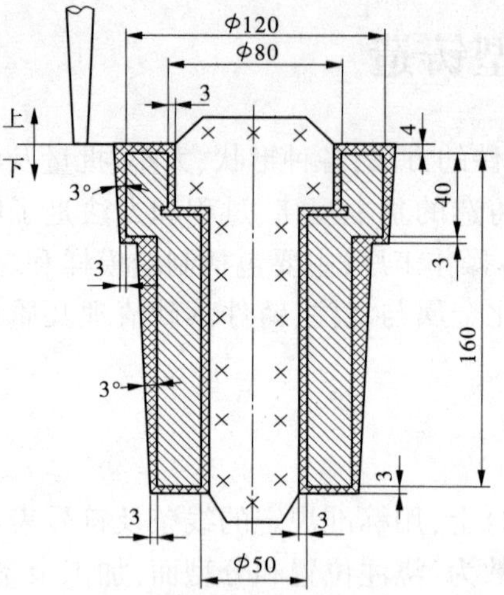

图 6-19　轴套的铸造工艺图

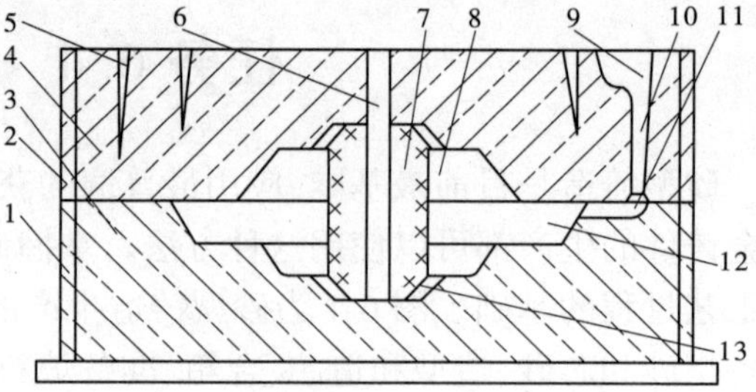

1—下砂箱；2—上砂箱；3—下砂型；4—上砂型；5—通气孔；
6—型芯通气孔；7—砂芯；8—型腔；9—浇口杯；
10—直浇道；11—横浇道；12—内浇道；13—芯座

图 6-20　砂型的组成

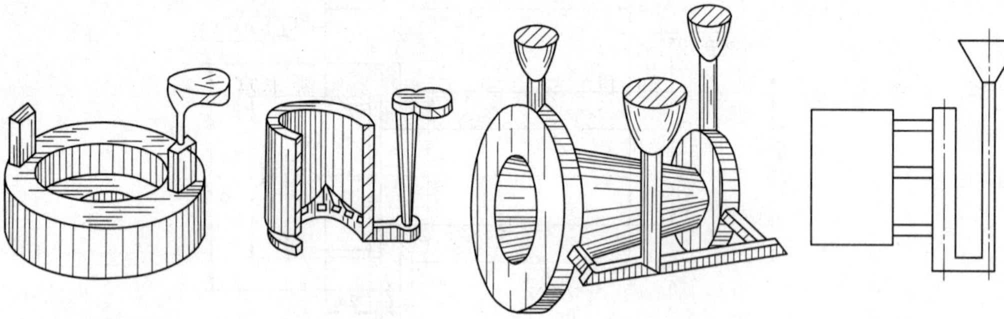

(a)顶注式　(b)底注式　(c)中注式　(d)阶梯式

图 6-21　浇注系统按位置分类

型芯、芯座是用来形成铸件的内腔、孔洞或铸件外形难以出砂的部位。型芯一般由芯头、芯体、芯骨和通气孔构成(见图 6-23)。

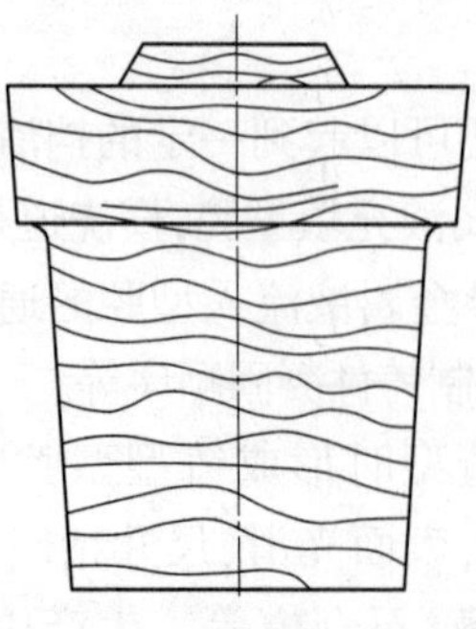

图 6-22　模样

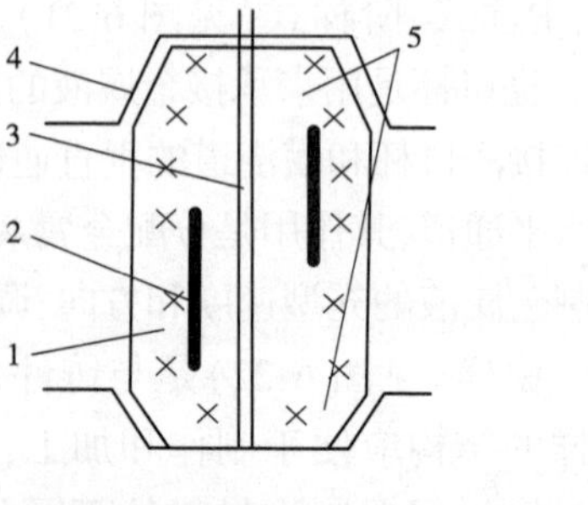

1—芯体；2—芯骨；3—通气孔；4—芯座；5—芯头

图 6-23　型芯的结构

冒口是砂型中与型腔相通的、用来储存金属液的空腔,它可以使型腔中冷却收缩的金属液得到及时补充,有效防止铸件产生缩孔和缩松,也可排气、集渣和观察浇注情况。

冷铁是为了增加铸件局部冷却速度而在相应部位安放的金属激冷物。冷铁一般采用钢或铸铁制成。生产时,冷铁和冒口配合使用(见图6-24),它可以调整铸件的凝固顺序,实现自下而上的定向凝固。

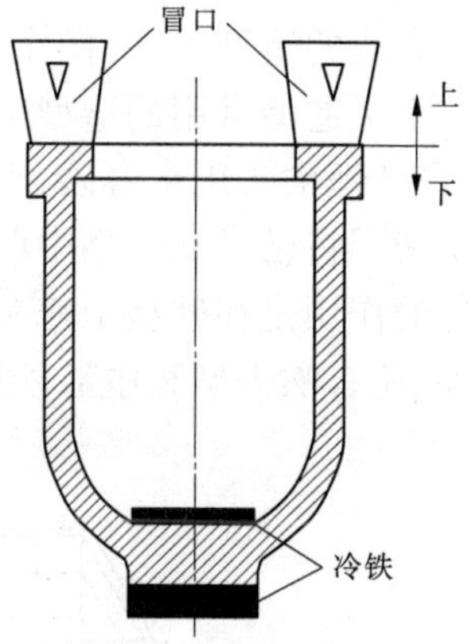

图6-24 冷铁的作用

6.4.2 造型材料

制造铸型所使用的材料称为造型材料。砂型铸造的造型材料为型(芯)砂。

通常型(芯)砂主要由原砂、黏结剂、附加物和水配制而成。砂型按浇注时的烘干程度分为湿砂型和干砂型。目前,用湿砂型铸造是使用最广泛的、最方便的造型方法,但它不适合很大或很厚实的铸件。

原砂是组成形(芯)砂的主体,一般是以石英为主要成分的天然硅砂,砂粒圆整均匀,含泥量少。目前可用的非硅质原砂有橄榄石砂、锆砂、铬铁矿砂、石灰石砂、镁砂、刚玉砂、钛铁矿砂、铝矾土砂等。

黏土是湿型砂的主要黏结剂,具有较好的复用性,且资源丰富,价格低廉,应用广泛。铸造工作者将黏土根据所含矿物不同,分为铸造用黏土和铸造用膨润土两类。铸造用黏土主要含有高岭石或伊利石类矿物。膨润土主要由蒙脱石类矿物组成。黏土砂必须含有适量水分,才能得到所需要的湿态强度。

附加物如煤粉、渣油、淀粉等,是型砂中通常加入的一些特殊物质,目的是使型砂具有特定的性能,以改善铸件的表面质量。

砂型铸造用的涂料是指用来涂敷在砂型型腔和砂芯表面形成薄层的材料。它能避免铸件表面粗糙,防止铸件产生与砂子有关的铸造缺陷;还可用涂料来产生冶金效应,改善铸件局部的表面性能和内在质量。涂料的主要涂敷方法有刷、浸、喷、淋、静电喷等。正确涂敷方法的采用取决于砂芯(型)形状、大小、批量,以及是型还是芯。

配制型(芯)砂时,应先将新砂、旧砂、黏结剂和辅助材料筛分,去除其中杂物,然后将材料按一定的比例和顺序(旧砂→新砂→黏结剂→附加物→水)加入混砂机内进行混砂。混砂时间一般是在加水前干混2~3 min,加水后湿混大约10 min。

型(芯)砂的性能要求如下:

(1)砂型需具备一定的强度,以便承受翻箱、合箱时的外力作用;

(2)透气性,以便型内气体逸出,避免气孔缺陷;

(3)可塑性,使造型、起模、修型方便;

(4)退让性,以免阻碍铸件收缩;

(5)耐火性,以免型砂(芯)被烧结或熔化。

6.4.3　手工造型

造型是砂型铸造的基本工序,分为手工造型和机器造型两种。手工造型是用人工操作来完成的造型工序,操作灵活、适应性强,但效率低。

手工造型常用的造型工具如图 6-25 所示。砂箱是用来支撑砂型的;底板用于放置模样;舂砂锤尖头用来舂砂,平头则用于紧实砂箱顶部的砂;通气针是用来扎通气孔的;起模针是为了将模样从砂型中取出的;刮板是将高出砂箱上平面的砂刮去和修整大平面用的;压勺的作用是在砂型上修补凹的曲面;镘刀用于修整砂型表面或在砂型表面上挖沟槽。另外,还有吹去型腔中散砂用的皮老虎、铁锹,筛砂用的筛子等。

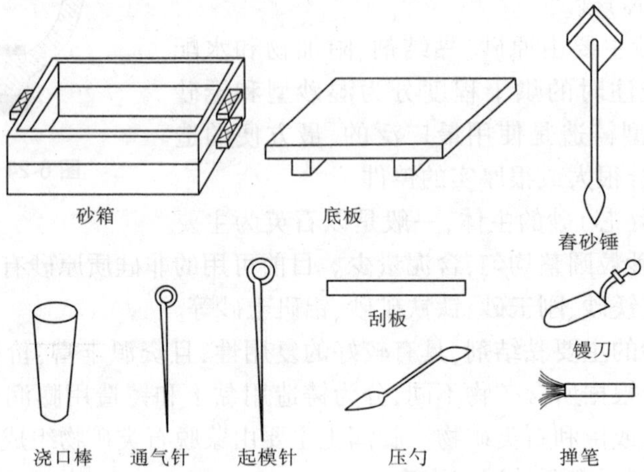

图 6-25　手工造型常用的造型工具

手工造型时(见图 6-26),将模样、底板、砂箱按位置放好,填入型砂,进行舂砂。一个砂型造好后,在分型面(上、下砂型的分界面)上撒上分型砂,然后造另一个砂型。注意造上砂型时,应用浇口棒做出直浇道,开设浇口杯,扎通气孔。起模前在模样周围刷些水,起模后对损坏部分修复。

下芯是将型芯安放在型腔内的操作工艺。下芯时要注意使型芯通气孔相通,保证排气顺畅;还要注意芯头和芯座的配合,间隙要合理。

合箱是把两个或多个砂型合在一起,形成完整的型腔;合箱前要清理型腔。合箱时要防止错型;合箱后要压紧上箱,防止跑火。

6.4.4　机器造型

机器造型适用于成批或大量生产,需要专用的设备和工装,可生产出尺寸精确、表面粗糙度小的铸件,还可改善劳动条件,提高生产率,并与机械化的砂处理、浇注和落砂清理等工序共同组成生产流水线,大大提高了铸件质量。

机器造型:一般是两箱造型,在专用造型机上造型。常用的造型机有震压造型机和射压造型机、高压多触头造型机、抛砂造型机等。图 6-27 为机器造型紧砂过程的示意图。

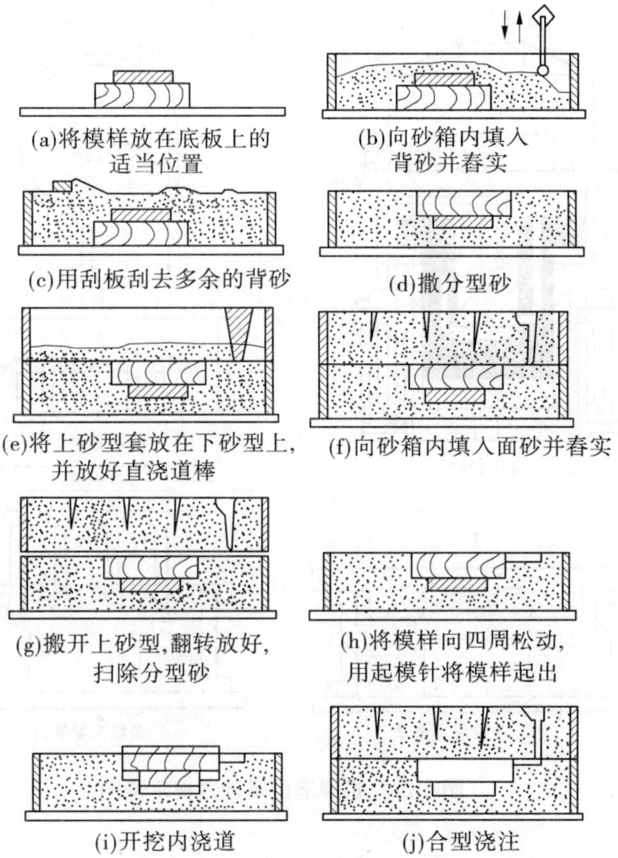

图6-26　手工造型的基本过程

6.4.5　铸件的落砂与清理

铸件冷却凝固后，必须适时进行开型落砂和清理，并取出铸件。

落砂的方法有人工和机器两种。人工落砂不需要特殊工具和设备，由人工用大锤、铁钩、钢钎等工具敲击砂箱和捅落型砂，效率低，一般用于单件小批量生产；机器落砂用于大批量生产。常用的落砂设备有振动式落砂机[偏心振动式落砂机、惯性振动式落砂机（见图6-28）]、滚筒落砂机及其他落砂机（电磁振动式落砂机、捅出式落砂机等）等。机械落砂生产率高，成本也高。

清理是落砂后的进一步处理，主要包括清除砂芯、切除浇冒口、清除粘砂、铸件修整及热处理等。

清理多采用机器操作。常用的表面清理机器有抛丸、喷丸及摩擦式三种。抛丸清理是利用高速旋转的叶轮将弹丸抛向铸件，靠弹丸的冲击打掉铸件表面的粘砂和氧化皮，效果好，生产率高，但灵活性差；喷丸清理是利用压缩空气将弹丸喷射到铸件表面来实现清理的，操作灵活，但效率较低，不易实现自动化；摩擦清理是利用铸件与铸件、铸件与星铁之间的摩擦和轻微撞击来实现清理的，设备简单，效果好，但噪声大。

铸件清理完后要进行质量检验，合格的铸件验收入库；次品酌情修补；对废品进行分

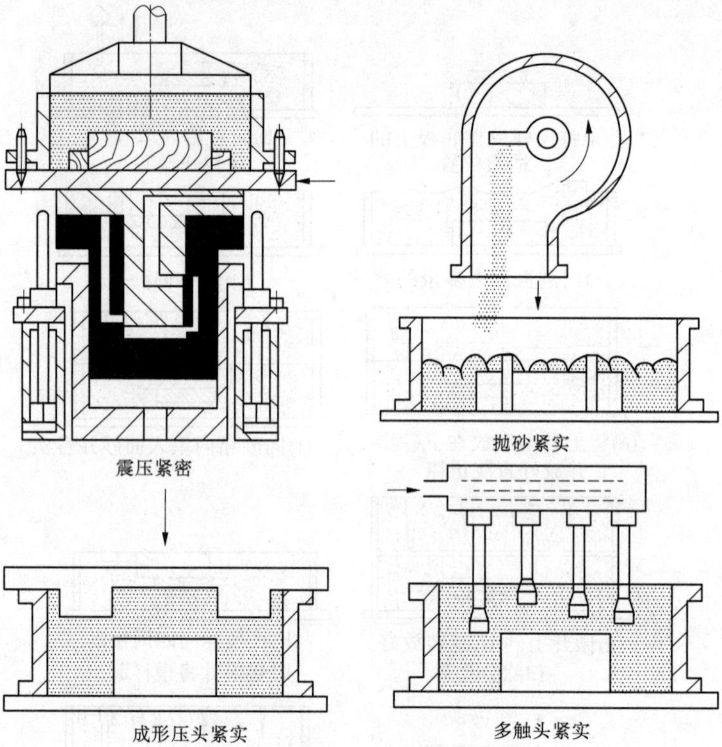

图 6-27　机器造型紧砂过程示意图

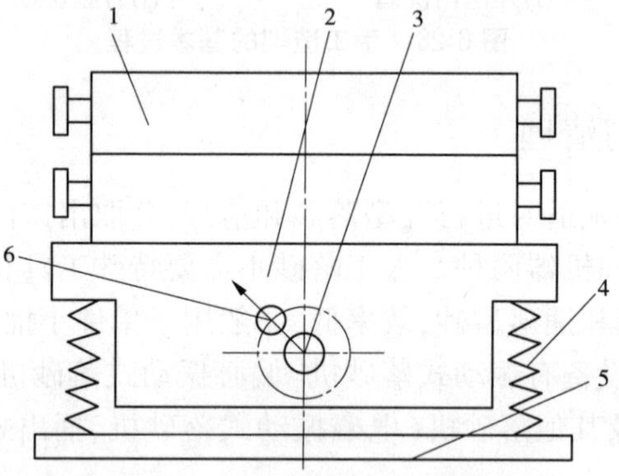

1—铸型;2—落砂栅床;3—主轴;4—弹簧;5—机座;6—偏重

图 6-28　惯性振动式落砂机原理图

析,找出原因并提出预防措施。

质量检验的目的是查出不良产品,分析铸件缺陷以预防和消除之。

常用的铸件检验方法有:

(1)直接观察法,用于检测铸件外在的缺陷,如浇不足、冷隔、错箱、粘砂、尺寸不合格等;

(2)无损探伤法,是利用声(超声波探伤)、光(X 射线探伤)、电、磁(磁力探伤)等各种物理方法和相关仪器检测重要铸件内部及表面缺陷的方法；

(3)物理化学性能检验，即化学成分分析、力学性能测试、金相组织观察等。

合理选择铸造方法，可节省原材料，降低废品率，提高劳动生产率。做好质量检测工作是提高铸造生产经济效益的最佳途径。

任务6.5 现代新型铸造工艺

铸造生产是以异型的金属毛坯和零件供应国民经济部门，首先供给机器制造业及金属加工业。它是机械工业的基础，是工业生产的重要组成部分。1978年，美国10项主要工业部门增加生产产值的指标中，铸件的产值仅次于汽车、黑色冶金、化学制品及飞机制造业，列第5位。铸造生产在国民经济中的作用不断提高，在现代的机器设备中，铸件质量约占其总质量的60.85%。1986年全世界铸件产量为8 000万t。与20世纪60年代前后相比，近二十多年来，西方工业发达国家的铸件产量长期徘徊或下降，例如美国1973年为2 014.6万t，1982年为977.8万t，1985年为1 148万t。其原因是有些国家在此期间工业发展缓慢，工业产品减少，产业结构调整。如日本由原来的重、厚、长、大工业转向以电子、电气及精密机械为中心的轻、薄、短、小工业，从国外进口铸件；如美国1981年从国外进口的铸铁件达165.9万t，占当年美国铸铁产量的21.1%。最后，也是最重要原因之一是由于铸造合金及工艺的不断改善，铸件的质量不断提高，铸件壁厚及质量不断减小。例如，1960年美国轻便汽车汽缸头的壁厚为7.9 mm，1972年为4.3 mm，1976年为3.17 mm。因此，在保持铸件原来的工作性能不变或更高的条件下，用同样质量的金属材料可生产更多的铸件。与60年代前后相比，平均每吨液体金属可多生产39%以上的铸件。

铸造生产的发展受到多因素的限制，要求在稳定提高铸件质量的前提下，尽量地节省原材料及能源，降低成本，减少公害，努力实现铸造生产过程机械化、自动化和专业化，以满足优质、高产、低耗、少污染的要求。“优质”的含义一般包括铸件的质量轻、性能好、尺寸精度及表面光洁度高等方面。为了实现上述要求，人们对老的铸造工艺方法进行了改进和革新，并研制出许多新的工艺方法，有力地推动了铸造生产和科学技术不断地向前发展。

目前砂型铸造在世界各国仍然占重要的地位。例如，英国70%的铁合金铸件是采用砂型铸造生产的。在大批量生产中，砂型铸造是向高紧实度、高生产率的方向发展。震击和抛砂造型逐渐被淘汰，有箱及无箱高压造型、空气冲击造型、燃气冲击造型的应用日益广泛。铸造生产是耗能大户之一。在铸铁件的生产中，平均每个工人所用的电能比机械加工多4~5倍。为了节省能源，提高铸件质量，冷硬树脂砂已广泛应用。真空密封造型的应用范围日益扩大，目前全世界已有几百家工厂采用这种造型方法生产各种合金铸件。

采用泡沫聚苯乙烯塑料作为模样的实型铸造已在世界各国广泛应用。用这种铸造方法生产冲压模具之类的铸件，具有很大的优越性，显著地降低了铸件成本，减少了铸件质量，是铸造技术的一个大发展。目前采用泡沫聚苯乙烯珠粒发泡制成气化模，用于石英砂负压成形，使这种铸造方法不仅可用于小批生产，而且也可用于成批生产，使实型铸造的应用范围迅速扩大。

采用泡沫聚苯乙烯塑料制成模样，用磁丸代替型砂，用磁场感应强度代替黏结剂的磁型铸造，可真正实现“翻砂不用砂”的想法，简化了铸件生产工艺过程，提高了铸件质量，降低了铸件的成本，具有许多优点。这种铸造方法已在许多国家推广应用。

钛及其合金具有很高的比强度，在航空航天工业和化工机械中的应用越来越多。由于钛及其合金的化学性能很活泼，在生产过程中存在不少困难，因而使钛铸件的应用大大低于其技术上的潜力。近十多年来，钛铸件的生产取得较大进展。采用自耗电极真空凝壳炉及磁悬浮炉熔化，用机械加工制成的石墨型或在石墨粉中加入适量的黏结剂制成石墨型、石墨壳型，或浸渍石墨型，或新型陶瓷型壳浇注钛铸件，取得良好的结果。

金属液在较大压力作用下，利用压力差充型，并把压力场的作用贯穿于充型与凝固全过程的反压铸造，具有低压釜及高压釜两种铸造方法的优点，可获得机械性能好、尺寸精确、表面光洁的铸件。保加利亚在反压铸造的基础上进一步发展了可控气氛的反压铸造，用来生产气体合金化铸钢件。西北工业大学铸造教研室采用这种铸造方法生产出壁厚为0.5 mm、形状复杂的波导管铸件，获得国内外铸造专家的好评。

把定量的液体金属浇入铸型中，施加较大的机械压力，使其成形、凝固而获得零件毛坯的挤压铸造，是介于铸造与锻造之间，兼有铸锻特点的一种新工艺方法。挤压铸件的机械性能可达到或接近同类合金锻件的水平。中国兵器工业集团第五二研究所生产的挤压铝铸件，其抗拉强度达 800 MPa。与锻造相比，挤压铸件的尺寸精度及表面光洁度高，原材料消耗少，挤压铸造机所需的吨位小，工装模具简单，成本较低。目前，挤压铸造已广泛应用于铝合金、部分变形铝合金、铝基复合材料、黄铜、青铜、碳钢、合金钢、耐热钢、不锈钢、灰口铸铁及球墨铸铁等铸件。铸件种类日益增多，有铝合金的活塞及弹尾、铜合金的齿轮及高压阀体、铸钢的锻模及轮盘等。采用挤压铸造生产整体导弹翼板，节省了大量工时及材料消耗，大幅度降低了零件的成本，提高了劳动生产率，具有显著的优越性。

在浇铸过程中，将一定量的金属粉末加入金属液流中，使其与液体金属掺和在一起流入型腔，凝固冷却后而获得铸件毛坯的悬浮铸造，不仅用来控制铸锭的凝固过程，而且可成功铸造出各种优质的大中型铸钢与铸铁件，并且用来生产某些合金钢、合金铸铁及特种合金钢铸件，是一种很有前途的铸造方法。

习题与思考题

6-1 什么是铸造？它有什么主要的优点和缺点？

6-2 铸造工艺设计的依据是什么？

6-3 铸造工艺设计包括哪些内容？

6-4 铸件质量对零件结构有哪些要求？

6-5 选择分型面时应注意哪些原则？

6-6 型砂是由哪几部分组成的？

6-7 对型砂的性能有什么要求？

6-8 手工造型的主要方法有哪些？

6-9 简述砂型铸造工艺过程。

6-10　典型浇注系统有哪几部分？其作用各是什么？
6-11　铸件的手工造型方法应根据哪些条件来选择？
6-12　各种手工造型方法的模样有何特点？各适用哪种生产批量？
6-13　合箱工序应注意什么问题？合箱不当对铸件质量有何影响？
6-14　冒口的作用有哪些？为什么在铸型中有时采用冷铁？
6-15　铸件的清理包括哪几方面内容？

模块 7 塑性成形

任务 7.1 概 述

7.1.1 金属塑性成形的特点

塑性成形是指金属材料在外力作用下发生变形而不破坏其完整性的能力。人们利用金属的这种特性,使其在外力作用下改变形状,并获得一定力学性能。这种加工方法,称为金属塑性加工或塑性成形。

金属塑性加工在汽车、拖拉机、船舶、兵器、航空和家用电器等行业都有广泛的应用。如汽车的大梁和覆盖件是冲压出来的,曲轴、连杆和齿轮的毛坯是锻造出来的。

塑性成形特点是:

(1)力学性能高。组织致密,晶粒细化,压合铸造缺陷,使纤维组织合理分布。

(2)节约材料。减少零件制造中的金属消耗(与切削加工相比)。

(3)生产率高。

(4)适用范围广。零件大小不受限制,生产批量不受限制。

7.1.2 塑性成形工艺的分类

7.1.2.1 体积成形

体积成形是在塑性成形过程中靠体积的转移和重新分配来实现的。常见的塑性成形工艺如图 7-1 所示。

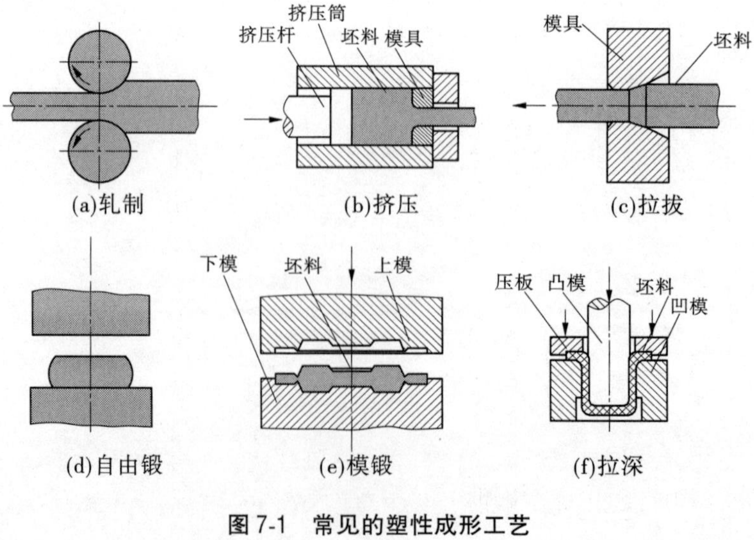

图 7-1 常见的塑性成形工艺

1. 锻造

锻造可分为自由锻和模锻。

自由锻是在空气锤或水压机上将毛坯锻成一定的形状和尺寸。自由锻不使用专用的模具,它的形状和尺寸主要靠工人的熟练技巧来保证。锻件的尺寸精度较低,生产效率不高,主要适用于单件、小批量生产,以及大型锻件的生产。

模锻是在锻压机器的压力作用下,使金属在模具的孔型中产生塑性变形,获得与模腔形状、尺寸相同的零件,它可保证相当高的尺寸精度,且生产效率高,适合大批量生产。模锻可分开式模锻和闭式模锻。

2. 轧制

轧制是将金属坯料通过两个旋转轧辊间的特定孔型,使其形成一定截面形状的成形方法。利用轧制方法可获得型材、板材和管材。轧制可分为纵轧、横轧和斜轧。

3. 拉拔

拉拔是将金属坯料的前端施以一定的拉力,使它通过锥形的凹模型腔、改变其截面的形状和尺寸的一种加工方法。拉拔是生产棒材、线材和管材的主要方法,它的生产效率很高。

4. 挤压

挤压是使大截面的毛坯在凸模的强大压力作用下产生塑性流动,迫使金属从模具型腔中挤出,从而获得一定形状和较小截面尺寸的工件。由于金属在挤压模具中受三向压应力作用,挤压成形的零件力学性能极佳。这种加工方式也特别适用于塑性较差的材料成形。

7.1.2.2 板料成形

板料成形一般称为冲压,可分为落料、冲孔、弯曲、拉深等工序,也可分为分离工序和成形工序:

(1)分离工序是利用模具的刃口使板料沿一定的轮廓切割分离。如切割下来的是工件,则称为落料;若切割下来的是废料,则称为冲孔。

(2)成形工序。弯曲、拉深等统称为成形工序,它是使板材在不发生破坏的条件下产生塑性变形,获得与模具形状一致的工件,如将板料弯曲,或将板料压制成筒形件或复杂曲面等。

塑性加工还可以按照加工温度分成热加工和冷加工。热加工是指在再结晶温度以上进行的塑性加工。体积成形主要以热加工为主,如自由锻、模锻等。冷加工是在回复和再结晶温度下进行的塑性加工,例如板料冲压、冷轧、冷拔、冷挤压。介于两者之间的则是温热成形,如温挤压、温锻等。

任务 7.2 金属塑性成形工艺基础

7.2.1 塑性变形机制

由于多晶体是由许多位向不同的晶粒组成的,晶粒之间存在晶界,因此多晶体的塑性变形包括晶内变形和晶间变形。

7.2.1.1 晶内变形

晶内变形主要包括滑移和孪生。其中滑移变形是主要的，孪生变形是次要的。

（1）滑移。它是在力的作用下，晶体的一部分相对另一部分沿一定的晶面和晶向发生相对滑动，如图7-2所示。

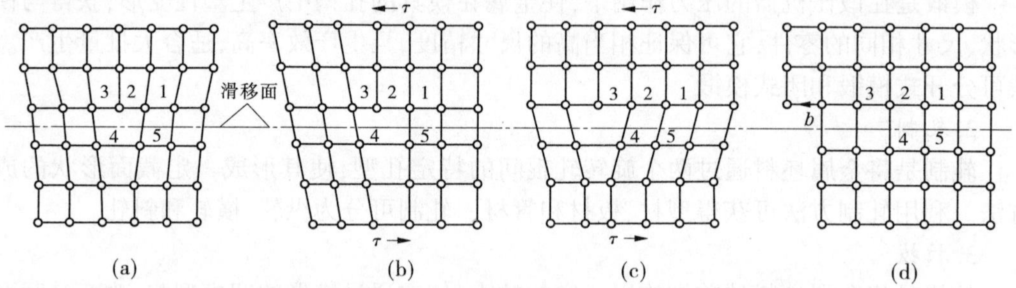

图7-2 刃型位错的滑移过程

（2）孪生。孪生是晶体在切应力作用下，晶体的一部分相对另一部分沿一定的晶面和晶向发生均匀切变，发生相对转动。

7.2.1.2 晶间变形

晶间变形的主要方式是晶粒之间相互滑动和转动。多晶体受力变形时，沿晶界处可能产生切应力，当此切应力足以克服晶粒彼此间相对滑动的阻力时，便发生相对滑动。另外，由于各晶粒所处位向不同，其变形情况及难易程度也不相同，如果相邻晶粒之间产生力偶，可以造成晶粒间的相互转动。

7.2.2 塑性变形后金属的组织和性能

7.2.2.1 冷变形及其影响

1. 组织变化的特征

冷变形后金属组织变化的特征为：

（1）金属经冷加工变形后，晶粒形状发生变化。变化趋势大体与金属宏观变形一致，晶粒沿变形最大方向伸长。

（2）晶粒内产生亚结构。金属塑性变形，由于位错运动产生大量的“位错缠结”，如果变形量增大，就形成胞状亚结构。

（3）晶粒位向改变。多晶体塑性变形时伴随有晶粒的转动，当变形量很大时，多晶体中原为任意取向的各个晶粒，会逐渐调整其取向而彼此趋于一致，这种由于塑性变形的结果而使晶粒具有择优取向的组织，称为变形织构。变形织构分为丝织构和板织构。

2. 性能的变化

塑性变形使金属内部组织发生变化，因而金属的性能也发生相应的改变。其中，变化最显著的是金属的力学性能，即随着变形程度的增加，金属的强度、硬度增加，而塑性、韧性降低，这种现象也称为加工硬化。

7.2.2.2　热变形及其影响

在再结晶温度以上进行的塑性变形,称为热塑性变形。在热塑性变形过程中,回复、再结晶与加工硬化同时发生,加工硬化不断被回复或被再结晶抵消,而使金属处于高塑性、低变形抗力的软化状态。热变形后金属组织变化的特征为:

(1)改善晶粒组织。对于铸态金属,粗大的树枝状晶粒经塑性变形及再结晶而变成等轴晶粒组织;对于有些钢坯或型材,在随后的热加工中通过塑性变形与再结晶,其晶粒组织也可以得到改善。

(2)锻合内部缺陷。

(3)破碎并改善碳化物和非金属夹杂物在钢中的分布。

(4)形成纤维组织。塑性变形时所形成的杂质带使材料性能具有了方向性,如图7-3所示。

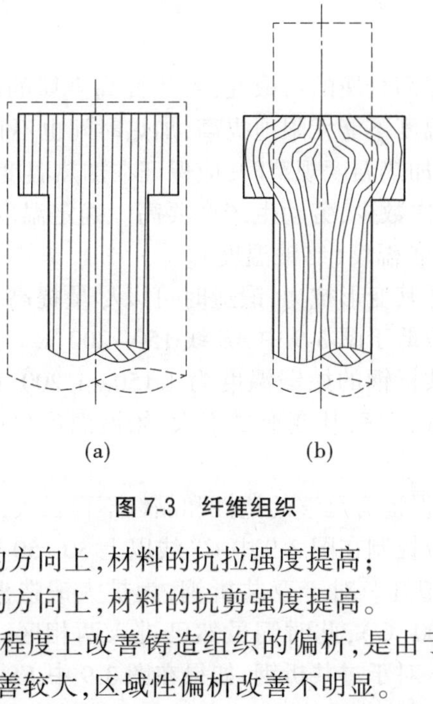

(a)　(b)

图7-3　纤维组织

①在平行于纤维组织的方向上,材料的抗拉强度提高;

②在垂直于纤维组织的方向上,材料的抗剪强度提高。

(5)改善偏析。在一定程度上改善铸造组织的偏析,是由于热变形破碎枝晶和加速扩散所致,其中枝晶偏析改善较大,区域性偏析改善不明显。

7.2.3　金属的可锻性

金属的可锻性是指金属材料在压力加工时成形的难易程度。

7.2.3.1　可锻性的衡量指标

金属的可锻性的衡量指标有:

(1)塑性。材料的塑性越好,其可锻性越好。

(2)变形抗力。材料的变形抗力越小,其可锻性越好。

7.2.3.2　影响可锻性的因素

1. 金属的内在因素

影响金属可锻性的内在因素有:

(1)化学成分。纯金属一般具有良好的锻造性能。化学元素种类繁多,在金属材料中的含量及相对比例又各不相同,其对塑性的影响各不相同。例如,碳能固溶于铁,形成铁素体和奥氏体,并且两者都具有良好的塑性,但是当碳含量增加时,容易形成渗碳体,这样容易降低其塑性。合金元素的加入会劣化锻造性能。

(2)组织状态。纯金属和固溶体具有良好的可锻性。

2. 变形条件

影响金属可锻性的变形条件有:

(1)变形温度。温度越高,材料的可锻性越好。

(2)变形速度。变形速度越小,材料的可锻性越好。

(3)应力状态。三向压应力时,其塑性最好,变形抗力最大;三向拉应力时,其塑性最差,变形抗力最大。

7.2.4 锻造温度范围

在锻压生产中,为了提高金属的可锻性,希望提高金属的温度,但是在加热过程中还会产生出不少缺陷,因此温度不能无限地提高,加热时间也不宜过长。这就要求制定合理的加热规范。在制定锻造加热温度规范时,应保证在加热温度范围内塑性要高,变形抗力要低,锻件质量要好,加热次数少,劳动生产率要高。确定温度范围主要是定出锻造开始温度(始锻温度)和锻造终了温度(终锻温度)。

为提高金属塑性,降低其变形抗力,锻造时可以尽量提高其始锻温度,但过高容易发生过烧。因此,始锻温度应低于图 3-9 中 *AE* 线 150~200 ℃。由此可知,亚共析钢的始锻温度为 1 200~1 250 ℃;共析钢的始锻温度为 1 150~1 200 ℃;过共析钢的始锻温度为 1 050~1 150 ℃。对于修整工序,其变形量不大,始锻温度可以适当降低,以免在过高温度停锻而使晶粒粗大。

碳钢的终锻温度必须保证有足够的塑性和晶粒不再长大,又不会产生加工硬化现象。所以,共析钢的终锻温度应控制在图 3-9 中 *GS* 线以上 30~50 ℃,因为此时钢完全处在奥氏体区域内,具有良好的塑性。对于亚共析钢,为扩大锻造温度范围,终锻温度可以在图 3-9 中 *GS* 线以下(约 800 ℃),此时钢虽然已进入两相区,但由于铁素体的塑性相当好,仍能顺利地进行锻造。对于过共析钢,如果在图 3-9 中 *ES* 线以上停止锻造反而不利,停锻后容易使锻件内析出网状渗碳体,影响产品的质量,如果锻造在图 3-9 中 *ES* 线以下、*PSK* 以上 50~70 ℃结束,就可把析出的网状渗碳体击碎,保证锻件的力学性能。

终锻温度对锻件晶粒的大小有很大影响。粗大的晶粒在锻造过程中被打碎,获得细小的晶粒。如果终锻温度较高(在 900 ℃以上),在冷却过程中晶粒还会长大,所得到的组织仍然是粗大的晶粒;如果终锻温度适当(800 ℃),在冷却过程中晶粒就不再长大,得到的是细小晶粒。

7.2.5 金属的变形规律

7.2.5.1 体积不变条件

由于塑性变形时金属密度的变化很小,所以可认为变形前后的体积相等。此假设称为体积不变条件。在金属塑性成形过程中，体积不变条件是一项很重要的原则，有些问题可根据几何关系直接利用体积不变条件来求解。此外，体积不变条件还用于塑性成形过程的坯料或工件半成品的形状和尺寸的计算。

7.2.5.2　最小阻力定律

金属的塑性流动方向可应用最小阻力定律进行判断。苏联学者古布金于 1947 年将最小阻力定律表达为：当变形体质点有可能沿不同方向移动时，则物体各质点将沿着阻力最小的方向移动。最小阻力定律是力学的普遍原理，可以定性地用来分析质点的流动方向，或调整某方向阻力来控制金属的流动。

例如，粗糙平板间矩形断面棱柱体镦粗时，由于接触面上质点向四周流动的阻力与质点离周边的距离成正比，因此离周边的距离越近，阻力越小，金属质点必然沿着这个方向移动。该方向恰好是周边最短法线方向，因此可用点划线将矩形分成 2 个三角形和 2 个梯形，形成 4 个流动区域，如图 7-4 所示。点划线是流动的分界线，线上各点至边界的距离相等，各个区域内的质点到各边界的法线距离最短。这样镦粗后，矩形断面将变成双点划线所示的多边形，继续镦粗，断面周边变成椭圆直至变成圆。以后各质点将沿着半径方向移动。由于相同面积的任何形状，圆形的周边最小，所以最小阻力定律在镦粗中也称为最小周边法则。

关于调整阻力控制金属流动的实例很多，例如开式模锻，如图 7-5 所示，增加金属流向飞边槽的阻力，以保证金属充填型腔；或者修磨圆角 r，减小金属流向模腔的阻力，使模腔充填饱满。又例如，在大型覆盖件拉深成形时，常常要设置拉延肋，用来调整或增加板料进入模具型腔的流动阻力，以保证覆盖件的成形质量。

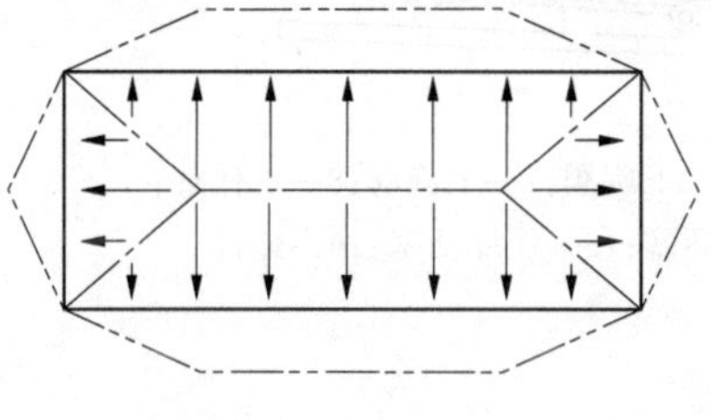

图 7-4　有摩擦矩形断面镦粗不均匀流动

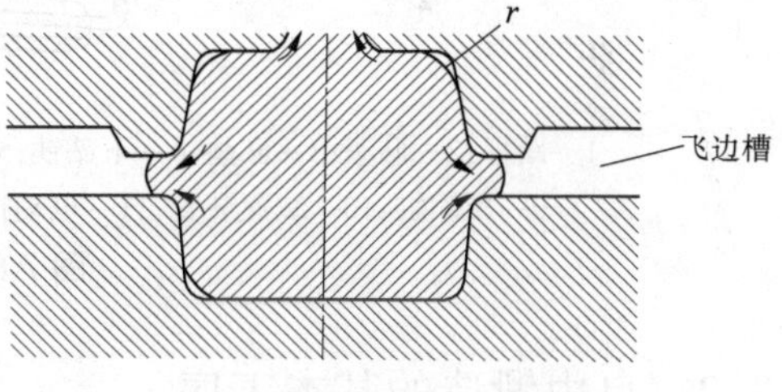

图 7-5　开式模锻的金属流动

金属在塑性变形时遵循最小阻力定律和体积不变条件，据此可以大体上确定出塑性成形时金属流动模型，进而可以合理地制定成形工序、设计成形模具、分析成形质量。因此，最小阻力定律在工艺分析中得到了广泛的应用。

任务 7.3　自由锻造

7.3.1　自由锻造的特点及设备

自由锻造是利用简单的通用工具直接在锻造设备的上下砧之间进行锻压，使坯料产生塑性变形而获得锻件的加工方法。金属受力变形时在上下砧之间向各个方向自由流动,不受任何限制。因此,自由锻造的灵活性大,生产周期短。自由锻造和铸造相比,由于消除了缩孔、缩松、气孔等缺陷,所以锻件具有较高的力学性能,从而可以减小零件的尺寸、减轻金属质量和节约金属材料。自由锻造和切削加工相比,由于金属的纤维组织没有被切断,此外可以获得近成形毛坯,因此锻件质量较好。

按作用力的性质不同,自由锻造设备可分为两类:一类为产生冲击力作用的设备,称为自由锻锤,如空气锤(65~750 kg,见图 7-6)、蒸汽—空气锤(630 kg~5 t)等;另一类为产生压力作用的设备,称为压力机,如水压机、油压机等。其中,锻锤和压力机的吨位计算分别为:

锻锤吨位=落下部分总质量=活塞质量+锤头质量+锤杆质量

压力机吨位=滑块运动到下始点时所产生的最大压力

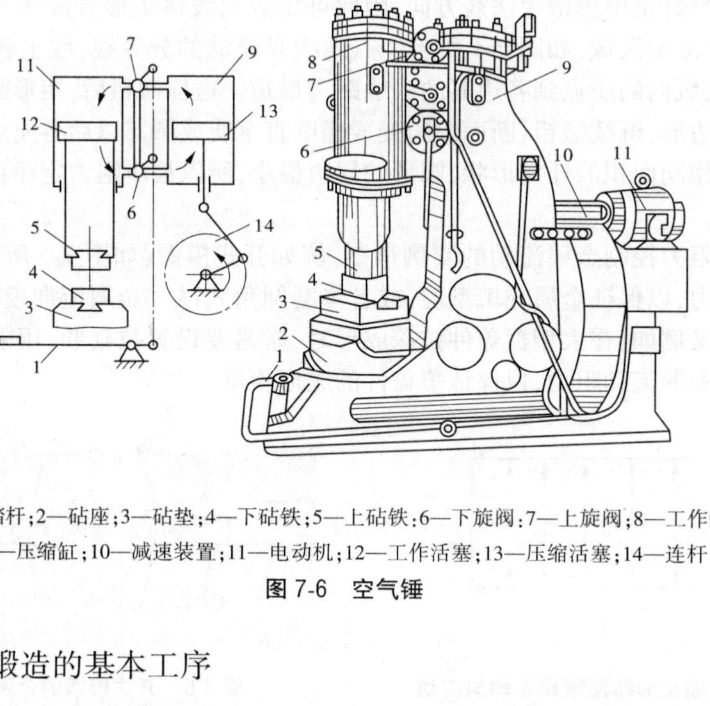

1—踏杆;2—砧座;3—砧垫;4—下砧铁;5—上砧铁;6—下旋阀;7—上旋阀;8—工作缸;9—压缩缸;10—减速装置;11—电动机;12—工作活塞;13—压缩活塞;14—连杆

图 7-6　空气锤

7.3.2　自由锻造的基本工序

使金属产生一定程度的塑性变形,以达到所需要的形状和尺寸的工艺,称为自由锻造工序。其基本工序有镦粗、拔长、冲孔、弯曲、扭转、切割、错移和锻接等。除此之外,在小农具及刃具的锻造中,还经常采用夹钢、贴钢及冷作等。目前常用的基本工序有镦粗、拔长、冲孔和弯曲 4 种。

7.3.2.1　镦粗

镦粗是沿工件轴向进行锻打,使其长度减小、横截面面积增大的操作过程。常用来锻造齿轮坯、凸缘、圆盘等零件,也可用来作为锻造环、套筒等空心锻件冲孔前的预备工序。镦粗可分为全镦粗和局部镦粗两种形式,如图 7-7 所示。镦粗时,坯料不能过长,高度与直径之比应小于 2.5,以免镦弯,或出现细腰、夹层等现象。坯料镦粗的部位必须均匀,加热,以防止出现变形不均匀。

7.3.2.2　拔长

拔长是沿垂直于工件的轴向进行锻打，以使其截面减小而长度增加的操作过程，如图 7-8 所示。常用于锻造轴类和杆类等零件。对于圆形坯料，一般先锻打成方形后再进行拔长，最后锻成所需形状，或使用 V 形砧铁进行拔长，在锻造过程中要将坯料绕轴线不断翻转。

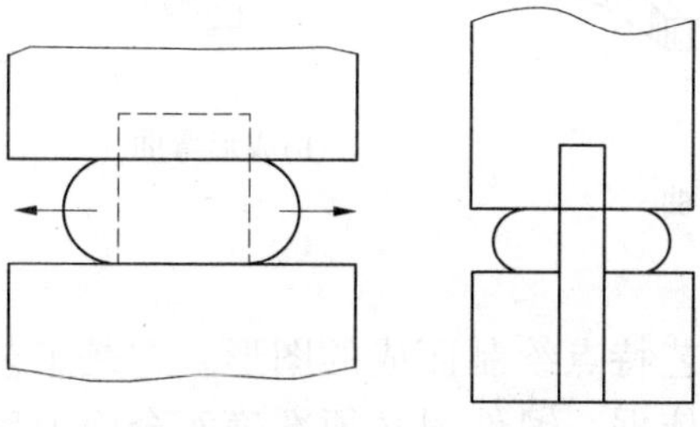

(a)全墩粗　(b)局部镦粗

图 7-7

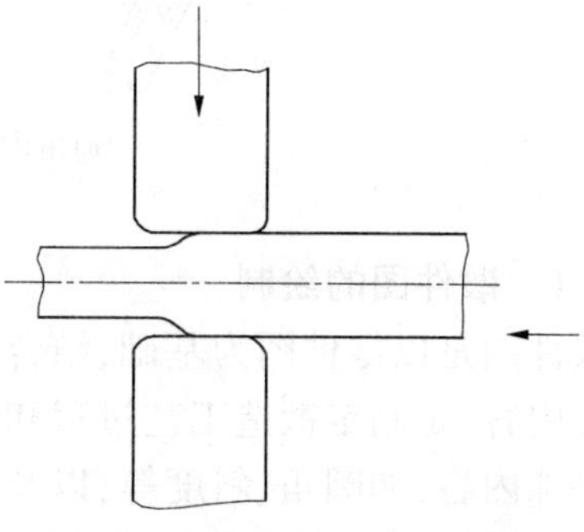

图 7-8　拔长

7.3.2.3　冲孔

冲孔是利用冲头在工件上冲出通孔或盲孔的操作过程。常用于锻造齿轮、套筒和圆环等空心锻件，对于直径小于 25 mm 的孔一般不锻出，而是采用钻削的方法进行加工。在薄坯料上冲通孔时，可用冲头一次冲出。若坯料较厚，可先在坯料的一边冲到孔深的 2/3 深度后，拔出冲头，翻转工件，从反面冲通，以避免在孔的周围冲出毛刺，如图 7-9 所示。

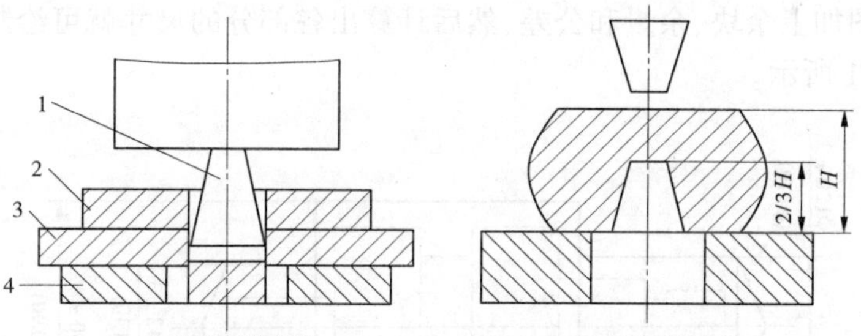

(a)薄坯料冲孔　(b)厚坯料冲孔

1—冲头；2—坯料；3—垫环；4—芯料

图 7-9　冲孔

7.3.2.4　弯曲

弯曲是使坯料弯曲成一定角度或形状的锻造工序，如图 7-10 所示。

7.3.3　自由锻造工艺规程的制定

根据零件图把毛坯通过自由锻造的方法生产出锻件的全部过程称为自由锻造工艺规程。它包括绘制锻件图、选择毛坯、制定工艺、选择设备和工具、加热、冷却和检验等一系列内容。

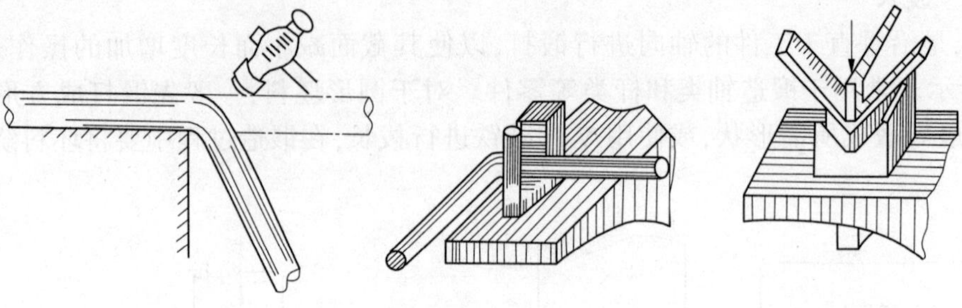
(a)角度弯曲　　(b)成形弯曲

图 7-10　弯曲

7.3.3.1　锻件图的绘制

锻件图是以零件图为基础,结合自由锻造工艺特点绘制而成的图形。它是工艺规程的核心内容,是制定锻造工艺过程和锻件检验的依据。锻件图必须准确而全面地反映锻件的特殊内容,如圆角、斜度等,以及对产品的技术要求,如性能、组织等。

绘制锻件图时主要考虑以下几个因素:

(1)机械加工余量。余量是指为了保证机械加工后获得零件所规定的尺寸精度和表面粗糙度而增加的一部分金属量。

(2)公差。公差是指锻件实际尺寸对公称尺寸所允许的偏差,一般为余量的1/4~1/3。

(3)敷料。对于某些形状较复杂的零件,为了易于锻造,需要对它进行简化,其方法是在难以锻造部分加上一部分金属予以简化。这部分添加上去的金属就称为敷料,也称为余块。余块在切削加工时去除。

根据零件图加上余块、余量和公差,然后计算出各部分的尺寸就可绘制锻件图。典型锻件图如图 7-11 所示。

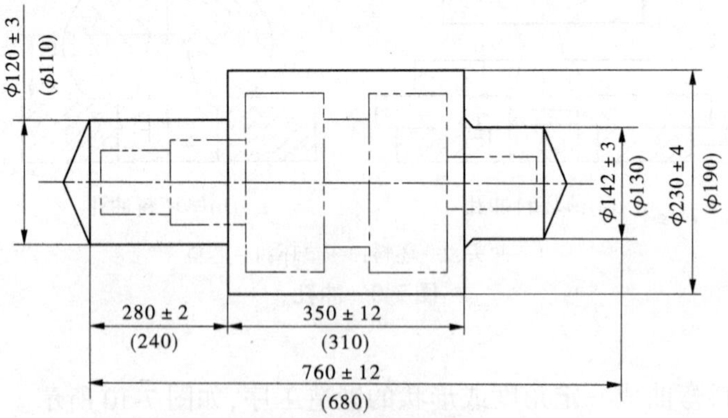

图 7-11　典型锻件图

7.3.3.2　坯料质量和尺寸的计算

1. 确定坯料质量

自由锻造所用坯料的质量为锻件的质量与锻造时各种金属消耗的质量之和,可由下式计算:

$$G_{坯料}=G_{锻件}+G_{烧损}+G_{料头}$$

式中　$G_{坯料}$——坯料质量,kg;

$G_{锻件}$——锻件质量,kg;

$G_{烧损}$——加热时坯料因表面氧化而烧损的质量,kg,第一次加热取被加热金属质量分数的 2%~3%,以后各次加热取 1.5%~2.0%;

$G_{料头}$——锻造过程中被冲掉或切掉的那部分金属的质量,kg,如冲孔时坯料中部的料芯、修切端部产生的料头等。

对于大型锻件,当采用钢锭作坯料进行锻造时,还要考虑切掉的钢锭头部和尾部的质量。

2. 确定坯料尺寸

根据塑性加工过程中体积不变条件和采用的基本工序类型(如拔长、镦粗等)的锻造比、高度与直径之比等计算出坯料横截面面积、直径或边长等尺寸。

7.3.3.3　选择锻造工序

自由锻造工序的选取应根据工序特点和锻件形状来确定。一般而言,盘类零件多采用镦粗(或拔长-镦粗)和冲孔等工序;轴类零件多采用拔长、切肩和锻台阶等工序。

自由锻造工序的选择与整个锻造工艺过程中的火次(坯料加热次数)和变形程度有关。所需火次与每一火次中坯料成形所经历的工序都应明确规定出来,写在工艺卡片上。

7.3.3.4　选择锻造设备

相据作用在坯料上力的性质,自由锻造设备分为锻锤和液压机两大类。

7.3.3.5　确定锻造温度范围

锻造温度范围是指始锻温度和终锻温度之间的温度范围。锻造温度范围应尽量选宽一些,以减少锻造火次,提高生产率。

7.3.3.6　填写工艺卡片

工艺卡主要用来描述一个产品的装配顺序、工艺标准、工时等。

7.3.4　自由锻件的结构工艺性

自由锻件的设计原则是:在满足使用性能的前提下,锻件的形状应尽量简单,易于锻造。具体设计要求为:

(1)尽量避免锥体或斜面结构,如图 7-12 所示。

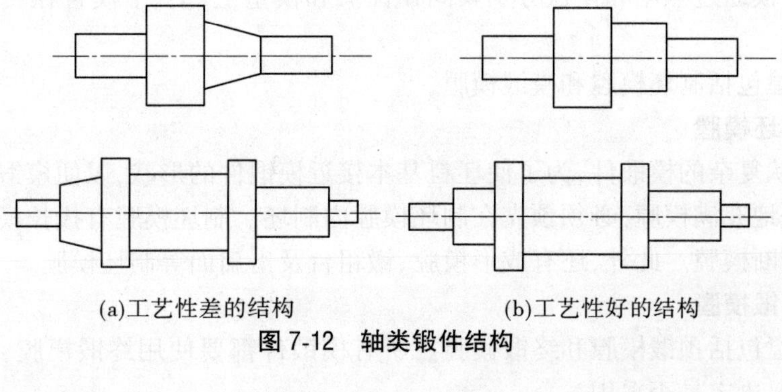

(a)工艺性差的结构　　(b)工艺性好的结构

图 7-12　轴类锻件结构

(2)避免几何体的交接处形成空间曲线。

(3)避免加强肋、凸台、工字形、椭圆形或其他非规则截面及外形。

(4)合理采用组合结构。锻件的横截面面积有急剧变化或形状较复杂时,可设计成由数个简单件构成的组合体。每个简单件锻造成形后,再用焊接或机械连接方式构成整体零件。

任务7.4　模　锻

模锻是在模锻设备上,利用高强度锻模,使金属坯料在模膛内受压产生塑性变形,从而获得所需形状、尺寸以及内部质量锻件的加工方法。在变形过程中,由于模膛对金属坯料流动的限制,因而锻造终了时可获得与模膛形状相符的模锻件。

模锻具有如下优点:

(1)生产效率较高。

(2)能锻造形状复杂的锻件,并可使金属流线分布更为合理,延长零件的使用寿命。

(3)模锻件的尺寸较精确,表面质量较好,加工余量较小。

(4)节省金属材料,减少切削加工量。在批量足够的条件下,能降低零件成本。

(5)模锻操作简单,劳动强度低。

但模锻生产受模锻设备吨位限制,模锻件的质量一般在150 kg以下。模锻设备投资较大、模具费用较昂贵、工艺灵活性较差、生产准备周期较长。因此,模锻适合小型锻件的大批量生产,不适合单件、小批量生产及中大型锻件的生产。

模锻分为锤上模锻、压力机上模锻、胎模锻。

7.4.1　锤上模锻的工艺特点

锤上模锻是将上模固定在锤头上,下模紧固在模垫上,通过随锤头做上下往复运动的上模,对置于下模中的金属坯料施以直接锻击来获取锻件的锻造方法。

7.4.2　锤上模锻的锻模结构

锤上锻模结构如图7-13所示。锤上模锻用的锻模由带燕尾的上模2和下模4两部分组成,上下模通过燕尾和楔铁分别紧固在锤头和模垫上,上、下模合在一起在内部形成完整的模膛。

锤上模膛包括制坯模膛和模锻模膛。

7.4.2.1　**制坯模膛**

对于形状复杂的模锻件,为了使坯料基本接近模锻件的形状,以便模锻时金属能合理分布,并很好地充满模膛,必须预先在制坯模膛内制坯。制坯模膛有拔长模膛、滚挤模膛、弯曲模膛、切断模膛。此外,还有成形模膛、镦粗台及击扁面等制坯模膛。

7.4.2.2　**模锻模膛**

模锻模膛包括预锻模膛和终锻模膛。所有模锻件都要使用终锻模膛,预锻模膛则要根据实际情况决定是否采用。

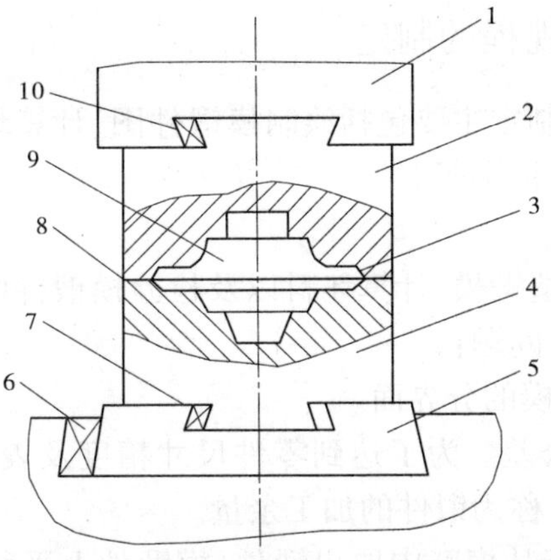

1—铺头;2—上模;3—飞边槽;4—下模;5—模垫;6，7，10—紧固楔铁;8—分模面;9—模膛

图7-13　锤上锻模结构

终锻模膛使金属坯料最终变形到所要求的形状与尺寸。由于模锻需要加热后进行，锻件冷却后尺寸会有所缩减，所以终锻模膛的尺寸应比实际锻件尺寸放大一个收缩量。对于钢锻件，收缩量可取1.5%。

终锻模膛一般设飞边槽。飞边槽形式如图7-14所示。飞边槽用以增加金属从模膛中流出的阻力，促使金属充满整个模膛，同时容纳多余的金属，还可以起到缓冲作用，减弱对上、下模的打击，防止锻模开裂。

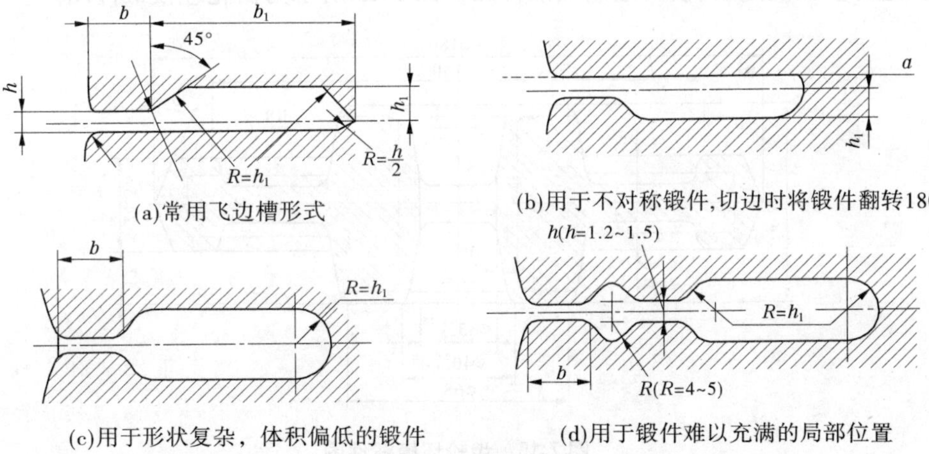

图7-14　飞边槽形式

用于预锻的模膛称为预锻模膛。终锻时常见的缺陷有折叠和充不满等。这些缺陷都是终锻时金属不合理的变形流动或变形阻力太大引起的。因此，对于外形较为复杂的锻件，常采用预锻工步，使坯料先变形到接近锻件的外形与尺寸，以便合理分配坯料各部分的体积，避免折叠的产生，并有利于金属的流动，易于充满模膛，同时可减小终锻模膛的磨损，延长锻模的寿命。

预锻模膛和终锻模膛的主要区别是预锻模膛的圆角和模锻斜度较大，高度较大，一般不设飞边槽。

7.4.3　锤上模锻工艺规程的制定

锤上模锻工艺规程的制定主要包括绘制模锻件图、计算坯料尺寸、确定模锻工步、选择锻造设备、确定锻造温度范围等。

7.4.3.1　绘制模锻件图

模锻件图是设计和制造锻模、计算坯料以及检验模锻件的依据。根据零件图绘制模锻件图时,应考虑以下几个问题:

(1)分模面。上、下锻模的分界面。

(2)加工余量和锻件公差。为了达到零件尺寸精度及表面粗糙度的要求,锻件上需切削加工而去除的金属层,称为锻件的加工余量。

(3)模锻斜度。为便于从模膛中取出锻件,模锻件上平行于锤击方向的表面必须具有斜度,称为模锻斜度,一般为5°~15°。

(4)模锻圆角半径。模锻件上所有两平面转接处均需圆弧过渡,此过渡处称为锻件的圆角。圆弧过渡有利于金属的变形流动,锻造时使金属易于充满模膛,延长锻件质量,并且可以避免在锻模上的内角处产生裂纹,减缓锻模外角处的磨损,延长锻模使用寿命。

(5)冲孔连皮。由于锤上模锻时不能靠上、下模的凸起部分把金属完全排挤掉,因此不能锻出通孔,终锻后,孔内留有金属薄层,称为冲孔连皮。锻后利用压力机上的切边模将其去除。

上述各参数确定后,便可绘制模锻件图。图7-15所示为齿轮坯模锻件图。

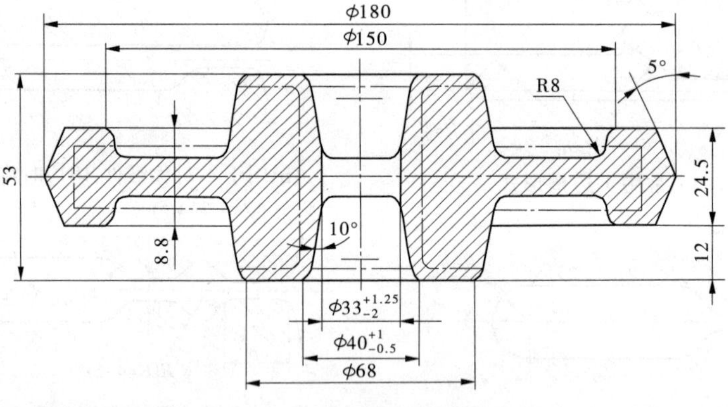

图7-15　齿轮坯模锻件图

7.4.3.2　计算坯料质量

坯料质量包括锻件、飞边、连皮、钳口料头以及氧化皮等的质量。通常,氧化皮质量占锻件和飞边质量总和的2.5%~4%。

7.4.3.3　确定模锻工序

模锻工序主要根据锻件的形状与尺寸来确定。根据已确定的工序即可设计出制坯模膛、预锻模膛及终锻模膛。模锻件按形状可分为两类:长轴类零件与盘类零件。长轴类零件的长度与宽度之比较大,例如台阶轴、曲轴、连杆、弯曲摇臂等;盘类零件在分模面上的投影多为圆形或近于矩形,例如齿轮、法兰盘等。

长轴类模锻件常用的工序有拔长、滚挤、弯曲、预锻和终锻等。盘类模锻件常选用镦粗、终锻等工序。

对于形状简单的盘类零件，可只选用终锻工序成形。对于形状复杂、有深孔或有高肋的锻件，则应增加镦粗、预锻等工序。

坯料在锻模内制成模锻件后，还需经过一系列修整工序，以保证和提高锻件质量。修整工序包括以下内容：

(1) 切边与冲孔。模锻件一般都带有飞边及连皮，需在压力机上进行切除。

(2) 校正。在切边及其他工序中都可能引起锻件的变形，许多锻件，特别是形状复杂的锻件在切边冲孔后还应该进行校正。校正可在终锻模膛或专门的校正模内进行。

(3) 热处理。目的是消除模锻件的过热组织或加工硬化组织，以达到所需的力学性能。常用的热处理方式为正火或退火。

(4) 清理。为了提高模锻件的表面质量，改善模锻件的切削加工性能，模锻件需要进行表面清理，去除在生产中产生的氧化皮、所沾油污及其他表面缺陷等。

(5) 精压。对于要求尺寸精度高和表面粗糙度小的模锻件，还应在压力机上进行精压。精压分为平面精压和体积精压两种。

7.4.3.4　选择锻造设备

锤上模锻的设备有蒸汽-空气锤、高速锤等。

7.4.3.5　确定锻造温度范围

模锻件的生产也在一定温度范围内进行，与自由锻造生产相似。

7.4.4　锤上模锻零件的结构工艺性

设计模锻零件时，应根据模锻特点和工艺要求，使其结构符合下列原则：

(1) 模锻零件应具有合理的分模面，以使金属易于充满模膛，模锻件易于从锻模中取出，且敷料最少，锻模容易制造。

(2) 模锻零件上，除与其他零件配合的表面外，均应设计为非加工表面模锻件的非加工表面之间形成的角应设计模锻圆角，与分模面垂直的非加工表面应设计出模锻斜度。

(3) 零件的外形应力求简单、平直、对称，避免零件截面间差别过大，或具有薄壁、高肋等不良结构。

(4) 在零件结构允许的条件下，应尽量避免有深孔或多孔结构。

(5) 对复杂锻件，为减少敷料，简化模锻工艺，在可能条件下应采用锻造—焊接或锻造—机械连接组合工艺，如图 7-16 所示。

7.4.5　压力机上模锻

用于模锻生产的压力机有摩擦压力机、曲柄压力机、平锻机、水压机等，其工艺特点比较见表 7-1。

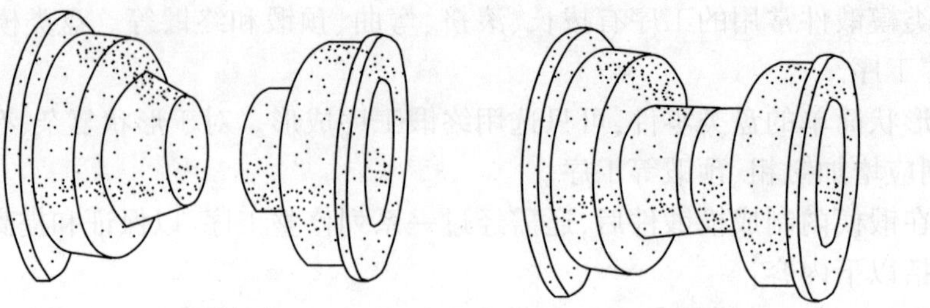

(a)模锻件　　(b)焊合件

图 7-16　锻焊结构模锻零件

表 7-1　压力机上模锻方法的工艺特点比较

锻造方法	设备类型		工艺特点	应用
	结构	构造特点		
摩擦压力机上模锻	摩擦压力机	滑块行程可控，速度为 0.5~1.0 m/s，带有顶料装置，机架受力，形成封闭力系，每分钟形成次数少，传动效率低	特别适合锻造低塑性合金钢和非铁金属；简化了模具设计与制造，同时可锻造更复杂的锻件；承受偏心载荷能力差；可实现轻、重打，能进行多次锻打，还可进行弯曲、精压、切飞边、冲连皮、校正等工序	中小型锻件的小批和中批生产
曲柄压力机上模锻	曲柄压力机	工作时，滑块行程固定，无振动，噪声小，合模准确，有顶杆装置，设备刚度好	金属在模膛中一次成形，氧化皮不易除掉，终锻前常采用预成形及预锻工步，不宜拔长、滚挤，可进行局部镦粗，锻件精度较高，模锻斜度小，生产率高，适合短轴类锻件	大批量生产
平锻机上模锻	平锻机	滑块水平运动，行程固定，具有互相垂直的两组分模面，无顶出装置，合模准确，设备刚度好	扩大了模锻适用范围，金属在模膛中一次成形，锻件精度较高，生产率高，材料利用率高，适合锻造带头的杆类和有孔的各种合金锻件，对非回转体及中心不对称的锻件较难锻造	大批量生产
水压机上模锻	水压机	行程不固定，工作速度为 0.1~0.3 m/s，无振动，有顶杆装置	模锻时一次压成，不宜多膛模锻，适合锻造镁铝合金大锻件、深孔锻件，不太适合锻造小尺寸锻件	大批量生产

7.4.6　胎模锻

胎模是一种不固定在锻造设备上的模具,结构较简单,制造容易,如图 7-17 所示。胎模锻是在自由锻设备上用胎模生产模锻件的工艺方法,因此胎模锻兼有自由锻和模锻的特点。胎模锻适合中小批量生产小型多品种的锻件,特别适合没有模锻设备的工厂。胎模锻工艺过程包括制订工艺规程、制造胎模、备料、加热、胎模锻及后续加工工序等。

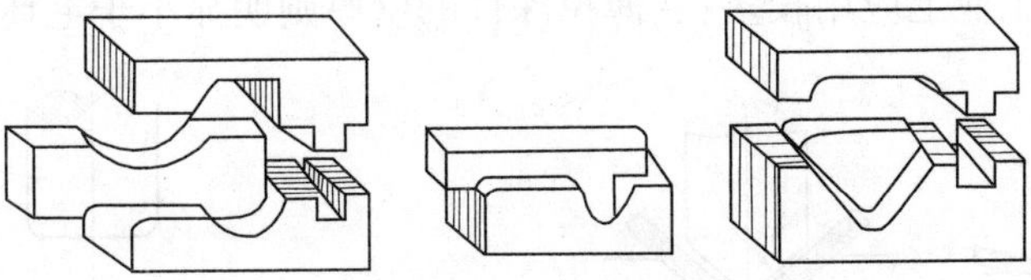

图 7-17　胎膜示意图

任务 7.5　板料冲压

利用冲模在压力机上使板料分离或变形,从而获得冲压件的加工方法称为板料冲压。板料冲压的坯料厚度一般小于 4 mm,通常在常温下冲压,所以又称为冷冲压。

板料冲压的特点如下:

(1) 冲压生产操作简单,生产率高,易于实现机械化和自动化。

(2) 冲压件的尺寸精确,表面光洁,质量稳定,互换性好,一般不再进行机械加工,即可作为零件使用。

(3) 金属薄板经过冲压塑性变形获得一定几何形状,并产生冷变形强化,使冲压件具有质量轻、强度高和刚性好的优点。

(4) 冲模是冲压生产的主要工艺装备,其结构复杂,精度要求高,制造费用相对较高,所以冲压适合在大批量生产条件下采用。

冲压设备主要有剪床和冲床两大类。剪床是完成剪切工序,为冲压生产准备原料的主要设备。冲床是进行冲压加工的主要设备,按其床身结构不同,有开式和闭式两类冲床;按其传动方式不同,有机械式冲床与液压压力机两大类。

7.5.1　冲压工序及冲压件结构工艺性

冷冲模基本工序分为分离工序和成形工序。

7.5.1.1　**分离工序**

分离工序统称为冲裁,它是使板料的一部分与另一部分分离的加工工序。分离工序主要包括:

(1) 切断,指使板料按不封闭轮廓线分离的工序。

(2) 落料,指从板料上冲出一定外形的零件或坯料,冲下部分是成品。

(3) 冲孔,指在板料上冲出孔,冲下部分是废料。

7.5.1.2　成形工序

成形工序主要包括：

(1)弯曲。将金属材料弯曲成一定角度和形状的工艺方法称为弯曲。弯曲方法可分为压弯、拉弯、折弯、滚弯等。最常见的是在压力机上压弯。弯曲变形过程如图 7-18 所示。

(2)拉深。拉深是使平面板料成形为中空形状零件的冲压工序。拉深变形过程如图 7-19 所示。拉深工艺可分为不变薄拉深和变薄拉深两种。不变薄拉深件的壁厚与毛坯厚度基本相同，工业上应用较多；变薄拉深件的壁厚则明显小于毛坯厚度。

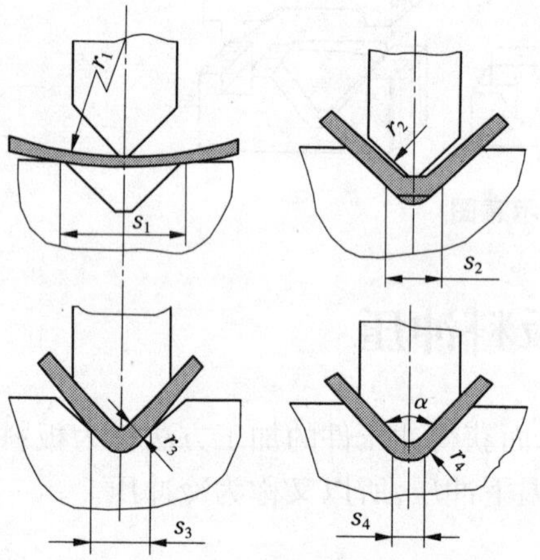

图 7-18　弯曲变形过程

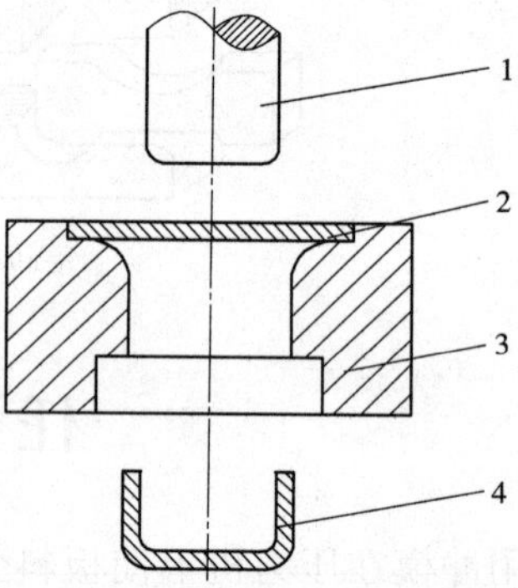

1—凸模；2—毛坯；3—凹模；4—工件

图 7-19　拉深变形过程

此外，变形工序还有翻边、胀形、缩口等。这些工序是通过局部变形来实现工件成形的。

7.5.2　冷冲压模具

常用的冷冲模按工序组合可分为单冲模、连续冲模和复合冲模 3 类。

单冲模是在一个冲压行程只完成一道工序的冲模，如图 7-20 所示。

连续冲模是在一个冲压行程中，在模具的不同位置上同时完成多道冲压工序的冲模。

复合冲模是在一个冲压行程上，在模具的同一个位置同时完成多道冲压工序的冲模。

冲压模具的组成如下：

(1)工作零件。使板料成形的零件，有凸模、凹模、凸凹模等。

(2)定位、送料零件。使条料或半成品在模具上定位、沿工作方向送进的零部件。主要有挡料销、导正销、导料销、导料板等。

(3)卸料及压料零件。防止工件变形，压住模具上的板料及将工件或废料从模具上卸下或推出的零件。主要有卸料板、顶件器、压边圈、推板、推杆等。

(4)结构零件。在模具的制造和使用中起装配、固定作用的零件，以及在使用中起导向作用的零件。主要有上、下模座，模柄，凸、凹模固定板，垫板，导柱，导套，导筒，导板螺钉，销钉等。

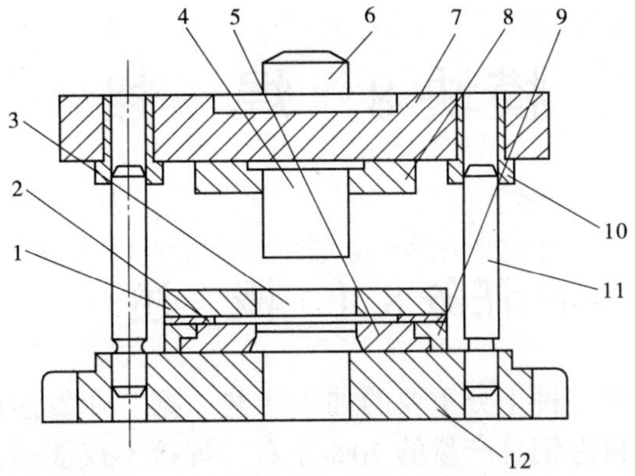

1—固定卸料板;2—导料板;3—挡料销;4—凸模;
5—凹模;6—模柄;7—上模座;8—凸模固定板;
9—凹模固定板;10—导套;11—导柱;12—下模座

图 7-20　单冲模

7.5.3　冲压工艺过程

(1)分析冲压件的结构工艺性。

(2)拟定冲压件的总体工艺方案。

(3)确定毛坯形状、尺寸和下料方式。

(4)拟定冲压工序性质、数目和顺序。

(5)确定冲模类型和结构形式。

(6)选择冲压设备。

习题与思考题

7-1　锻件最显著的优点是什么？受载荷零件应选用何种制件做毛坯,为什么？

7-2　什么为加工硬化？如何消除或利用它？

7-3　塑性变形的机制是什么？

7-4　锻造前对坯料加热的目的是什么？对碳钢而言,为何避开 900 ℃左右的锻造加热区间？

7-5　什么是最小阻力定律？工艺分析中如何应用该定律？

7-6　冷冲压的基本工序分类及各工序成形特点是什么？

模块 8　焊　接

任务 8.1　概　述

焊接在机械制造中是一种十分重要的加工工艺。据工业发达国家统计，全世界每年用于制造焊接结构的钢材占钢总产量的 70%左右。焊接不仅能解决各种钢材的连接，还能解决有色金属和钛、铂等特种金属材料的连接。焊接既能连接异种金属，也能连接厚薄悬殊的金属。因此，焊接技术从 19 世纪 80 年代开始应用于工业生产，随着电子技术、冶金技术、金属材料等学科的不断发展，焊接技术也得到了迅速发展，广泛应用于设备制造、桥梁、汽车、造船、航空航天等工业生产的各个行业。

焊接是通过加热或加压，或者两者并用，并且用或不用填充材料，使焊接件达到原子结合的一种连接方法。之所以要采取加热或加压，是因为：

(1) 用加压破坏结合面上的氧化膜或其他吸附层，并使接触面发生塑性变形，以扩大接触面。在变形足够时，也可直接形成原子间结合，得到牢固接头。

(2) 对连接处进行局部加热，使之达到塑性或熔化状态，激励并加强原子的能量，从而通过扩散、结晶和再结晶的形成与发展，以获得牢固接头。

焊接的本质是使被焊件达到原子间结合，即被焊件达到晶格距离（$3\times10^{-10}\sim5\times10^{-10}$ m）。

与其他金属连接方法（铆接、黏结、螺纹连接、键连接）相比，焊接的主要特点如下：

(1) 节省材料，减轻结构质量；

(2) 简化复杂零件和大型零件的制造；

(3) 适应性好，可实现特殊结构的生产；

(4) 满足特殊连接要求，可实现不同材料间的连接成形；

(5) 劳动强度低，劳动条件好。

焊接方法一般都根据热源的性质、形成接头的状态及是否采用加压来划分，按照这种分类方法，可把焊接方法分为 3 大类：

(1) 熔化焊。将焊件接头加热至熔化状态，不加压力完成焊接的方法，称为熔化焊。它包括气焊、电弧焊、电渣焊、激光焊、电子束焊、等离子弧焊、堆焊和铝热焊等。

(2) 压焊。通过对焊件施加压力（加热或不加热）来完成焊接的方法，称为压焊。它包括爆炸焊、冷压焊、摩擦焊、扩散焊、超声波焊、高频焊和电阻焊等。

(3) 钎焊。钎焊是采用比母材熔点低的金属材料作钎料，在加热温度高于钎料熔点、低于母材熔点的情况下，利用液态钎料润湿母材，填充接头间隙，并与母材相互扩散实现连接焊件的方法。它包括硬钎焊、软钎焊等。

任务 8.2　焊接电弧基础

8.2.1　电弧的定义

电弧是一种强烈而持久的气体放电现象，它是带电粒子通过两电极之间气体空间的一种导电过程。在这种气体放电过程中，产生大量的热能和强烈的光辉。通常，气体是不导电的，但是在一定的电场和温度条件下，可以使气体离解而导电。焊接电弧就是在一定的电场作用下，将电弧空间的气体介质电离，使中性分子或原子离解为带正电荷的正离子和带负电荷的电子（或负离子），这些带电粒子分别向着电场的两极方向运动，使局部气体空间导电，而在电极和工件之间形成电弧。

要使两电极之间的气体导电必须具备两个条件：

（1）两电极之间有带电粒子；

（2）两电极之间有电场。

电弧放电的主要特点是电流最大、电压最低、温度最高、发光最强，正是因为电弧放电具有这样的特点，因此在工业中广泛用来作为热源和光源，在焊接技术中成为一种不可缺少的能源。

8.2.2　电弧的构造

电弧可分为 3 个区域：阴极附近的区域为阴极区；中间部分为弧柱区；阳极附近的区域为阳极区，如图 8-1 所示。

电弧可以看作是一个把电能转换成热能（主要利用其热能）的柔性导体，电弧的热能由上述 3 个区域产生，但由于各区域的导电特性不同，因而产热特性和温度分布也不同。用钢焊条焊接时，阴极区温度为 2 400 K 左右，放出热量占电弧总热量的 38%；阳极区温度为 2 600 K 左右，热量占 42%；弧柱区中心温度可达 500~8 000 K，热量占 20%左右。

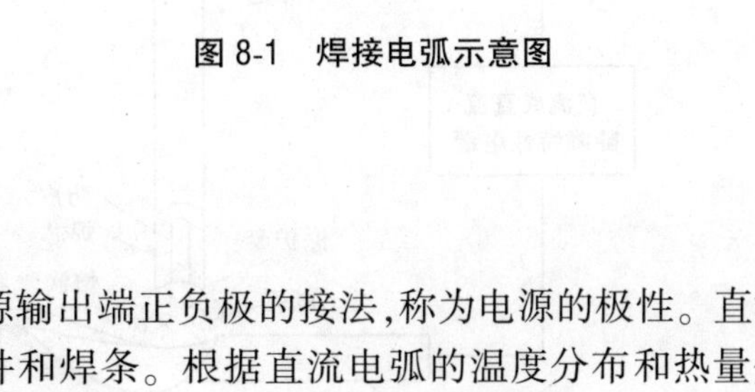

图 8-1　焊接电弧示意图

8.2.3　电弧的极性

使用直流弧焊电源焊接时，工件与电源输出端正负极的接法，称为电源的极性。直流弧焊电源有正极和负极两个极，分别接焊件和焊条。根据直流电弧的温度分布和热量分布可知，阳极区温度比阴极区高，产生的热量也多，因此工件与电源接法不同，对电弧的稳定性和焊接质量的影响也不同。所以，采用直流弧焊机焊接时，有两种接线方法，即正接与反接，如图 8-2 所示。

正接：焊件接阳极，焊条接阴极。此时电弧热量主要集中在焊件上，有利于加快焊件

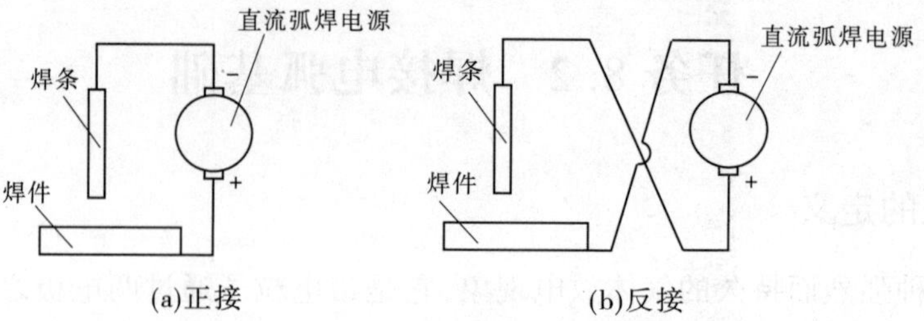

图 8-2　直流弧焊电源的正接与反接

熔化,保证足够的熔深,适用于焊接较厚的焊件,提高生产率。

反接:焊件接阴极,焊条接阳极。该接法适用于焊接有色金属及薄钢板,以免烧穿焊件,获得良好的工艺性。

对于交流弧焊电源,因其极性是周期性改变的,所以不存在正接与反接的问题。

任务 8.3　焊条电弧焊

8.3.1　焊条电弧焊的焊接过程

焊条电弧焊,习惯上被称为手弧焊(shielded metal - arc welding, SMAW),是以手工操纵焊条,利用焊条与工件之间产生的电弧将焊条和工件局部加热到熔化状态,焊条端部熔化后的熔滴和熔化的母材融合一起形成熔池,随着电弧向前移动,熔池液态金属逐步冷却结晶,最终形成焊缝。它是目前在工业生产中应用最广的一种焊接方法 。

焊接过程中,焊条药皮不断地分解、熔化而生成气体及熔渣,保护焊条端部、电弧、熔池及其附近区域,防止大气对熔化金属的有害污染。焊条芯也在电弧热作用下不断熔化,进入熔池,组成焊缝的填充金属。

焊条电弧焊焊接过程如图 8-3 所示。

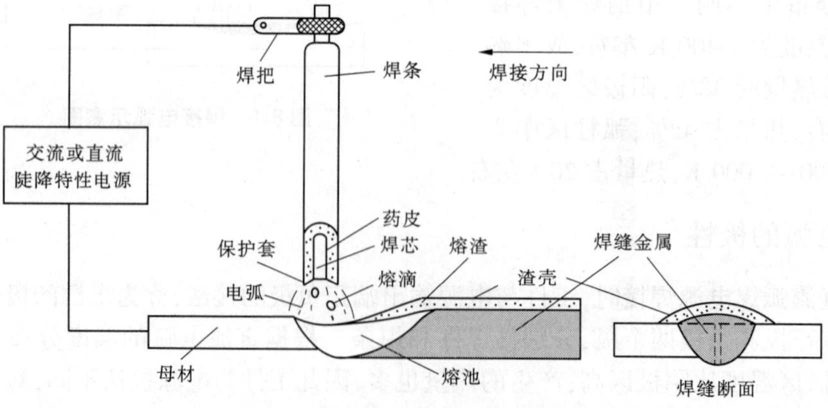

图 8-3　焊条电弧焊焊接过程

8.3.2　焊条电弧焊的特点

焊条电弧焊之所以成为应用最广泛的焊接方法，主要因为它有如下优点：

(1)采用气体和熔渣联合保护，焊接效果好。焊条电弧焊用外部涂有涂层的焊条作为电极和填充金属，电弧在焊条的端部和被焊工件表面之间燃烧，涂层在电弧热的作用下，一方面可以产生气体保护电弧；另一方面可以产生熔渣覆盖在熔池表面，防止熔化金属与周围气体的相互作用。熔池更重要的作用是与熔化金属产生物理化学反应或添加合金元素，改善焊缝金属的性能。

(2)适应性强。焊条电弧焊具有工艺灵活、适应性强的特点，适用于各种厚度、各种结构开关及位置的焊接，可以应用于维修及装配中短焊缝的焊接，特别是可以用于难以达到的部位的焊接。

(3)对焊接接头的装配要求较低。由于焊接过程中用手工操作控制电弧长度、焊条角度、焊接速度等，因此对焊接接头装配尺寸要求可相对降低，同时还易于通过改变工艺操作来控制焊接变形和改善接头应力状况。

(4)应用范围广。焊条电弧焊配用相应的焊条，适合大多数工业用碳钢、合金钢、不锈钢、铸铁和有色金属的焊接。

(5)焊接设备简单。焊条电弧焊使用的电焊机结构简单，操作轻便，灵活，维修方便。

但是焊条电弧焊也有它的缺点，主要是生产效率较低，焊工劳动强度大，而且对焊工的操作技术水平要求较高，受人为因素影响较大。

8.3.3　焊条

8.3.3.1　焊条的作用和组成

焊条是一种涂有药皮的供手弧焊使用的熔化电极。在手工焊条电弧焊焊接时，焊条既是电极，引燃和维持电弧，又作为填充金属与被熔化的母材发生冶金反应并熔合在一起形成焊缝，因此焊条不但能使焊接正常进行，而且直接影响焊缝金属的化学成分和力学性能。

焊条由焊芯和药皮(涂层)两部分组成，如图8-4所示。焊条前端有裸露倒角，便于引弧，尾部有15～25 mm长的裸焊芯，夹持导电，焊条直径有1.6 mm、2 mm、3.2 mm、4 mm、5 mm、6 mm等；直径长度一般为300 mm、400 mm、450 mm。

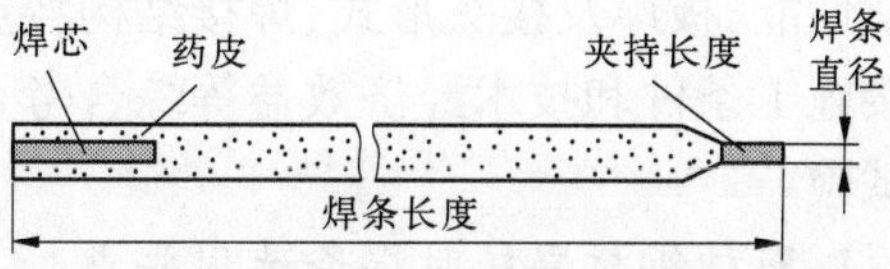

图8-4　焊条

焊芯的作用主要是导电和维持电弧，并且在熔化后作为填充金属与被熔化的母材熔合成焊缝。焊芯金属占整个焊缝金属的50%～70%，因此焊芯的化学成分直接影响焊缝的质量和性能。因此，焊芯是经特殊冶炼的专用钢，应严格控制硫、磷含量和碳含量，可提高焊缝金属的韧性、塑性。按国家标准规定，焊接专用钢丝(焊芯)分为碳素结构钢、合金结构钢和不锈钢3类。常用的碳素结构钢焊芯牌号有H08、H08A、H08E和H10Mn2等。牌号H08的含义为：H表示焊芯，08表示碳含量为0.08%。合金元素及其他符号与钢号表示方法相同。

药皮即焊芯表面的涂料层，可采用氧化物、碳酸盐、硅酸盐、有机物、氟化物、铁合金及化工产品等上百种原料粉末，按照一定的配方比例混合而成。按照各种原料在药皮中的作用，有稳弧剂、脱氧剂、造渣剂、造气剂、合金剂、稀释剂、黏结剂等。药皮的主要作用是焊接形成熔渣和气体联合保护电弧，使熔池不被氧化；熔渣与液体金属进行一系列物理化学反应，去除有害元素（如 O、H、S、P 等），添加有益的合金元素，调整焊缝金属成分，以改善焊缝质量。

8.3.3.2 焊条的种类

我国现行的焊条分类方法，主要是根据焊条国家标准和原机械工业部编制的《焊接材料产品样本》。焊条型号按国家标准分为 8 类，焊条牌号按用途分为 10 类。电焊条的分类方法很多，可分别按焊条用途、焊条药皮的主要化学成分、药皮熔化后熔渣的特性、焊条性能特征等对电焊条进行分类。

（1）按照焊条的用途分类，有两种表达形式。一种为原机械工业部编制的标准，可以将电焊条分为结构钢焊条、耐热钢焊条、不锈钢焊条、堆焊焊条、低温钢焊条、铸铁焊条、镍和镍合金焊条、铜及铜合金焊条、铝及铝合金焊条以及特殊用途焊条共 10 大类。另一种为国家标准规定，分为碳钢焊条、低合金焊条、不锈钢焊条、堆焊焊条、铸铁焊条、铜及铜合金焊条、铝及铝合金焊条共 7 大类。两者没有原则区别，前者用商业牌号表示，后者用型号表示。

（2）按照焊条药皮的主要化学成分分类，可以将电焊条分为氧化钛型焊条、氧化钛钙型焊条、钛铁矿型焊条、氧化铁型焊条、纤维素型焊条、低氢型焊条、石墨型焊条及盐基型焊条。

（3）按照焊条药皮熔化后熔渣的特性分类，可将电焊条分为酸性焊条和碱性焊条。酸性焊条药皮的主要成分为酸性氧化物，如二氧化硅、二氧化钛、三氧化二铁等。碱性焊条药皮的主要成分为碱性氧化物，如大理石、萤石等。

（4）按照焊条性能特征分类。根据焊条特殊使用性能而制造的专用焊条，有超低氢焊条、低尘低毒焊条、立向下焊条、底层焊条、铁粉高效焊条、抗潮焊条、水下焊条、重力焊条和躺焊焊条等。

8.3.3.3 焊条的选用原则

焊条的选用需在确保焊接结构安全、可行使用的前提下，根据被焊材料的化学成分、力学性能、板厚及接头形式、焊接结构特点、受力状态、结构使用条件对焊缝性能的要求、焊接施工条件和技术经济效益等综合考查后，有针对性地选用焊条，必要时还需进行焊接性试验。

1. 同种钢材焊接时焊条选用要点

（1）考虑焊缝金属力学性能和化学成分。对于普通结构钢，通常要求焊缝金属与母材等强度，应选用熔敷金属抗拉强度等于或稍高于母材的焊条；对于合金结构钢，有时还要求合金成分与母材相同或接近；在焊接结构刚性大、接头应力高、焊缝易产生裂纹的不利情况下，应考虑选用比母材强度低的焊条；当母材中碳、硫、磷等元素的含量偏高时，焊缝中容易产生裂纹，应选用抗裂性能好的碱性低氢型焊条。

(2)考虑焊接构件使用性能和工作条件。对承受载荷和冲击载荷的焊件,除满足强度要求外,主要应保证焊缝金属具有较高的冲击韧性和塑性,可选用塑性、韧性指标较高的低氢型焊条;接触腐蚀介质的焊件,应根据介质的性质及腐蚀特征选用不锈钢类焊条或其他耐腐蚀焊条;在高温、低温、耐磨或其他特殊条件下工作的焊接件,应选用相应的耐热钢、低温钢、堆焊或其他特殊用途焊条。

(3)考虑焊接结构特点及受力条件。对结构形状复杂、刚性大的厚大焊接件,由于焊接过程中产生很大的内应力,易使焊缝产生裂纹,应选用抗裂性能好的碱性低氢焊条;对受力不大、焊接部位难以清理干净的焊件,应选用对铁锈、氧化皮、油污不敏感的酸性焊条;对受条件限制不能翻转的焊件,应选用适宜全位置焊接的焊条。

(4)考虑施工条件和经济效益。在满足产品使用性能要求的情况下,应选用工艺性好的酸性焊条;在狭小或通风条件差的场合,应选用酸性焊条或低尘焊条;对焊接工作量大的结构,有条件时应尽量采用高效率焊条,如铁粉焊条、高效率重力焊条等,或选用底层焊条、立向下焊条之类的专用焊条,以提高焊接生产率。

2. 异种钢焊接时焊条选用要点

(1)强度级别不同的碳钢+低合金钢(或低合金钢+低合金高强钢)。一般要求焊缝金属或接头的强度不低于两种被焊金属的最低强度,选用的焊条熔敷金属的强度应能保证焊缝及接头的强度不低于强度较低侧母材的强度,同时焊缝金属的塑性和冲击韧性应不低于强度较高而塑性较差侧母材的性能。因此,可按两者之中强度级别较低的钢材选用焊条。但是,为了防止焊接裂纹,应按强度级别较高、焊接性较差的钢种确定焊接工艺,包括焊接规范、预热温度及焊后热处理等。

(2)低合金钢+奥氏体不锈钢。应按照对熔敷金属化学成分限定的数值来选用焊条,一般选用铬和镍含量较高的、塑性和抗裂性较好的Cr25-Ni13型奥氏体钢焊条,以避免因产生脆性淬硬组织而导致的裂纹。但应按焊接性较差的不锈钢确定焊接工艺及规范。

(3)不锈复合钢板。应考虑对基层、复层、过渡层的焊接要求选用三种不同性能的焊条。对基层(碳钢或低合金钢)的焊接,选用相应强度等级的结构钢焊条;复层直接与腐蚀介质接触,应选用相应成分的奥氏体不锈钢焊条。关键是过渡层(复层与基层交界面)的焊接,必须考虑基体材料的稀释作用,应选用铬和镍含量较高、塑性和抗裂性好的Cr25-Ni13型奥氏体钢焊条。

任务8.4 埋弧焊

8.4.1 埋弧焊的焊接过程和原理

埋弧焊时,采用盘状焊丝配合焊剂,以代替手弧焊时的焊条。焊接过程中,焊剂不断撒在焊件接缝和接缝附近区域。焊丝末端伸入焊剂内并与焊件之间产生电弧。由于电弧被厚30~50 mm的焊剂层所覆盖,看不见电弧,所以称为埋弧焊(submerged - arc welding,SAW)。对于借助于其他机械或电气装置,能够实现自动送丝、自动行走的埋弧焊方法称为埋弧自动焊。

埋弧自动焊示意图如图 8-5 所示，有弧的引燃和移动，金属熔池、液态熔渣和气体的形成，液态金属与熔渣和气体之间的相互焊丝作用，以及焊缝金属和熔渣的凝固等过程，都与焊条电弧焊基本相同。两者的主要不同之处在于三点：埋弧自动焊用颗粒状焊剂取代焊条药皮，用连续自动送进的焊丝取代焊芯，用自动焊机取代焊工的手工操作。

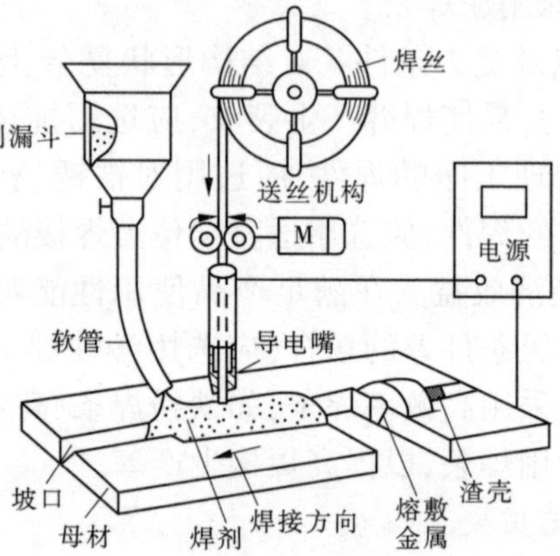

图 8-5　埋弧自动焊示意图

埋弧自动焊焊机包括电源（直流电源、交流电源）、焊接小车、控制箱。根据送丝速度分为等速送丝式焊机（MZ1 系列）和变速送丝式焊机（MZ 系列）。焊接小车包括送丝系统、行走系统、机头调节系统、导电嘴。

对焊机的要求有：能自动引弧并保持电弧稳定，能按预定速度送给焊丝，电弧能按预定方向和速度行走，能够调节焊接电流与电弧电压，能自动控制引弧、焊接及熄弧。

8.4.2　埋弧自动焊的特点和应用范围

埋弧自动焊有如下优点：

（1）生产率高。埋弧自动焊的生产率比手工焊提高 5～10 倍。因为埋弧自动焊时使用光焊丝，焊丝上无药皮，焊丝可很长，并能连续送进而无须更换焊条。所以，可采用大电流焊接（比手工焊大 6～8 倍），电弧热量大，焊丝熔化快，熔深也大，焊接速度比手工焊快得多。板厚 30 mm 以下的自动焊可不开坡口，而且焊接变形小。

（2）焊缝质量高且稳定。焊剂层对焊接熔池保护较完善，焊缝金属中杂质较少，只要焊接工艺选择恰当，较易获得稳定高质量的焊缝。

（3）节约钢材和电能。钢板厚度在 30 mm 以下时，埋弧自动焊可不开坡口，不留间隙，这就减少了填充金属的数量，大大节省了钢材，而且由于电弧被焊剂保护着，使电弧的热得到充分利用，从而节省了电能。

（4）劳动条件好。除了减轻手工操作的劳动强度，电弧弧光埋在焊剂层下，没有弧光辐射，劳动条件较好。

这种焊接方法也有不足之处，如不及手工焊灵活，一般只适合平焊长直焊缝和较大直径的环形焊缝，而对于短焊缝、曲折焊缝、狭窄位置及薄板的焊接，不能发挥其长处。在焊接工艺方面，对焊前准备工作要求严格，工件边缘准备和装配质量要求较高、费工时；需要采用引弧板和引出板;焊缝背面需要采用焊剂垫或钢垫板。由于是埋弧操作,看不到熔池和焊缝形成过程,需要采用导向装置,因此必须严格控制焊接规范。

埋弧焊至今仍然是工业生产中常用的一种焊接方法，适用于较厚、较长的直焊缝和大直径的环形焊缝的焊接,尤其适用于大批量生产。它广泛应用于锅炉、化工容器、造船、机车车辆、起重机等金属结构的制造中。

8.4.3　焊丝和焊剂

焊丝用来导电以及作为填充金属。可分为碳钢焊丝、合金钢焊丝和不锈钢焊丝。埋弧焊用焊丝的作用相当于手工电弧焊焊条的焊芯。焊丝牌号与焊芯牌号相同。焊丝牌号的表示方法与钢号的表示方法类似,只是在牌号的前面加上 H。强度钢用焊丝牌号如 H08、H08A、H10Mn2 等,H 后面的头两个数字表示焊丝平均碳含量的万分之几,焊丝中如果有合金元素,则将它们用元素符号依次写在碳含量的后面。当元素的含量在 1%左右时,只写元素名称,不注含量;若元素含量达到或超过 2%,则依次将含量的百分数写在该元素的后面。若牌号最后带有 A 字,表示为硫、磷含量较少的优质焊丝。

焊剂主要用来造渣保护、参与冶金反应、调整焊缝成分。埋弧焊用焊剂的作用相当于手工焊焊条的药皮。焊剂按制造方法分烧结焊剂、黏结焊剂、熔炼焊剂。烧结焊剂和黏结焊剂制造温度低,合金元素以单质存在,但成分不均匀,易吸湿;熔炼焊剂制造温度高,金属以氧化物形式存在,成分均匀,不易吸湿。焊剂也可按化学成分分类(以氧化锰、二氧化硅、氟化钙成分分类)。国产焊剂主要依据化学成分分类,其编号方法是在牌号前面加 HJ（焊剂),如 HJ431。牌号后面的第一位数字表示氧化锰的平均含量,如“4”表示 $w(MnO)>30\%$;第二位数字表示二氧化硅、氟化钙的平均含量,如“3”表示高硅低氟型 $[w(SiO_2)>30\%, w(CaF_2)<10\%]$;末位数字表示同类焊剂的不同序号。

使用不同牌号的焊丝与焊剂搭配施焊,可以得到具有不同力学性能的焊缝金属。埋弧焊时,焊缝的化学成分和力学性能,必须根据被焊件的成分和性能正确、合理地选配焊丝与焊剂。一般 H08A 焊丝配 HJ430、HJ431 等焊剂,H10Mn2A 焊丝配 SJ101、SJ331 等焊剂。

8.4.4　埋弧自动焊的焊接工艺

焊前准备工作包括:焊接材料的选择,坡口的选择和加工(坡口形式与焊条电弧焊相同),工件的装配(装引弧板和熄弧板)与清理,焊机的检查与调试。

工艺参数的选择包括焊丝直径、焊接电流、电弧电压、焊接速度、焊丝伸出长度、电源极性等。

双面对接焊双面成形分为悬空焊、预留间隙双面焊、开坡口双面焊、焊条电弧焊仰焊封底的双面焊。除悬空焊外,其他几种焊接技术在焊接第一面时,背面需加保护衬垫(焊接垫),防止液态金属的流失,背面焊完后进行清根,再翻过来焊接第二面。

单面对接焊双面成形主要用于中、薄板工件的焊接。焊接时工件背面加衬垫,衬垫分临时垫板(焊剂垫)和永久垫板。焊接生产中有焊剂铜垫法、水冷滑块式铜垫法和热固化焊剂垫法。对于厚度小于 10 mm 且允许焊后保留永久性垫板的焊件,还可以采用在焊缝背面加永久性垫板进行单面焊接。

环缝焊接时，焊接位置一般逆着焊接方向偏离最低(高)处 50~70 mm，先焊内环缝，再焊外环缝。

任务 8.5 气体保护电弧焊

气体保护焊(gas shielded - arc welding)是利用电弧作为热源，气体作为保护介质的熔化焊。在焊接过程中，依靠特殊的焊枪将保护气体连续不断地送到电弧周围，保护气体在电弧周围造成气体保护层，将电弧、熔池与空气隔开，防止有害气体的影响，并保证电弧稳定燃烧。

气体保护焊可以按电极的状态、操作方式、保护气体种类、电特性、极性、适用范围等不同加以分类。根据具体情况，气体保护焊可以采用不同的气体，常用的保护气体有二氧化碳、氩气、氦气、氢气以及混合气体。气体保护焊的优点是：电弧线性好，对中容易，易实现全位置焊接和自动焊接；电弧热量集中，熔池小，焊接速度快，热影响区较窄，焊件变形小，抗裂能力强，焊缝质量好。缺点是：不宜在有风的场地施焊，电弧光辐射较强。本任务着重介绍钨极氩弧焊、熔化极氩弧焊和二氧化碳气体保护焊。

8.5.1 钨极氩弧焊

8.5.1.1 钨极氩弧焊的工作原理

钨极氩弧焊(tungten inet gas welding，简称 TIG 焊)，是常用的非熔化极氩弧焊方法。

钨极氩弧焊的工作原理如图 8-6 所示。焊枪的喷嘴中夹持着钨极，电流经导电嘴输入并在钨极和焊件之间产生电弧。保护气(通常是氩气)由入口处进入喷嘴后喷向焊接区，形成气体保护层。

钨极氩弧焊的电极可以是纯钨或钨合金，作为不熔化极气体保护焊时，电极材料要满足 3 个要求：耐高温、焊接过程中不发生损耗，电流容量大，引弧和稳弧性好。

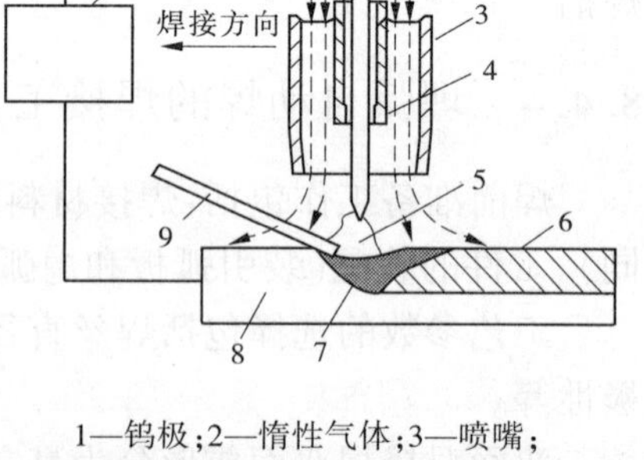

1—钨极；2—惰性气体；3—喷嘴；4—电极夹；5—电弧；6—焊缝；7—熔池；8—母材；9—填充焊丝；10—焊接电源

图 8-6 钨极氩弧焊的工作原理

一般用纯钨电极的效果不如用钨合金电极的效果好。钨合金电极通常含有 1%~2%的氧化钍或氧化铈。加氧化钍可以增大电极的电流容量和电子发射能力，在给定电流下使电极尖端保持较低温度，起弧更容易。经实践证明：Y_2O_3、ZrO_2、CeO_2 性能较好，许用电流高，耐用，引弧及稳定电弧性好，放射性小，是常用的电极材料。

钨极氩弧焊的保护气体可以是氩气、氦气或氩气和氢气的混合气体。因为氩气比氦气便宜、容易引弧，而且在一定的焊速下，能得到比较窄的焊缝，焊接热影响区也较小，所以氩气使用更为普遍。氩气是惰性气体，保护效果极好，可以获得优质焊缝。但氩气没有脱氧作用，所以钨极氩弧焊中，对氩气的纯度要求很高，否则会严重影响焊接质量。一般来说，氩气的纯度应不低于99.7%，氧和其他气体以及水分的含量应极小。

8.5.1.2　钨极氩弧焊的特点

应用钨极氩弧焊有如下特点：

(1)钨极不熔化，只起导电和产生电弧作用，比较容易维持电弧的长度，焊接过程稳定，易实现机械化；保护效果好，焊缝质量高。

(2)在焊接薄板时无须添加焊丝；在焊接厚板时，由于填充焊丝不通过焊接电流，所以不会产生因熔滴过渡引起电弧电压和电流变化而产生的飞溅现象，为获得光滑的焊缝表面提供了良好条件。尤其适用于焊接厚度为6 mm以下的薄板。

(3)一般不采用直流反接，但焊接铝、镁及其合金时，则采用交流电源或直流反接。

(4)生产成本较高，焊接效率低。由于钨极承载电流能力有限，且电弧较易扩展而不集中，钨极氩弧焊的功率密度受到制约，致使焊缝熔深浅，熔敷速度小，焊接速度不高和生产率低。由于惰性气体的价格较高，因此钨极氩弧焊的生产成本比焊条电弧焊、埋弧焊和CO_2气体保护焊都要高。

(5)氩气没有脱氧或去氢作用，所以焊前对除油、去锈、去水等准备工作要求严格，否则易产生气孔，影响焊缝的质量。

(6)焊接时钨极有少量的熔化蒸发，钨微粒如果进入熔池会造成夹钨，影响焊缝质量，电流过大时尤为明显。

由于氩气的保护，隔离了空气对熔化金属的有害作用，所以钨极氩弧焊广泛用于焊接容易氧化的有色金属铝、镁等及其合金、不锈钢、高温合金、钛及钛合金，还有难熔的活性金属(如钼、铌、锆等)，而碳钢、低合金钢等普通材料，除了对焊接质量要求很高的场合，一般不采用钨极氩弧焊。

8.5.2　熔化极氩弧焊

8.5.2.1　熔化极氩弧焊的工作原理

熔化极氩弧焊采用可熔化的焊丝作电极，以连续送进的焊丝与被焊工件之间燃烧的电弧作为热源来熔化焊丝和母材金属。在焊接过程中，保护气体氩气通过焊枪喷嘴连续输送到焊接区，使电弧、熔池及其附近的母材金属免受周围空气的有害作用。焊丝不断熔化并以熔滴的形式过渡到熔池中，与熔化的母材金属熔合、冷凝后形成焊缝金属。熔化极氩弧焊焊接过程示意图见图8-7。

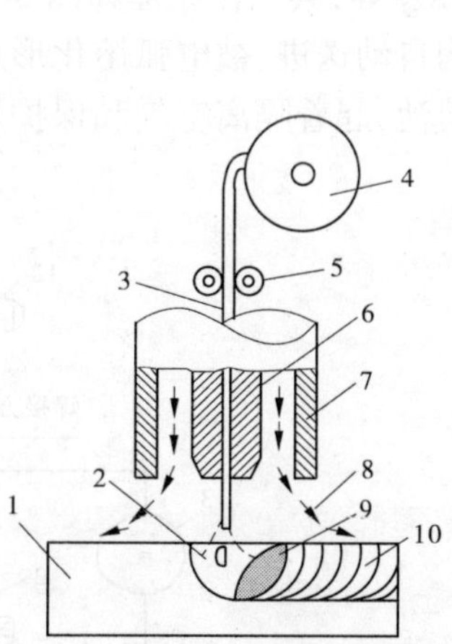

1—焊件；2—电弧；3—焊丝；4—焊丝盘；5—送丝滚轮；6—导电嘴；7—保护罩；8—保护气体；9—熔池；10—焊缝金属

图8-7　熔化极氩弧焊焊接过程示意图

熔化极氩弧焊和钨极氩弧焊的区别主要在于两个方面：一是焊丝作电极，并被不断熔化填入熔池，冷凝后形成焊缝；另一个是保护气体，随着熔化极氩弧焊的技术应用，保护气体已由单一的氩气发展成多种混合气体的广泛应用,如 Ar 80% +$CO_2$20%（体积分数）的富氩混合保护气。从其操作方式看,目前应用最广的是半自动熔化极氩弧焊和富氩混合气体保护焊,其次是自动熔化极氩弧焊。

8.5.2.2　熔化极氩弧焊的特点

（1）电弧空间无氧化性,能避免氧化,焊接中不产生熔渣,在焊丝中不需要加入脱氧剂,可以使用与母材同等成分的焊丝进行焊接。

（2）熔化极氩弧焊几乎可以焊接所有的金属,尤其适合焊接铝及铝合金、铜及铜合金以及不锈钢等材料。焊接过程中几乎没有氧化烧损,只有少量的蒸发损失,冶金过程比较简单,焊缝质量高。

（3）熔化极氩弧焊可以直流反接,焊接铝、镁等金属时有良好的阴极雾化作用,可有效去除氧化膜,提高了接头的焊接质量。

（4）由于氩为惰性气体,不与任何物质发生化学反应,所以对焊丝及母材表面的油污、铁锈等较为敏感,容易产生气孔,焊前必须仔细清理焊丝和工件。

8.5.2.3　熔化极氩弧焊的应用

熔化极氩弧焊几乎可以焊接所有的金属材料,主要用于焊接铝、镁、铜、钛及其合金,以及不锈钢。富氩混合气体保护焊可以焊接碳钢和某些低合金钢,在要求不高的情况下也可以焊接不锈钢,但不能焊接铝、镁、铜、钛等容易氧化的金属及其合金。熔化极氩弧焊目前广泛应用于汽车制造、工程机械、化工设备、矿山设备、机车车辆、船舶制造、电站锅炉等行业。

8.5.3　CO_2 气体保护焊

8.5.3.1　CO_2 气体保护焊的工作原理

CO_2 气体保护焊是使用 CO_2 作为保护气体,使用焊丝作为熔化电极的电弧焊方法,简称为 CO_2 焊,其工作原理如图 8-8 所示。焊接时,在焊丝与焊件之间产生电弧;焊丝由送丝机构自动送进,被电弧熔化形成熔滴,并进入熔池;同时,CO_2 气体经喷嘴喷出,包围电弧和熔池,起着隔离空气和保护焊接金属的作用。

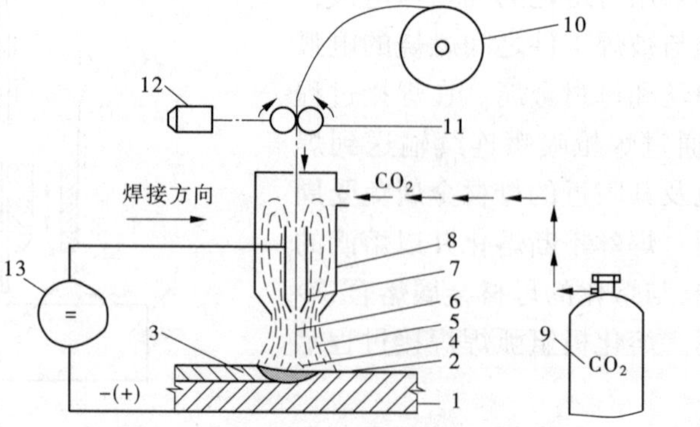

1—母材;2—熔池;3—焊缝;4—电弧;5—CO_2 保护区;6—焊丝;7—导电嘴;8—喷嘴;
9—气瓶;10—焊丝盘;11—送丝滚轮;12—送丝电动机;13—直流电源

图 8-8　实芯焊丝 CO_2 气体保护焊工作原理

8.5.3.2　CO_2 气体保护焊的特点

1. CO_2 气体保护焊的优点

(1)生产成本低。CO_2 气体保护焊所使用的气体和焊丝价格便宜,焊接设备在国内已定型生产,为该方法的应用创造了十分有利的条件。

(2)焊接质量好。CO_2 气体具有一定的冷却作用,使电弧加热集中,热影响区及焊接变形小。

(3)操作性能好。CO_2 气体保护焊是一种明弧焊接方法,焊接时便于监视和控制电弧和熔池,有利于实现焊接过程的机械化和自动化。

(4)焊接生产率高。

2. CO_2 气体保护焊的缺点

焊接过程中金属飞溅较多,焊缝外形较为粗糙,特别是当焊接参数匹配不当时,飞溅就更严重;不能焊接易氧化的金属材料,也不适于在有风的地方施焊。

另外,CO_2 气体在电弧高温下将发生剧烈的氧化反应,分解为 CO 和[O],使得钢中的合金元素(C、Mn、Si 等)烧损,并且容易产生 CO 气孔和金属飞溅等问题。这几个方面的问题都与 CO_2 气体在高温时的氧化性有关。

通常是在焊丝金属中加入一定量的脱氧剂(与氧的亲和力比铁大的合金元素),使 FeO 中的 Fe 还原。脱氧剂在完成脱氧任务之余,所剩余的量便作为合金元素留在焊缝中,起着提高焊缝力学性能的作用。实践表明,Si、Mn 联合脱氧(如应用 H08Mn2SiA 焊丝)具有满意的效果,可以得到高质量的焊缝。

8.5.3.3　CO_2 气体保护焊的应用

CO_2 气体保护焊自从 20 世纪 50 年代初问世以后,在世界各国得到迅速的推广应用和不断发展。CO_2 气体保护焊在机车车辆制造、汽车制造、船舶制造、金属结构及机械制造等方面应用十分普遍。目前,CO_2 气体保护焊除不适于焊接容易氧化的有色金属及其合金外,可以焊接碳钢和合金结构钢构件,甚至用于焊接不锈钢也取得了较好的效果。

8.5.3.4　药芯焊丝 CO_2 气体保护焊

近年来,随着焊接新材料的不断研发以及焊接新技术的不断进步,新的焊接方法也不断涌现。药芯焊丝 CO_2 气体保护焊就是一种采用 CO_2 气体和焊剂联合保护的新的焊接方法。焊接时,在利用 CO_2 气体保护的同时,使用药芯焊丝作为熔化电极,焊丝的药芯(焊剂)受热熔化,在焊缝表面上形成一层薄薄的熔渣,也起到保护作用,实质上是一种气-渣联合保护的焊接方法。药芯焊丝是一种由薄钢带卷成圆形钢管或异形钢管的同时,在其管中填满一定成分的药粉,经拉制而成的焊丝。

药芯焊丝气体保护焊通常采用 CO_2 或 CO_2+ Ar 混合气体作为保护气体,其主要优点如下:

(1)保护效果好。采用气-渣联合保护,焊缝成形美观,电弧稳定性好,飞溅少且颗粒细小。

(2)焊丝熔敷速度快,熔敷效率高,达 85%~90%,生产率比手弧焊高 3~5 倍。

(3)通过调整药芯成分可提供所要求的焊缝金属化学成分,以适应各种钢材的焊接。

其缺点是,药芯焊丝制造过程复杂;送丝较困难,且粉剂易吸潮,需要妥善保管。

由于药芯焊丝 CO_2 气体保护焊使用的焊接电流较大,获得的焊缝熔深较大,目前主要用于造船、发电设备、石油及金属结构行业中一些中厚钢板的焊接。

任务 8.6 等离子弧焊

8.6.1 等离子弧的产生机制

等离子弧是利用等离子弧焊枪,借助于水冷喷嘴对电弧的拘束压缩作用,将阴极(如钨极)和阳极之间的自由电弧压缩成高温、高电离度及高能量密度的压缩电弧。因此,等离子弧是一种比普通电弧能量密度及温度更高、导电性更好的压缩电弧。

等离子弧焊接(plasma arc welding)是利用等离子弧作焊接热源的熔焊方法。

等离子弧是通过如下 3 种压缩效应得到的(其发生装置见图 8-9):

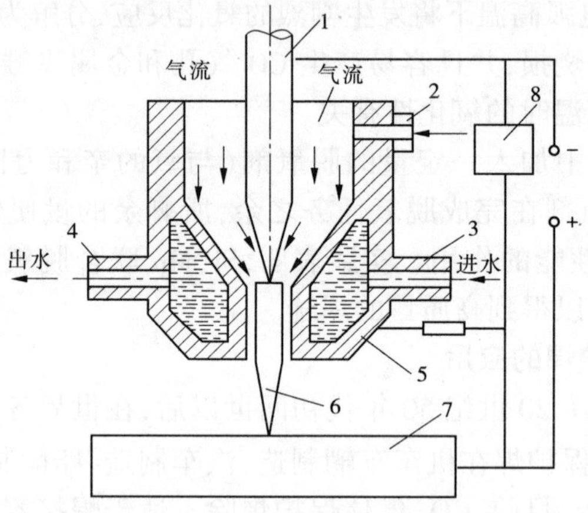

1—钨极;2、3—进水管;4—出水管;5—喷嘴;6—等离子弧;7—工件;8—高频振荡器

图 8-9 等离子弧发生装置

(1)热收缩效应。当钨极和工件之间的电弧通过水冷喷嘴时,由于喷嘴是用导热性好的紫铜制成的,内部通有循环冷却水,所以它的温度较低。另外,喷嘴内不断通入具有一定压力和流量的高速冷气,迫使弧柱导电面积进一步减小,电流密度大大增加,此称为热收缩效应。

(2)电磁收缩效应。电弧可看成是一束平行的导线,导线中通过同一方向的电流,这些电流所产生的磁场因互相吸引而迫使电弧收缩。电流密度越大,磁收缩作用越强。

(3)机械压缩效应。电弧经过有一定孔径的水冷喷嘴通道,使电弧截面受到拘束,不能自由扩展。

当采用小直径喷嘴、大的气体流量和增大电流时,等离子弧自喷嘴喷出的速度很高,具有很大的冲力,这种等离子弧称为"刚性弧",主要用于切割,称为"等离子弧切割";若等离子弧的冲力很小,则称"柔性弧",主要用于焊接,称为"等离子弧焊接"。

通常具有下降或垂降外特性的整流电源均可作为等离子弧焊接电源。等离子弧焊接一般均采用直流正接法(电极接焊接电源负极)。为了焊接铝及铝合金等有色金属,可采用方波交流电源或变极性等离子弧电源。

8.6.2　等离子弧焊接的特点

(1)弧柱温度高,能量密度大,加热集中,熔透能力强,可以高速施焊,生产率高;

(2)等离子弧工作稳定,工艺参数调节范围宽,可焊接极薄的金属,也可完成厚板的穿孔型焊接;

(3)焊缝深宽比大,热影响区窄,焊接变形小,可保证优良的焊接质量;

(4)由于钨极内缩至喷嘴内,不与焊件接触,钨极损耗小;

(5)设备复杂,成本高,工艺参数的调节较复杂,喷嘴的使用寿命短。

8.6.3　等离子弧焊接的应用

等离子弧可焊不锈钢、耐热钢、铜合金、钛合金以及钨、钼、钴、铬、镍、钽等难熔、易氧化材料,目前主要应用于化工、原子能、电子、精密仪器仪表、火箭、航空和空间技术中。

任务 8.7　常用金属材料的焊接

8.7.1　金属材料的焊接性

金属的焊接性是指在一定的焊接工艺条件下,获得优质焊接接头的难易程度。优质焊接接头应具备两个条件:一是接头中不允许存在超过质量标准规定的缺陷;二是要具有预期的使用性能。

金属的焊接性受焊接材料、焊接方法、构件类型及使用要求等 4 个方面因素的影响,它包含工艺焊接性和使用焊接性两方面内容。工艺焊接性说明该金属材料能不能焊接问题,使用焊接性说明焊接后能不能使用问题。具体为:

(1)工艺焊接性。工艺焊接性是指金属材料对各种焊接方法的适应能力,也就是在一定的焊接工艺条件下能否获得符合要求的优质焊接接头的能力。它不是金属材料本身所固有的性能,但取决于金属的成分和性能,并且随着焊接方法、焊接材料和工艺措施的发展而变化。

(2)使用焊接性。使用焊接性是指焊接接头或整体结构满足技术条件中所规定的使用性能的能力。它取决于焊接结构所满足的技术条件规定的各种性能。

碳当量法是根据化学成分对钢材焊接热影响区淬硬性的影响程度,粗略地评价焊接时产生冷裂及脆化倾向的估算方法。碳钢和低合金结构钢常用的碳当量公式为

$$w_{\mathrm{Ceq}} = w_{\mathrm{C}} + \frac{1}{6}w_{\mathrm{Mn}} + \frac{1}{5}(w_{\mathrm{Cr}} + w_{\mathrm{Mn}} + w_{\mathrm{V}}) + \frac{1}{15}(w_{\mathrm{Ni}} + w_{\mathrm{Cu}})$$

根据经验,$w_{\mathrm{Ceq}}<0.4\%$时,焊接性优良,焊接时一般不需要预热;$w_{\mathrm{Ceq}}=0.4\%\sim0.6\%$时,钢材淬硬倾向明显,需要预热及采用工艺措施;$w_{\mathrm{Ceq}}>0.6\%$时,焊接性差,需要较高的预热温度和严格的工艺措施。

8.7.2　碳钢的焊接

8.7.2.1　低碳钢的焊接

由于低碳钢碳含量低(≤0.25%),锰、硅含量也少,所以通常情况下不会因焊接而产生严重硬化组织或淬火组织。低碳钢焊后的接头塑性和冲击韧度良好,焊接时,一般不需预热、控制层间温度和后热,焊后也不必采用热处理改善组织,整个焊接过程不必采取特殊的工艺措施,焊接性优良。一般只在环境温度较低或结构刚性过大时,才需要考虑预热。

低碳钢是焊接性最好、最容易焊接的钢种,所有焊接方法都能适用于低碳钢的焊接。常用焊接方法有手工电弧焊、埋弧自动焊、电阻焊、气体保护焊和电渣焊等。

8.7.2.2　中碳钢的焊接

中碳钢的碳含量一般为0.25%~0.6%,其强度较高,随着碳含量的增加,淬硬倾向增大,焊接性变差。中碳钢的焊接特点是熔合区和热影响区易产生淬硬组织和冷裂纹;焊缝金属热裂倾向较大。

焊接中碳钢时,常采取的工艺措施有:

(1)焊前预热,焊后缓冷。

(2)选用抗裂性好的碱性焊条。

(3)选用细焊条小电流、开坡口、多层焊工艺。

(4)焊后也可以采用调质热处理,改善接头性能,也可趁热(800~850 ℃)锤击焊缝减少应力结构,提高力学性能。

中碳钢常用的焊接方法有手工电弧焊、电渣焊等。

8.7.2.3　高碳钢的焊接

高碳钢的碳含量更高(>0.6%),使焊接性变得更差,进行焊接时应采用更高的预热温度、更严格的工艺措施。实际上,高碳钢的焊接一般只限于利用焊条电弧焊进行修补工作。

8.7.3　合金结构钢的焊接

8.7.3.1　低合金结构钢的焊接

低合金结构钢的碳含量都很低,加入了少量合金元素后,强度显著提高,韧性、塑性也好,其焊接性随强度等级的提高而变差。

屈服强度 σ_s 为300 ~ 400 MPa的低合金结构钢焊接性良好,其焊接工艺具有以下特点:

(1)常温下焊接时,原则上可按焊接低碳钢情况对待。

(2)在低温下焊接或对大厚度、大刚度的结构钢焊接时,应适当增大电流,减小焊速,选用碱性焊条,并进行预热。

(3)对受压容器的焊接,注意焊后退火,以消除应力。

屈服强度 $\sigma_s \geq 450$ MPa的低合金结构钢的焊接性较差,其焊接工艺具有以下特点:

(1)焊前预热。

(2)焊接时采用大电流、小焊速。

(3)焊后回火。

(4)烘干焊条或焊剂,认真清理焊件。

8.7.3.2 不锈钢的焊接

不锈钢分为奥氏体不锈钢、铁素体不锈钢、马氏体不锈钢。应用最广的是铬镍奥氏体不锈钢,如1Cr18Ni9Ti等,这类钢的焊接性良好。

由于奥氏体不锈钢的焊接性良好,可采取焊条电弧焊或氩弧焊等方法焊接。焊接时采用化学成分接近的焊条或焊丝。焊接时不需要采取特殊的措施。

铁素体不锈钢焊接的主要问题是晶粒的过热长大和裂纹,可进行焊前预热并采用小电流、大焊速进行焊接。

马氏体不锈钢的焊接性较差,可进行焊前预热和焊后热处理。不锈钢焊接多采用氩弧焊、焊条电弧焊和埋弧焊等。

8.7.4 铸铁的补焊

铸铁的焊接性很差,一般只对某些铸造缺陷进行补焊。

8.7.4.1 铸铁的补焊特点

铸铁焊接时易产生白口及淬硬组织,易产生裂纹,焊缝中易产生气孔和夹渣。铸铁流动性好,立焊时焊接熔池金属容易流失,所以一般只适用于平焊。

8.7.4.2 补焊方法

一般采用气焊、手工电弧焊(个别大工件可采用电渣焊)来焊补铸铁件。

(1)热焊法。为了提高铸铁的焊接性,可采用焊条电弧焊或气焊的热焊法。焊前将焊件局部或整体预热至600~700 ℃并在焊接过程中保持,焊后缓慢冷却。适用于焊接形状复杂及焊后需机械加工的工件,如汽缸缸体等。所用的焊条可采用铸铁焊条Z248等。

(2)冷焊法。焊前不预热或只预热至400 ℃以下。机床底座等工件的焊补,不易预热且焊后无须加工,可采用冷焊法。即用镍基铸铁焊条进行手工电弧焊,采用小电流、分段焊等工艺措施,依靠焊条来调整焊缝的化学成分,防止白口组织和裂纹。

铸铁常用的焊接方法主要有焊条电弧焊、气焊、CO_2气体保护电弧焊、气体火焰钎焊及气体火焰粉末喷焊等。

8.7.5 铝、铜及其合金的焊接

8.7.5.1 铝及铝合金的焊接

工业中主要对纯铝、铝锰合金、铝镁合金和铸铝件进行焊接。铝及铝合金的焊接也比较困难。其焊接特点是:

(1)铝与氧的亲和力很大,极易氧化生成氧化铝(Al_2O_3)。氧化铝组织致密,熔点高达2 050 ℃,覆盖在金属表面,能阻碍金属熔合。此外,氧化铝的密度较大,易使焊缝形成夹渣缺陷。

(2)铝的导热系数和膨胀系数较大。铝的导热系数较大,焊接中要使用大功率或能量集中的热源,焊件厚度较大时应考虑预热。另外,铝的膨胀系数也较大,易产生焊接应

力与变形,并可能导致裂纹的产生。

(3)在熔池凝固中易产生气孔。液态铝能吸收大量氢气,而固态铝却几乎不能溶解氢。

(4)常采用垫板进行焊接。铝在高温时强度和塑性都很低,焊接中常由于不能支持熔池金属而形成焊缝塌陷。

目前焊接铝及铝合金的常用方法有氩弧焊、气焊、点焊、缝焊和钎焊。氩弧焊是焊接铝及铝合金较好的方法,由于氩气的保护作用,焊接时可不用焊剂,但要求氩气纯度大于99.9%。气焊常用于要求不高的铝及铝合金工件的焊接。

8.7.5.2 铜及铜合金的焊接

铜及铜合金的焊接比低碳钢困难得多。其特点是:

(1)铜的导热性很高,容易造成焊不透的缺陷。铜和大多数铜合金的热导率比普通碳钢大得多(高 7~11 倍),焊接时热量极易散失。因此,焊前工件要预热,焊接中要选用较大的电流或火焰,增加热输入量。

(2)焊接过程中极易引起开裂。液态铜易氧化,生成的 Cu_2O 与铜可组成低熔点共晶体,分布在晶界上形成薄弱环节。又因为铜的膨胀系数大,冷却时收缩率也大,容易产生较大的焊接应力。

(3)容易在工件中形成气孔。铜在液态时吸气性强,特别容易吸收氢气。凝固时,气体将从熔池中析出,来不及逸出去。

(4)铜的电阻极小,不适于电阻焊。

(5)某些铜合金比纯铜更容易氧化,使焊接的困难增大。例如,黄铜(铜锌合金)中的锌沸点很低,极易烧蚀蒸发并生成氧化锌(ZnO)。锌的烧损不但改变了接头的化学成分、降低接头性能,而且所形成的氧化锌烟雾易引起焊工中毒。铝青铜中的铝,在焊接中易生成难熔的氧化铝,增大熔渣黏度,生成气孔和夹渣。

铜及铜合金可用氩弧焊、气焊、碳弧焊、钎焊等方法进行焊接。其中,氩弧焊主要用于焊接紫铜和青铜件,气焊主要用于焊接黄铜件。

任务 8.8 焊接应力与变形

8.8.1 焊接应力与焊接变形

焊接应力是焊接过程中及焊接过程结束后,存在于焊件中的内应力。由焊接而引起的焊件尺寸的改变称为焊接变形。

由于焊接局部高温加热而造成焊件上温度分布不均匀,导致在焊接结构内部产生了焊接应力与变形。焊接应力是引起脆性断裂、疲劳断裂、应力腐蚀断裂和失稳破坏的主要原因,焊接变形使结构的形状和尺寸精度难以达到技术要求,直接影响结构的制造质量和使用性能。

产生焊接力应与变形的原因如下:

(1)受阻加热和冷却;

(2)不均匀收缩,如图 8-10~图 8-12 所示;

(3)焊接接头组织转变；

(4)焊接结构不合理。

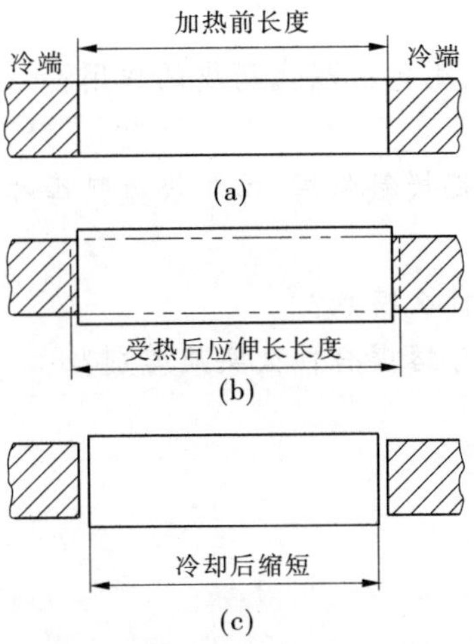

图 8-10　焊接过程中的不均匀收缩

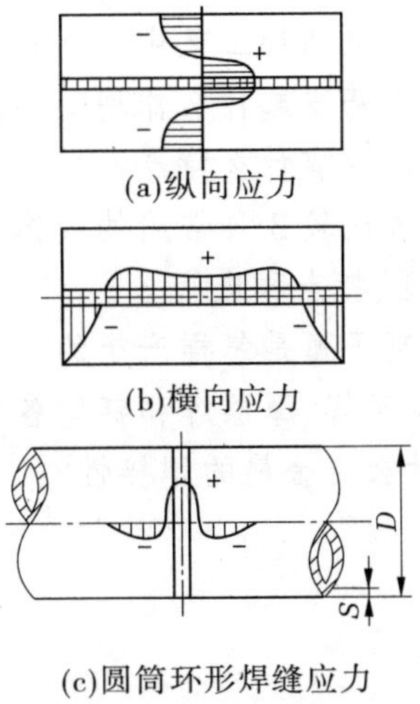

图 8-11　焊接过程中焊件受到的焊接应力

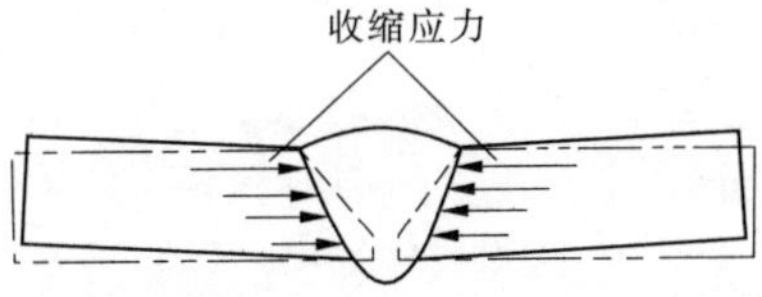

图 8-12　焊接过程中的收缩应力

其中，焊接过程的加热和冷却受到周围冷金属的拘束，不能自由膨胀和收缩，这是焊件产生焊接应力与变形的根本原因。

8.8.2　焊接变形与焊接应力的危害

工件焊接后产生变形和应力对结构的制造和使用会产生不利影响：

(1)产生焊接变形，可能使焊接结构尺寸不合要求，组装困难，间隙大小不一致等，从而影响焊件质量。

(2)焊接残余应力会增加工件工作时的内应力，降低承载能力；还会引起裂纹，甚至造成脆断。应力的存在会诱发应力腐蚀裂纹。

残余应力是一种不稳定状态，在一定条件下会衰减而产生一定的变形，使构件尺寸不稳定，所以减少和防止焊接变形和应力是十分必要的。

习题与思考题

8-1　什么是焊接？焊接方法通常可以分为哪几类？

8-2　焊接电弧由哪几个区域构成？各区域的产热特性和温度分布有什么特点？

8-3　使用直流弧焊电源焊接时,工件与电源输出端正负极的接法有两种,即正接和反接,这两种接法有什么不同?

8-4　焊条电弧焊有什么特点?

8-5　焊条电弧焊工艺中如何选用焊条?

8-6　焊条药皮起什么作用?在其他电弧焊中,用什么取代药皮的作用?

8-7　埋弧焊有什么特点?

8-8　列表比较3种常用的气体保护焊方法即钨极氩弧焊、熔化极氩弧焊和CO_2气体保护焊的原理、特点和应用。

8-9　等离子弧是怎样产生的?等离子弧焊有什么特点?

8-10　电阻焊、摩擦焊和钎焊各有什么特点?与熔焊有什么实质差别?

8-11　什么是金属的焊接性?

模块 9　切削加工的基础知识

在机械制造中,加工方法按工件材料质量的变化 Δm 分为:

(1)材料成形加工。$\Delta m=0$,如铸造、锻造、挤压、粉末冶金等。

(2)材料去除加工。$\Delta m<0$,按去除材料的方法不同分为切削加工和特种加工。切削加工是利用切削刀具从工件上切除多余材料的方法;特种加工是利用机械能以外的其他能量直接去除材料的方法。

(3)材料累积。$\Delta m>0$,利用微体积材料逐渐叠加的方式使零件成形的质量增加的方法。

一般铸件、锻件及型材等坯料绝大多数需要经过切削加工才能使用。切削加工是利用切削刃具(刀具、磨具和磨料)与工件间的相对运动,使切削刃具从毛坯(工件)表面去除多余的材料层,以获得符合设计要求(具有一定的几何形状、尺寸精度、位置精度和表面质量)的工件(半成品)或零件的加工方法。切削加工金属工件时,一般是处于常温状态下进行的加工,属于冷加工。

切削加工分为钳工和机械加工(简称机加)两部分。

钳工一般是通过工人手持简单特定的工具来对工件进行切削加工的。钳工常用的加工方法有划线、錾切、锯切、锉削、刮削、研磨、钻孔、扩孔、铰孔、攻丝和套扣、机械装配和修理等。钳工对工人的技术水平要求高,在某些场合下有其独特的价值,如在机器装配和修理中,对某些配件的锉修、选择性对机器导轨面进行的刮削等,在装配和维修等工作中占有一定的地位。

机械加工是通过工人操纵机床来完成对材料的切削加工的。其主要方法有车、刨、铣、镗、磨及齿轮加工等。所用的设备相应为车床、刨床、铣床、镗床、磨床、齿轮加工机床、数控机床及加工中心等。

切削加工能够使工件(零件)获得较高的精度和表面光洁度,以满足现代机器不断提高的精度和性能要求。切削金属的加工方法是多种多样的,然而其间的相对运动、切削刃具的基本构造及其切削过程中的物理实质、基础理论都有着共通的现象与规律。因此,认识各种切削加工方法的实质,对正确地进行切削加工,保证产品质量、提高生产效率和降低成本有着重要的意义。

任务 9.1　切削运动

9.1.1　概述

零件表面的形状虽然很多,但仔细分析后可知,零件表面可以看作是一条线(称为母线,可以是直线或曲线)沿另一条线(称为导线,也可以是直线或曲线)运动的轨迹。

9.1.1.1　切削运动

用来形成被加工工件表面形状的切削刀具与工件之间的相对运动，称为切削运动。切削运动的形式（见图 9-1）有旋转的、往复直行的、连续的、间歇的。根据这些运动在切削过程中所起作用的不同，切削运动分为主运动和进给运动。

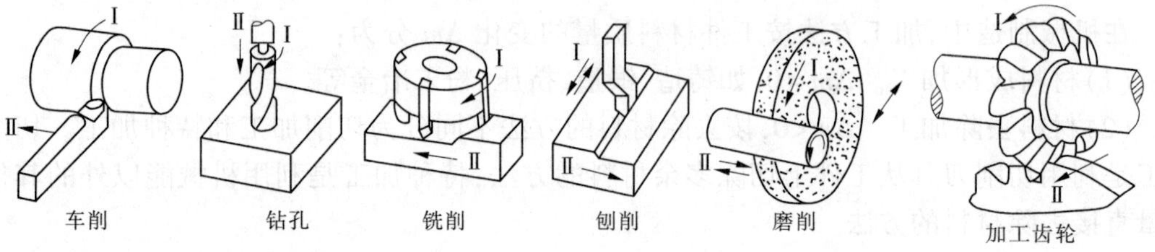

Ⅰ—主运动；Ⅱ—进给运动

图 9-1　几种主要加工方式的切削运动

主运动是使刀具从工件上切下切屑形成一定几何表面所必需的相对运动，是切削运动中速度最高、消耗功率最大的运动。主运动（见图 9-1 中运动Ⅰ）可由工件或刀具来实现，可以是旋转运动，也可以是直线运动，如车削时工件的旋转，钻孔、铣削、磨削时刀具的旋转，刨削时刀具的直线往复运动等。

进给运动是配合主运动使工件上的未加工部分不断投入被切削，从而加工出完整表面所需的运动（见图 9-1 中运动Ⅱ），它为实现连续切削提供条件。如车削时车刀沿工件轴线方向的直线运动，钻削时钻头沿轴线方向的直线运动，刨削平面时工件的横向间歇直线移动。

在切削加工中，主运动只有一个，进给运动可以是一个或几个。主运动和进给运动可以分别由刀具和工件完成，也可以由刀具单独完成。

在切削加工过程中，随着切削运动的进行，在被加工的工件上形成三个不断变化着的表面（见图 9-2）：

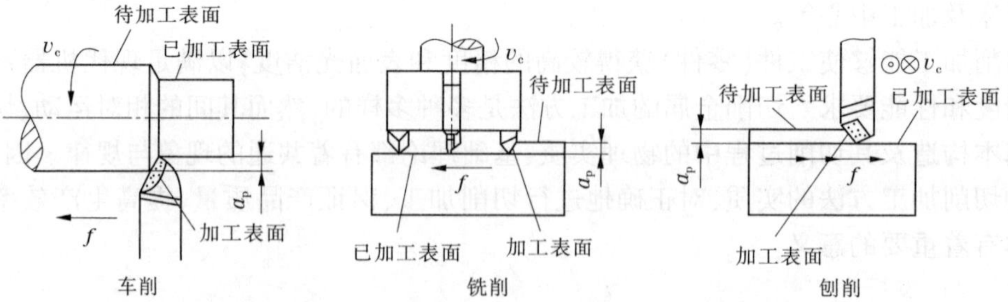

图 9-2　加工时工件上的三个表面

（1）待加工表面，工件上即将被切除的表面；

（2）已加工表面，工件上切去多余材料层后形成的新的工件表面；

（3）加工表面，又称过渡表面，加工时主切削刃正在切削的表面，它处于已加工表面和待加工表面之间。

9.1.2　切削要素

切削要素包括切削用量和切削层参数，如图 9-3 所示。

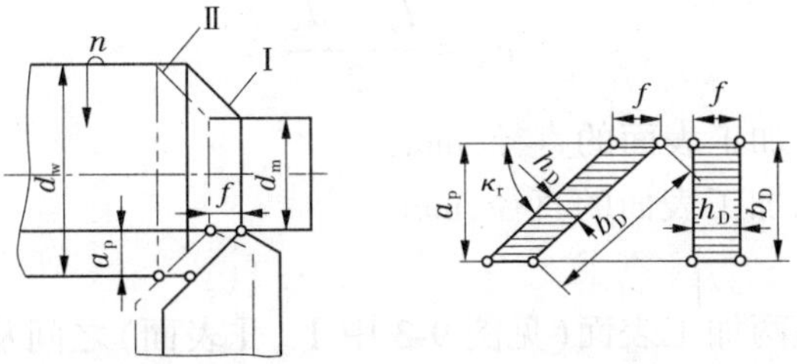

(a)切削用量　　(b)切削层参数

图 9-3　切削要素

9.1.2.1　**切削用量**

在切削加工中，切削用量是指切削速度 v_c、进给量 f（或进给速度 v_f）和背吃刀量 a_p，以之表示切削时各运动量的参数，三者又称为切削用量三要素，是切削前调整机床运动的依据。

1. 切削速度 v_c

切削速度（m/s 或 m/min）是切削刃上任一选定点相对于工件的主运动的瞬时速度。当主运动为旋转运动时，其切削速度为其最大的线速度，即

$$v_c = \frac{\pi dn}{1\,000}$$

式中　d——工件或刀具的最大直径，mm；

n——工件或刀具的转速，r/s 或 r/min。

当主运动为直线往复运动时，则取其平均速度为切削速度，即

$$v_c = \frac{2Ln_r}{1\,000}$$

式中　L——工件或刀具往复行程的长度，mm；

n_r——往复频率，str/s 或 str/min（str 为行程）。

2. 进给量 f

由于运动形式的不同，进给量的描述和度量方法也不尽相同。

对于单齿刀具，如车刀、刨刀等，进给量（mm/r 或 mm/str）是工件或刀具每转一周或走每一行程，刀具在进给运动方向上相对工件的位移。

对于多齿刀具，如铣刀、钻头、拉刀等，进给量是以每个刀齿相对于工件在进给方向上的位移，即每齿进给量 f_z（mm/z）进行描述的。有时也用进给运动的瞬时速度（称进给速度，m/s 或 m/min）表示。此时，进给量 f、进给速度 v_f 和每齿进给量 f_z 之间的关系为

$$v_f = nf = nzf_z$$

式中　n——工件或刀具的转速，r/s 或 r/min；

z——刀具的齿数。

3. 背吃刀量 a_p

背吃刀量(mm)是待加工表面与已加工表面间的垂直距离。如纵车外圆时的背吃刀量为

$$a_p = \frac{d_w - d_m}{2}$$

式中　d_w——工件上待加工表面的直径,mm;

d_m——工件上已加工表面的直径,mm。

9.1.2.2　切削层参数

切削刃在前后相邻两加工表面(见图 9-3 中Ⅰ、Ⅱ表面)之间从工件上切下的材料层的截面尺寸参数,称为切削层参数。切削层参数通常规定在与主运动方向相垂直的平面(基面)内观察和度量,它包括切削层公称厚度、切削层公称宽度、切削层公称横截面面积。

1. 切削层公称厚度 h_D

切削层公称厚度(mm)简称为切削厚度,即工件上前后相邻两加工表面之间垂直距离。如车外圆时,若车刀主切削刃为直线(见图 9-3):

$$h_D = f\sin k_r$$

2. 切削层公称宽度 b_D

切削层公称宽度(mm)简称为切削宽度,是主切削刃的作用线上两个极点间的直线距离。如车外圆时:

$$b_D = a_p / \sin k_r$$

3. 切削层公称横截面面积 A_D

切削层公称横截面面积简称切削面积,是切削层在与主运动方向相垂直的平面(基面)内度量的横截面面积。如车外圆时:

$$A_D = h_D b_D \approx f a_p$$

任务 9.2　切削刀具

9.2.1　切削刀具的结构

切削刀具一般都是由工作部分和夹持部分组成的(见图 9-4)。

工作部分是刀具上直接参与切削工作的部分(刃部)。夹持部分是用来将刀具夹持在机床上的部分(刀体),要求它夹固可靠,装卸方便,能传递所需要的运动和动力。刀具使用性能的优劣,取决于刃部的材料、几何形状和结构。

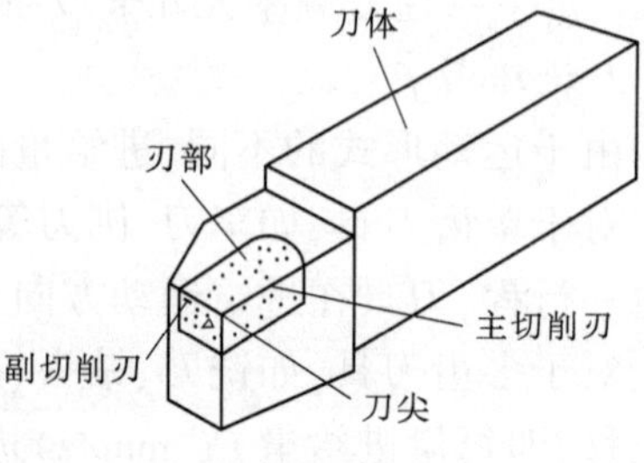

图 9-4　刀具的结构

刀具的结构形式很多,就车刀而言有整体式、焊接式、机夹重磨式和机夹可转位式等。

整体式刀具是比较传统的一种刀具,其结构简单,制造、使用灵活方便,但是对贵重材

质消耗较大。

焊接式刀具结构简单、紧凑、刚性好，制造方便，应用十分普遍，但其硬质合金刀片在经过高温焊接和刃磨后会产生内应力，影响刀具的可加工性和耐用度。

机夹重磨式刀具(见图9-5)的主要特点是刀片与刀杆是两个可拆开的独立组件，工作时靠夹紧组件紧固在一起，它避免了焊接式的缺陷，提高了刀具的切削性能，并使刀杆能多次使用。

机夹可转位式车刀(见图9-6)由刀杆、刀片、刀垫及夹紧机构等组成。其刀片是压制而成的具有一定几何参数、断屑槽和装夹孔的硬质合金的多边形刀片，用机械紧固的方法装夹在特制的刀杆上，多用于自动、数控机床。使用中，当刀片上一个切削刃用钝后，松开夹紧机构，转位换成另一个切削刃，夹紧后即可继续进行切削。刀片转位不影响加工尺寸，减少了换刀、对刀等辅助操作时间。机夹可转位式刀具有利于推广使用新型材料刀片，刀片和刀杆可以标准化，有利于刀具的管理，提高经济效益。

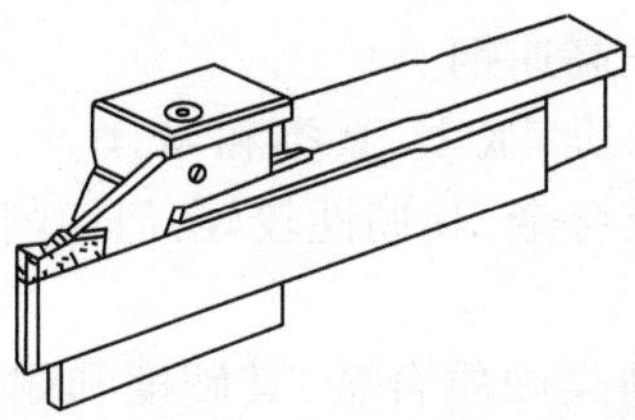

图9-5　机夹重磨式刀具

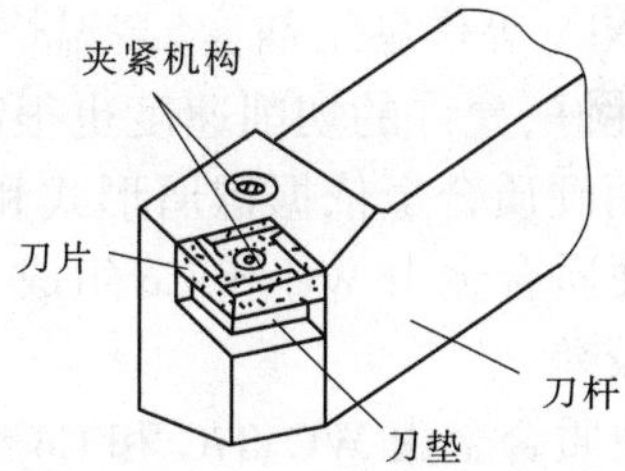

图9-6　机夹可转位式车刀

9.2.2　刃部材料

刃部材料的选择对刃部寿命、加工质量、生产效率影响极大。

9.2.2.1　刃部材料的性能要求

切削过程中，刃部要承受高温、较大压力、摩擦、冲击和振动的作用，刃部的材料需具备以下基本性能：

(1)高的硬度，常温下的硬度一般在HRC60以上，以便切入工件。

(2)足够的强度和韧性，以承受切削力和冲击。

(3)良好的导热性和热硬性。良好的导热性可迅速地散去切削热，降低刃具的工作温度。热硬性是指材料在高温下仍能保持其较高硬度的性能，又称红硬性。

(4)较好的耐磨性，以抵抗切削过程中的磨损，提高刃部的耐用度。

(5)良好的工艺性，以便制造出各种刃部。刃部的工艺性包括锻造、轧制、焊接、切削加工、磨削和热处理性能等。

9.2.2.2　常用刃部材料

在切削加工中，常用的刃部材料有碳素工具钢、合金工具钢、高速钢、硬质合金和陶瓷等其他材料。当前，在生产中常用的刃部材料主要是高速钢和硬质合金两类，陶瓷刃部主要用于精加工。

1. 碳素工具钢与合金工具钢

碳素工具钢是碳含量为0.7%~1.2%的优质碳素钢，刃磨锋利，价廉，但热硬性差，热处理变形大。

合金工具钢是在碳含量为0.85%~1.5%的优质碳素钢的基础上，加入总量不超过5%的少量铬（Cr）、钨（W）、锰（Mn）、硅（Si）等元素形成的，适当地提高了耐热性和减少了热处理变形。

2. 高速钢与硬质合金

高速钢是含钨（W）、钼（Mo）、铬（Cr）、钒（V）等元素较多的合金工具钢，又称锋钢、白钢。高速钢的强度高，韧性好，制造工艺性好，易刃磨，可在有冲击、振动的场合应用，用于加工有色金属、结构钢、铸铁、高温合金等材料。

高速钢具有高于碳素工具钢和合金工具钢的硬度和耐热性，有优于硬质合金的强度、韧性和工艺性，但其硬度、耐磨性和耐热性却低于硬质合金。

硬质合金是用高硬度、高熔点的金属碳化物（WC、TiC）等粉末作基体，以金属钴（Co）、镍（Ni）等作黏结剂，经高温烧结而成的粉末冶金制品。硬质合金的硬度高，耐磨性和耐热性好，允许的切削速度也很高，但工艺性不如高速钢。

切削用硬质合金依据排屑形式和加工对象分为3类：K类、P类和M类。

K类硬质合金由WC和Co组成，也称钨钴类硬质合金，其韧性较好，但切削塑性材料时耐磨性较差。

P类硬质合金由WC、TiC和Co组成，也称钨钛钴类硬质合金，其硬度和耐热性优于K类硬质合金，但韧性较差，切削韧性材料时较耐磨。

M类硬质合金是在WC、TiC、Co的基础上再加入碳化钽（TaC）或碳化铌（NbC）而成，其综合性能好。它既可用于加工铸铁和有色金属，又可用于加工钢料，还可用于加工高温合金和不锈钢等难加工材料，有通用硬质合金之称。

3. 其他刃部材料

（1）陶瓷材料。用于制作刃部的陶瓷材料主要分氧化铝（Al_2O_3）系和氮化硅（Si_3N_4）系两大类。陶瓷刀片硬度高，耐磨性好，耐热性高，允许的切削速度较高，价廉，但性脆，易崩刃。

（2）人造金刚石。硬度极高，耐热性较好，分为单晶金刚石和聚晶金刚石。单晶微粒主要制成砂轮或作研磨剂用；聚晶金刚石的大晶粒常用于制造刃部，可用于加工硬质合金、陶瓷、高硅铝合金等高硬度、高耐磨材料，还可用于有色金属的高速精细切削。金刚石不是碳的稳定状态，不宜加工铁族元素，因为金刚石中的碳原子和铁族元素的亲和力大，刀具寿命短。

（3）立方氮化硼（CBN）。它是人工合成的又一种高硬度材料，其硬度（HV8000）仅次于金刚石，但其耐热性和化学稳定性都远高于金刚石，非铁族难加工材料和铁族材料的加工都可以用它。

9.2.3　刀具角度

切削刀具的种类虽然很多、形状各异，但就一个刀齿而言，其刃部的组成要素和角度基本是相同的。

下面以外圆车刀为例，给出刃部的相关概念。

9.2.3.1　刃部的组成

外圆车刀的刃部是由一尖两刃三刀面组成的，如图9-7所示。

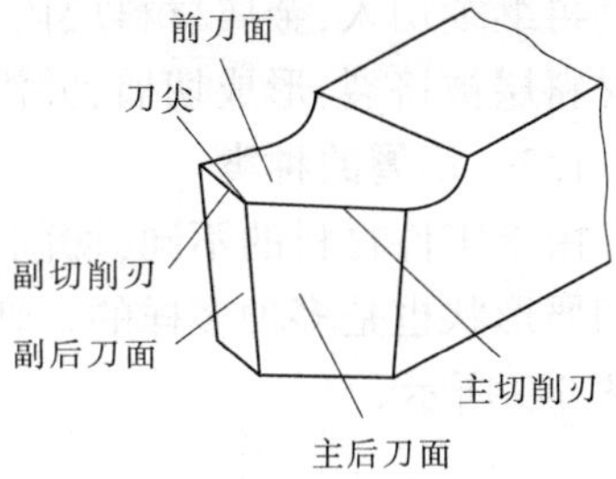

图9-7　刃部的组成

(1)前刀面。是切削时切屑流出所经过的刀具上的表面。

(2)主后刀面。是切削时与工件的加工表面相对的刀具上的表面。

(3)副后刀面。是切削时与工件的已加工表面相对的刀具上的表面。

(4)主切削刃。是前刀面与主后刀面相交形成的切削刃，它担负主要的切削工作，简称主刀刃。

(5)副切削刃。是副后刀面与前刀面相交形成的切削刃，起着不很明显的切削作用，简称副刀刃。

(6)刀尖。是主切削刃和副切削刃相交的地方，一般是一小段过渡圆弧或直线，并非绝对尖锐，所以称为过渡刃。

9.2.3.2　刃部的主要角度

刃部的角度对切削加工至关重要，根据其工作状态的不同，描述刃部的角度所需的相关的参考系也有所不同，一般分静态参考系和工作参考系。

静态参考系主要用于定义刃部的设计、制造、刃磨和测量。在静态参考系中测得的角度称为标注角度。工作参考系是指切削加工时由于刀具的安装和切削运动影响所形成的实际参考系，在这个参考系中所形成的角度称为工作角度。静态参考系和工作参考系的区别在于工作参考系以实际合成的主运动方向、进给运动方向取代了静态参考系理论上的主运动方向、进给运动方向。

因此，在正常安装的条件下，如车刀的刀尖与工件的回转轴线等高、刀杆的纵向轴线与进给方向垂直时，车刀的工作角度近似等于标注角度。

任务9.3　切削过程

切削金属的过程实质上是一种挤压过程，是被切材料层受刀具的挤压产生变形、挤裂的过程，在这个过程中产生的切削力、切削热、刀具磨损等物理现象，都与被切金属层的变形、摩擦有着密切的关系，并将直接影响着加工质量、生产成本和生产效率等。

9.3.1　切屑的形成及其种类

9.3.1.1　切屑的形成

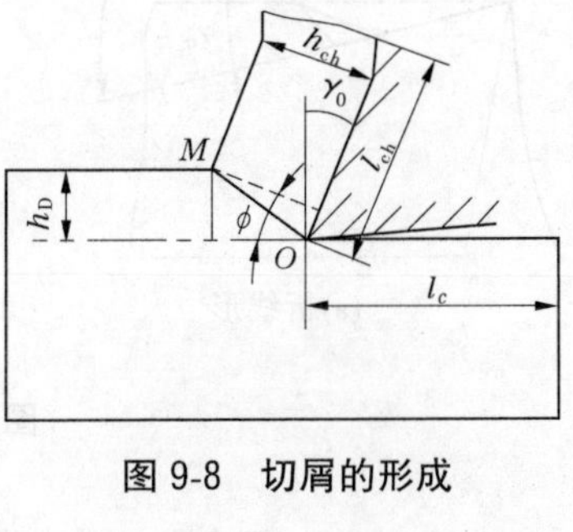

图9-8　切屑的形成

金属的切削过程实际上就是切屑形成的过程，如图9-8所示。切削中，被切削金属层在主切削刃和前刀面的推挤下开始产生弹性变形；

随着刀具的深入,切应力、切应变逐渐增大,达到其屈服强度时,继而产生塑性变形、滑移;刀具再继续切入,金属材料层内部的应力、应变继续增大,当切应力达到其断裂强度时,金属材料层被挤裂,形成切屑,并沿前刀面流出。

9.3.1.2　**切屑的种类**

由于工件材料的不同,切削条件各异,因而切削过程中切屑的变形程度不同,所产生的切屑形状也是多种多样的。切屑的形状一般分为带状切屑、节状切屑和崩碎切屑 3 种,如图 9-9 所示。

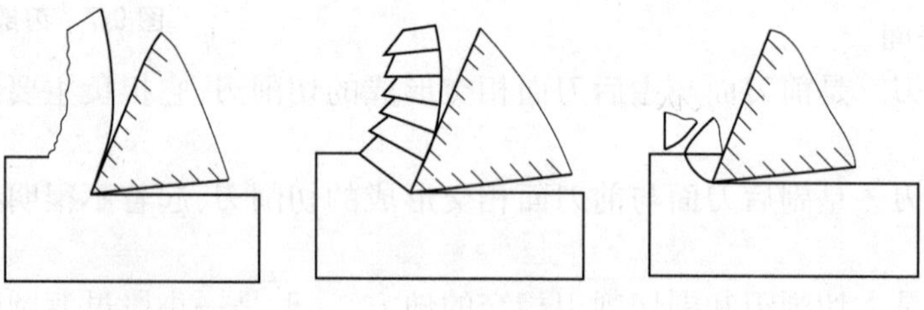

(a)带状切屑　(b)节状切屑　(c)崩碎切屑

图 9-9　切屑的种类

1. 带状切屑

加工塑性金属时,在较大的前角、较小的切削厚度和较高的切削速度条件下,常易得到带状切屑。该类切屑内表面是光滑的,外表面呈细小锯齿状。

形成带状切屑时,切削较平稳,已加工表面较光滑,但切屑连绵不断时,一方面不安全,另一方面可能划伤已加工表面,所以需有断屑措施,如常在前刀面上磨出断屑槽(见图 9-10,对流动中的切屑施加一定的约束力,使切屑应变增大而利于断屑)、改变刀具角度(如增大主偏角和切削厚度)或调整切削用量(如适当地降低切削速度,使切削变形增大,也有利于断屑)。

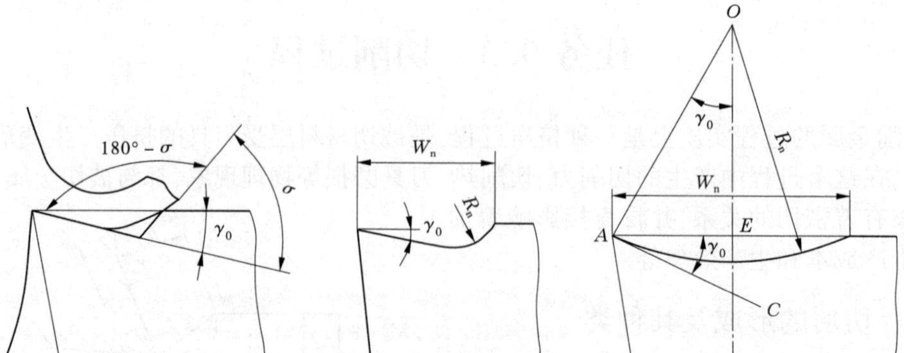

(a)折线形　(b)直线圆弧形　(c)全圆弧形

图 9-10　断屑槽截面形状

2. 节状切屑

节状切屑,又称挤裂切屑。粗加工中等硬度的塑性材料时,在较小的前角、较低的切削速度、较大的切削厚度的工况下,常产生节状切屑。该类切屑的外表面呈粗大锯齿形,内表面有裂纹。

形成节状切屑时,切削波动大,已加工表面较粗糙。其形成过程是典型的切削过程,即金属层经过弹性变形、塑性变形挤裂和分离等阶段。

3. 崩碎切屑

加工青铜、铸铁等脆性材料时,在较小的前角、较大的切削厚度的工况下,常产生崩碎切屑。因为工件材料的塑性很小,切削层金属发生弹性变形后,一般不经过塑性变形就被挤裂、崩碎,形成无规则的碎块状切屑。

产生崩碎切屑时,切削力都集中在主切削刃和刀尖附近,刀尖易磨损,并易产生振动,影响已加工表面质量。

由此可见,加工塑性金属时,带状切屑与节状切屑的切屑类型可以随切削条件的变化而相互改变。例如,在形成节状切屑工况条件下,如进一步加大前角、提高切削速度或减小切削厚度,就可得到带状切屑,使加工的表面较为光洁。

9.3.2　积屑瘤

9.3.2.1　积屑瘤的形成

在一定范围的切削速度下切削塑性金属时,由于切屑和前刀面的剧烈摩擦,使切屑底部的一部分金属因一定的温度和压力作用被阻滞,继而黏结在工作刃附近,形成积屑瘤。

积屑瘤形成后不断长大,达到一定高度后,当摩擦力超过切屑内部的结合力时又会破裂,被不断流动的切屑带走或嵌附在工件已加工表面,影响其表面粗糙度,如此反复。

9.3.2.2　积屑瘤对切削加工的影响

积屑瘤的硬度因在切削过程中的塑性变形而被强化,比被切材料高得多,因而可以代替切削刃进行切削,起到保护切削刃的作用。同时,由于积屑瘤增大了刀具的工作前角,使切削变得轻快,所以粗加工时希望其存在。然而,积屑瘤时小时大,时有时无,易引起振动,且会导致尺寸精度下降,影响已加工表面粗糙度,因此精加工时必须防止产生积屑瘤。

9.3.2.3　积屑瘤的控制

积屑瘤的产生及其成长与工件材料的力学性能、切削区的温度有关。塑性越好、加工硬化倾向越强,越易产生积屑瘤;切削区的温度和压力较低时,不会产生积屑瘤;温度太高时,由于材料变软,也不易产生积屑瘤。切削过程中产生的热是随切削速度的提高而增加的,所以影响积屑瘤产生的主要因素是工件材料的塑性和切削速度。所以,要在精加工时防止积屑瘤的产生,可采取的控制措施如下:

(1)正确选用切削速度,使切削速度避开产生积屑瘤的区域。如一般精车、精铣时采用高速切削,拉削、铰削时均用低速切削。

(2)增大刀具前角,减小切削厚度,以减小刀具前刀面与切屑之间的摩擦。

(3)选用适当的切削液,既可有效地降低切削区的温度,又能减小切屑底层材料与刀具前刀面间的摩擦。

(4)适当提高工件材料硬度,如对塑性好的工件进行正火或调质处理,以提高其强度和硬度,减小加工硬化倾向。

9.3.3 切削热的产生与传导

切削过程中,大部分的切削功转变成了热,即切削热。

切削热来源于两个方面:一是切屑变形所产生的热,也是主要来源;二是切屑与前刀面、工件与后刀面间产生的摩擦热。

切削热使切削区中的刀具、工件温度升高,一方面加剧刀具的磨损,影响刀具的使用寿命;另一方面引起工件变形,影响加工质量和表面质量。因此,切削时应尽量减少切削热,改善散热条件。

切削热由切屑、工件、刀具及周围介质(如空气、切削液)向外散出。一般车削时,50%~80%的切削热由切屑带走,10%~40%的切削热由工件传出,3%~9%的切削热由刀具散出,约1%的切削热由周围介质散出。

影响切削热传出的因素有工件材料、刀具材料、切削用量、刀具几何参数及周围介质。导热性好的工件材料和刀具材料可以降低切削区的温度;采用冷却性能好的切削液,可以改善散热条件,减少摩擦热的产生;合理的切削用量、刀具几何参数,可以减少切削热的产生。如在保持切削效率不变及切削面积相同的条件下,选用较大的背吃刀量 a_p 和进给量 f 比选用较大的切削速度 v_c 更为有利。又如,在刀具几何参数中,适当增大前角 γ_0,可减小变形,使切削温度下降;减小主偏角 k_r,可增加切削刃的工作长度,改善散热条件,使切削温度下降。

9.3.4 刀具磨损和刀具耐用度

在切削过程中,切屑与刀具、工件与刀具的摩擦,都可能使刀具在前刀面、后刀面出现磨损。重磨刀具制成后都要经过使用—磨损—刃磨若干个循环后,至刃部无法继续使用而完全报废。刀具从开始切削到完全报废所经历的实际切削时间的总和,称为刀具的寿命。

刀具在初期使用阶段,由于刃磨后其表面粗糙,表层组织不耐磨,因而磨损较快;随后,进入磨损缓慢的正常磨损阶段;当刀具继续磨损钝化后,切削出现振动,致使工件表面粗糙,刀具磨损就进入了急剧磨损阶段。刀具磨损曲线如图9-11所示。所以,在加工过程中,应尽量缩短初期磨损阶段,增长正常磨损阶段,在进入急剧磨损阶段前就换刀重磨。

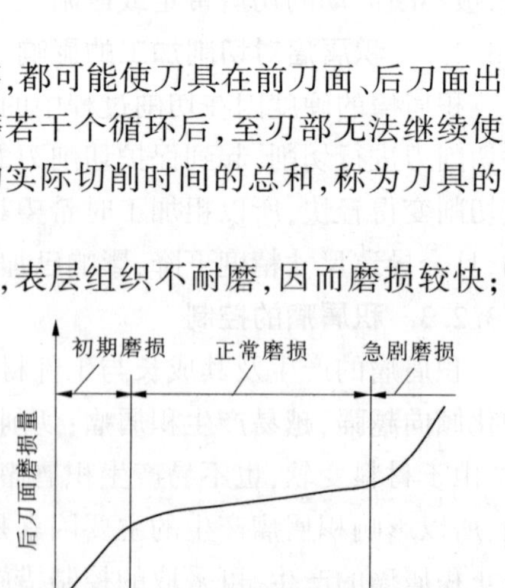

图 9-11　刀具磨损曲线

刀具磨损按刀具出现磨损的部位分为前刀面磨损、后刀面磨损、前后刀面都有磨损3种形式(见图9-12)。

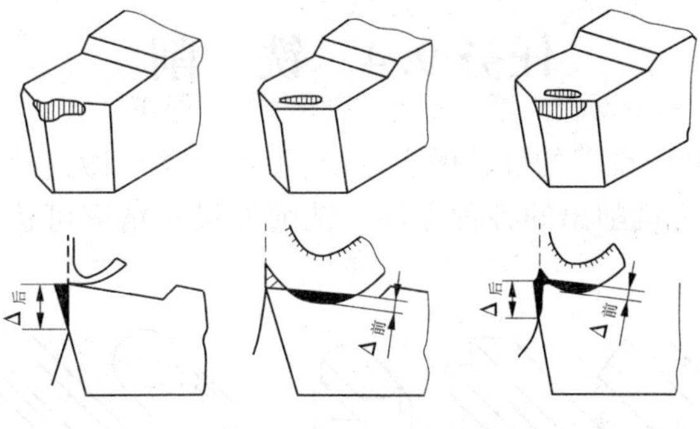

(a)后刀面磨损　(b)前刀面磨损　(c)前、后刀面磨损

图9-12　刀具的磨损形式

生产中,把刀具刃磨后自开始切削至磨损量达到磨损标准(参见国际标准ISO统一规定)为止所经历的实际切削时间,称为刀具的耐用度T(min)。

刀具材料、刀具几何参数、工件材料及使用切削液情况基本相同时,切削用量中的切削速度对刀具的耐用度影响最大。刀具耐用度对工件的加工质量、生产率及加工成本都有直接的影响。

9.3.5　切削液的选用

在切削过程中,切削液具有冷却、润滑、洗涤和防锈等主要作用,通过降低切削温度,抑制积屑瘤的生长,减小前刀面与切屑、后刀面与工件加工表面之间的摩擦力。提高刀具耐用度,改善表面质量,提高产品质量和生产率;切削液可将切削中产生的细小切屑、磨削中的磨屑冲刷带走,防止废物塞进机床的运动部件之间,损坏机床,或者黏附在工件上划伤已加工表面;在切削液中加入各种防锈剂,如亚硝酸钠、苯甲酸钠等,可使金属表面与腐蚀介质隔开,起到防锈的作用。

常用的切削液主要有水基切削液和油基切削液。水基切削液比热容大,流动性好,主要起冷却作用,也有一定的润滑、防锈作用,如乳化液、肥皂水等;油基切削液又称为切削油,主要成分是矿物油,主要起润滑作用,也有一定的冷却作用。

切削液通常根据加工性质、工件材料和刀具材料等来选用。

粗加工时,主要为降低切削温度、减小摩擦力,应选用冷却作用好的切削液,如低浓度的乳化液等;精加工时,主要希望提高表面质量和精度,提高刀具耐用度,应选用有良好润滑性的切削液,如切削油或高浓度的乳化液等。

通常,加工一般钢材时,选用乳化液或硫化切削油;加工脆性材料(如铸铁、青铜、黄铜)时,不用切削液,但在低速精刨床身、攻丝时,用煤油润滑效果很好。

高速钢刀具应根据加工性质和工件材料选用合适的切削液;硬质合金刀具一般不用切削液。

任务 9.4　铣　削

铣削是在铣床上利用铣刀的旋转做主运动、工件的移动做进给运动来切削工件的加工方法。图 9-13 所示为铣削出的各种零件。铣削的尺寸精度可达 IT8 ~ IT9,表面粗糙度 $Ra = 1.6 \sim 6.3\ \mu m$。

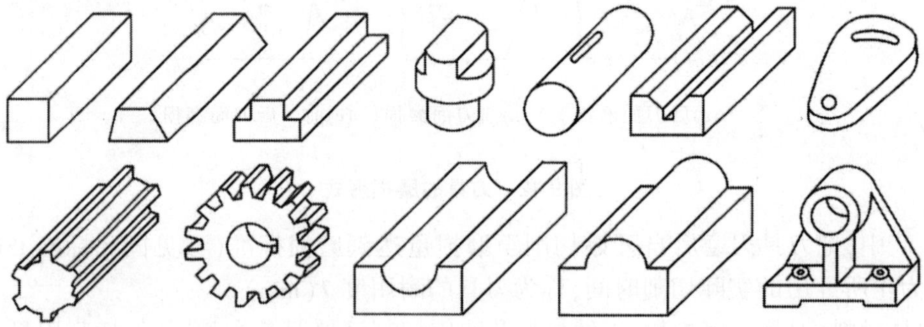

图 9-13　铣床加工零件示例

铣削常用于加工各种平面、沟槽、齿轮、齿条和成形面等,如图 9-14 所示,还可进行分度、孔加工。

铣削是平面加工的主要方法之一,铣平面的方法有端铣法和周铣法两种,在卧式铣床或立式铣床上均可进行。端铣法是用面铣刀铣端面的方法,如图 9-15(a)所示。周铣法是用圆柱铣刀铣平面的方法,如图 9-15(b) 所示。端铣法的刀具系统刚度好,可镶装硬质合金刀片,同时参与铣削的刀齿多,切削平稳,加工质量好,可采用高速铣削,还可利用修光刃提高已加工表面质量,生产率高,目前铣平面时大多采用端铣法,而采用周铣法少;但是,周铣法可在同一刀杆上安装几把刀具同时加工几个表面,适应性广,常用多种形式的铣刀铣削沟槽、齿形和成形面等。

根据刀齿的旋转方向在切削刃与工件的接触处是否与工件的进给方向相同,周铣法又分为逆铣和顺铣(见图 9-16)。方向相同时为顺铣;方向相反时为逆铣。顺铣时,铣刀将工件压向工作台,每齿的切深由厚到薄,可提高刀具耐用度、工件表面质量,增加工件夹持的稳定,但是,由于工作台的丝杠与螺母间存在间隙,切深变化所引起的水平切削分力的变化会使工作台窜动,影响工件表面质量;逆铣时,铣削力上抬工件,每齿的切削都要经历挤压、滑行、由薄到厚的切入,刀齿磨损大,表面粗糙,但水平分力避免了铣削时的窜动(见图 9-17)。所以,逆铣适宜粗加工或铣削硬度较高及带有黑皮的工件(如铸件或锻件),顺铣宜用于精加工,以降低工件的表面粗糙度值。

铣刀是典型的多齿刀具,同时参与切削的刃长、齿多,散热条件较好,可以大进给、高转速切削,加工精度和生产率高,在大批大量生产中,铣平面已逐渐取代了刨平面,有色金属材料的平面加工几乎全部都用铣削。成批生产大件时,则多铣刨兼用,即粗铣、精刨。但是,铣削是断续切削,切入和切出时产生的冲击易产生振动,这会加速刀具的磨损,使铣削过程不平稳,影响加工质量。

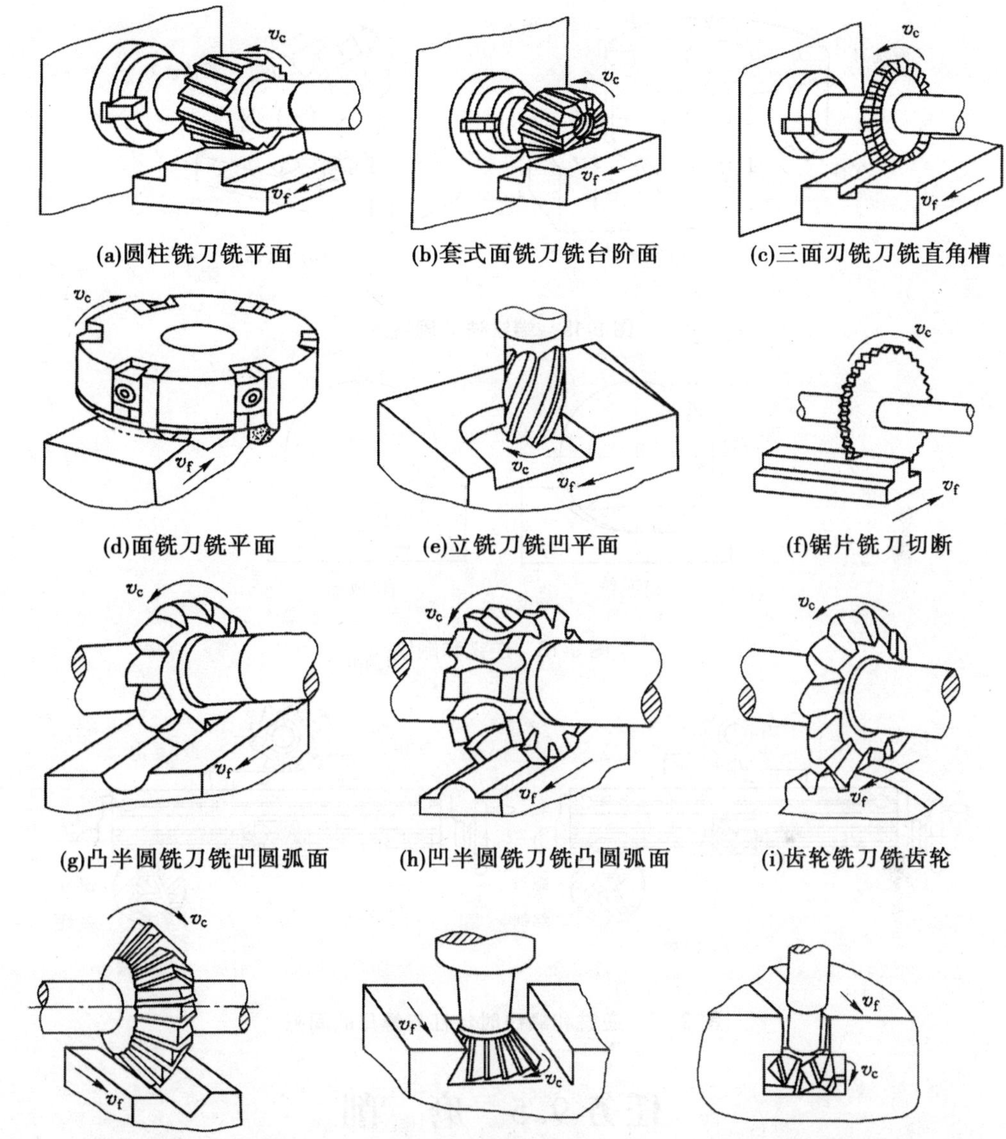

(a)圆柱铣刀铣平面　(b)套式面铣刀铣台阶面　(c)三面刃铣刀铣直角槽

(d)面铣刀铣平面　(e)立铣刀铣凹平面　(f)锯片铣刀切断

(g)凸半圆铣刀铣凹圆弧面　(h)凹半圆铣刀铣凸圆弧面　(i)齿轮铣刀铣齿轮

(j)角度铣刀铣V形槽　(k)燕尾铣刀铣燕尾槽　(l)T形槽铣刀铣T形槽

(m)键槽铣刀铣键槽　(n)半圆键槽铣刀铣半圆键槽　(o)角度铣刀铣螺旋槽

图 9-14　铣削的基本工作示例

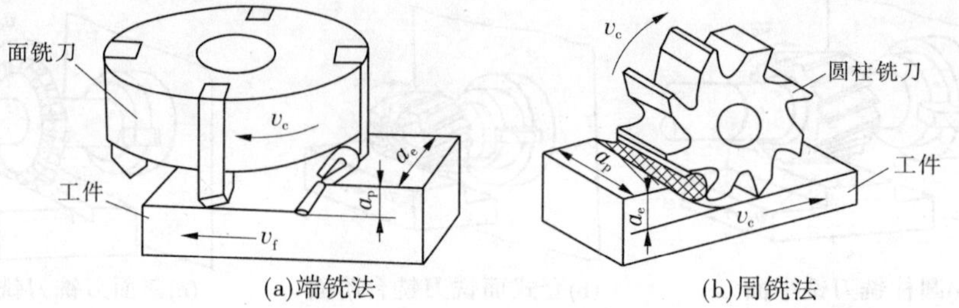

图 9-15　端铣法与周铣法

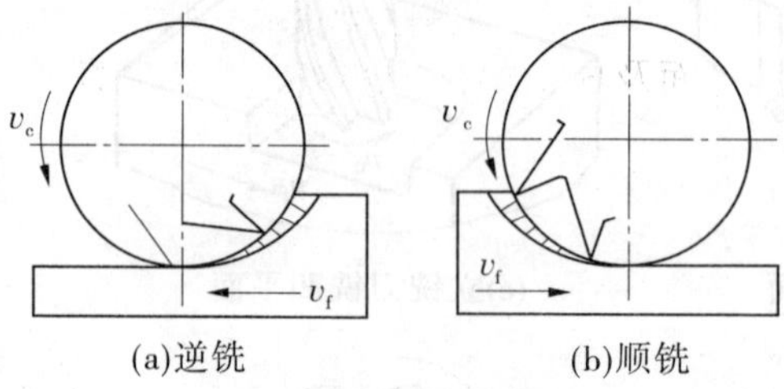

图 9-16　逆铣和顺铣

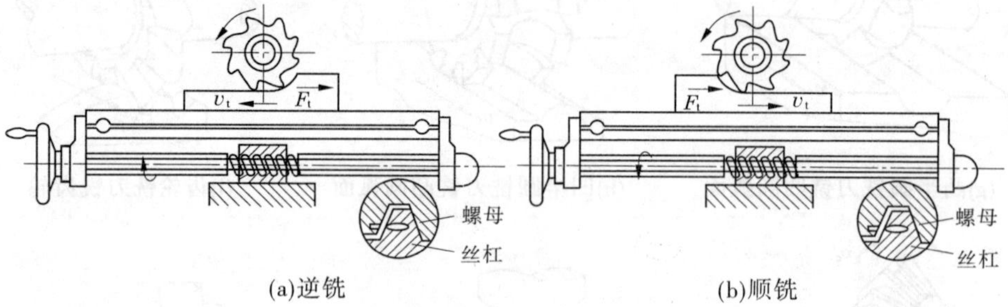

图 9-17　逆铣和顺铣时丝杠与螺母的间隙

任务 9.5　磨　削

磨削是用磨具以较高的线速度对工件表面进行切削加工的方法,是一种精度高、表面粗糙度值低的精加工方法。

在磨削过程中,磨具以砂轮为主,砂轮可以看作是具有很多微小刀齿(磨粒)的铣刀,磨粒对工件的作用包括滑擦、耕犁和形成切屑 3 个阶段(见图 9-18),磨粒刚与工件接触时,切削厚度小,磨粒只是在工件上滑擦,工件接触面上只有弹性变形和少量摩擦热。随着切削厚度的逐渐加大,磨粒挤压切入工件表层(形似耕犁),使工件表面产生塑性变形,出现沟痕,并产生大量的摩擦热;当切削厚度增加到某一临界值时,磨粒前面的材料层产生明显的剪切滑移,形成切屑。

磨削能加工一般的金属材料(碳素钢、铸铁及有色金属)和高硬度材料(淬火钢、硬质合金)。磨削精度可达 IT5~IT6,表面粗糙度 $Ra = 0.8 \sim 0.1\ \mu m$。

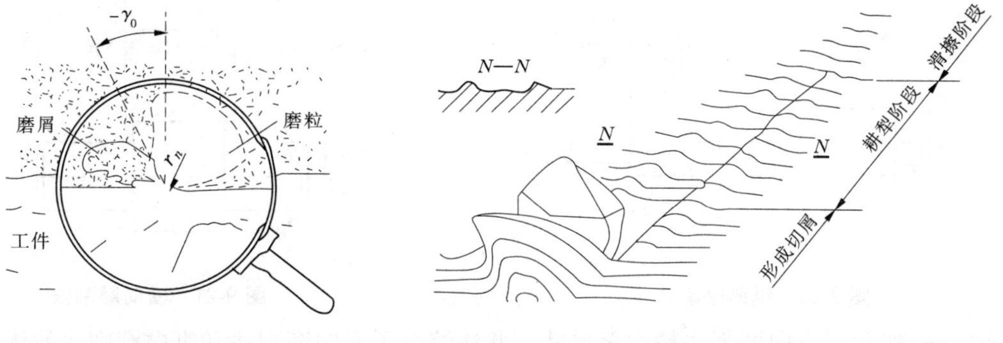

图 9-18　磨粒的切削过程

磨削主要用于回转面、平面及成形面(花键、螺纹、齿轮等)的精加工。磨削加工方式一般分为外圆磨削、内圆磨削、平面磨削、无心磨削、螺纹磨削和齿轮磨削等,如图 9-19 所示。

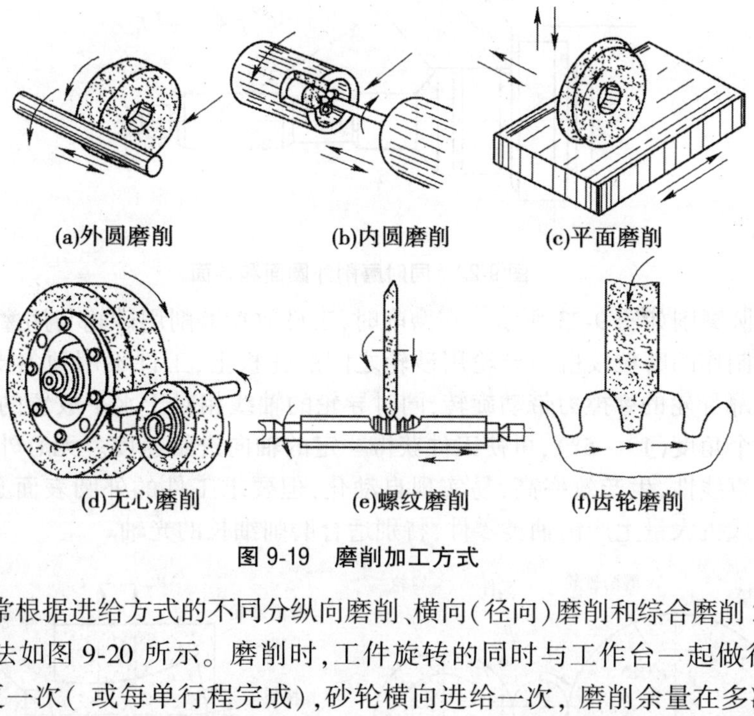

(a)外圆磨削　(b)内圆磨削　(c)平面磨削

(d)无心磨削　(e)螺纹磨削　(f)齿轮磨削

图 9-19　磨削加工方式

外圆磨削常根据进给方式的不同分纵向磨削、横向(径向)磨削和综合磨削 3 种方法。

纵向磨削法如图 9-20 所示。磨削时,工件旋转的同时与工作台一起做往复纵向进给,工件每往复一次(或每单行程完成),砂轮横向进给一次,磨削余量在多次往复行程中磨去。最后还要做几次无横向进给的纵向光磨行程,直到磨削火花消失,以消除由于径向磨削力的作用在机床加工系统中产生的弹性变形。纵磨切深小,切削力小,散热条件好,精度较高,但生产效率低,广泛应用于单件小批生产较长的外圆表面。

横向磨削法如图 9-21 所示。磨削时,工件只做旋转运动,砂轮旋转的同时以慢速做连续的横向进给运动至磨去全部余量。横向磨削中,工件与砂轮接触面积大,切削力大,散热条件差,生产效率高,但加工精度低,适用于成批大量生产刚性较好的不太宽的外圆表面。

综合磨削法是先用横向磨削法分段粗磨工件,留 0.01~0.03 mm 余量,相邻两段重叠

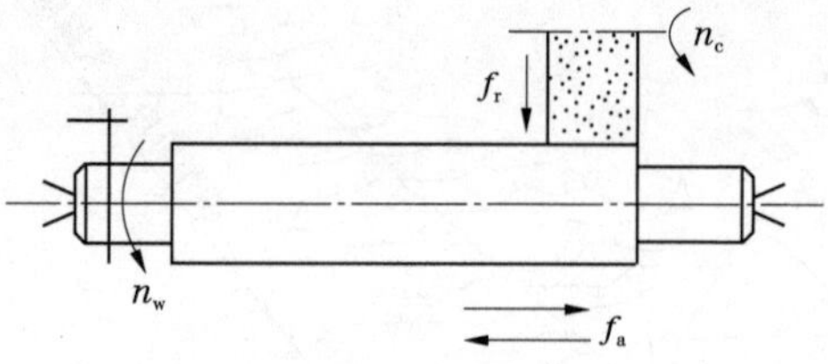

图 9-20 纵向磨削法

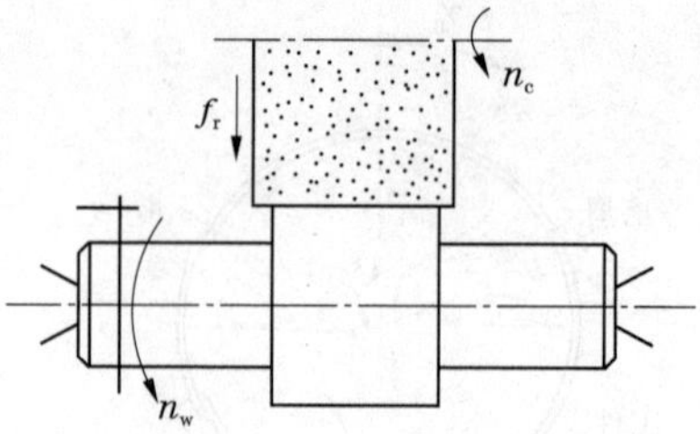

图 9-21 横向磨削法

5～10 mm,然后用纵向磨削法精磨至尺寸。此法综合了横向磨削法和纵向磨削法的优点。

外圆磨削中还可在砂轮外形修整后同时磨削零件上的外圆面和端面,如图 9-22 所示。

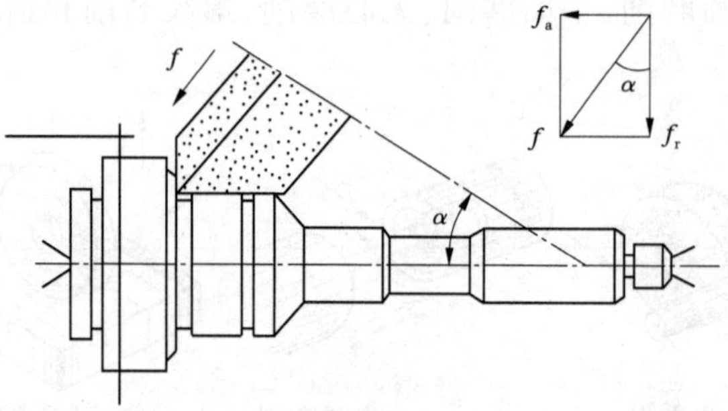

图 9-22 同时磨削外圆面和端面

无心外圆磨削如图 9-23 所示。在磨削时,工件放在磨削用砂轮与用摩擦系数较大的橡胶结合剂制作的磨粒较粗的导轮用砂轮之间的托板上,工件不用顶尖支承(所以称为无心磨削),靠导轮的摩擦力带动旋转,同时导轮的轴线相对于水平放置的砂轮和工件的轴线倾斜一个角度(1°～5°),可使工件获得一定的轴向进给速度。无心外圆磨削有利于保证工件的直线性,生产效率高,易实现自动化;但要求工件的外圆表面必须是连续的。主要适用于成批大量生产销轴类零件,特别适合磨削细长的光轴。

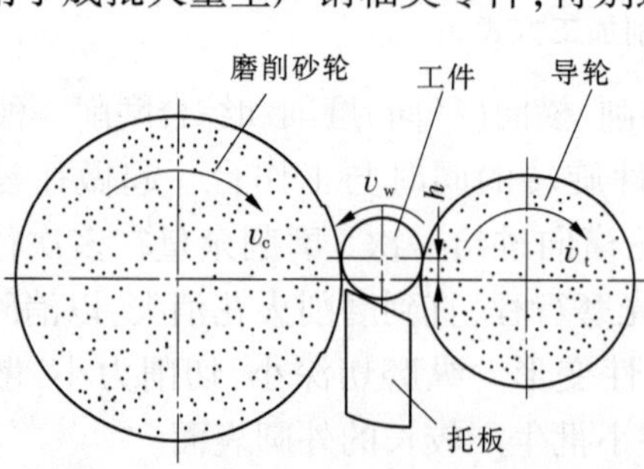

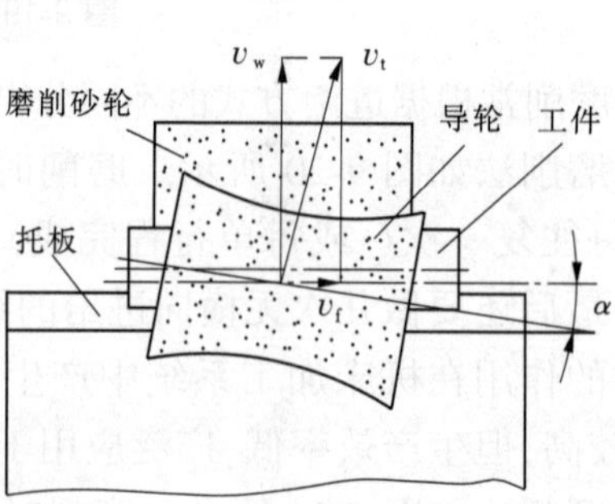

图 9-23 无心外圆磨削

内圆磨削分为纵磨法和横磨法。鉴于砂轮轴的刚度很差,横磨法仅用于磨削短孔及内成形面,所以多数情况下采用纵磨法,如图 9-24 所示。

内圆磨削时，砂轮直径受内孔直径限制，内圆磨头一般只能采用悬臂式单支承，线速度低，刚性差，易产生振动、变形和磨损，冷却和排屑困难，所以生产效率及表面粗糙度均低于外圆磨削。

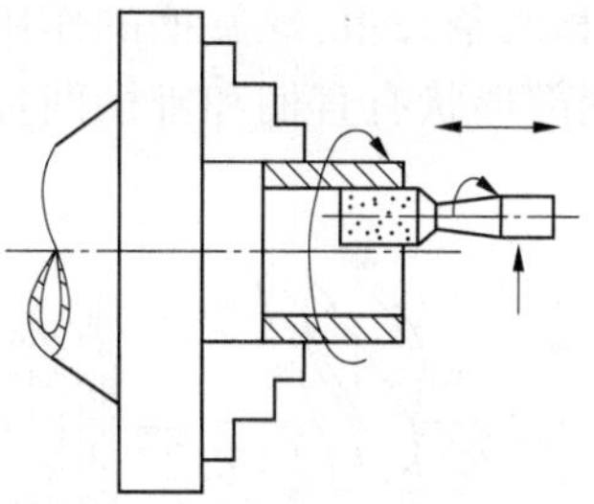
图 9-24　纵磨圆柱孔

内圆磨削可以磨削淬硬的孔，可保证孔本身的尺寸精度和表面质量、提高孔的位置精度和轴线的直线度，可灵活运用同一个砂轮磨削不同直径的孔，所以内圆磨削比铰孔和拉孔适应性更大，但生产效率比铰孔低，比拉孔更低。

平面磨削类似铣削，分为周磨和端磨两种方式。周磨时，砂轮与工件接触面积小，冷却和排屑条件好，加工质量高；端磨系统刚度好，允许采用较大的切削用量，生产效率较高，但加工质量差。所以，周磨多用于加工质量要求较高的工件，而端磨适用于要求不很高的工件或代替铣削作为精磨前的预加工。

磨削加工可获得很高的加工精度和很低的表面粗糙度，工艺范围较广泛，可对很多材料进行加工，尤其是高硬度材料。磨削的应用范围正在逐渐扩大。图 9-25 所示为砂带磨削。砂带磨削的设备一般比较简单，生产效率高，能方便地加工复杂型面，因而成为磨削加工的发展方向之一。

图 9-25　砂带磨削

任务 9.6　钻　削

钻削是孔加工的一种基本方法，钻孔经常在钻床和车床上进行，也可以在镗床或铣床上进行。常用的钻床有台式钻床、立式钻床和摇臂钻床。

9.6.1　钻削的应用及其工艺特点

在钻床上进行钻孔、扩孔、铰孔、锪孔、锪平面、攻螺纹等工作（见图 9-26），最常用的钻削工艺是钻孔、扩孔和铰孔。

9.6.1.1　钻孔

麻花钻是钻孔最常用的刀具，标准的麻花钻（见图 9-27）由切削部分、导向部分、颈部和柄部组成。切削部分（见图 9-28）有两个对称的主切削刃，顶部有横刃；导向部分有两条螺旋槽和两条刃带，螺旋槽的作用是向孔外排屑，刃带的作用是导向和减少钻头与孔壁的摩擦；柄部形状有直柄和锥柄两种(见图 9-27)。

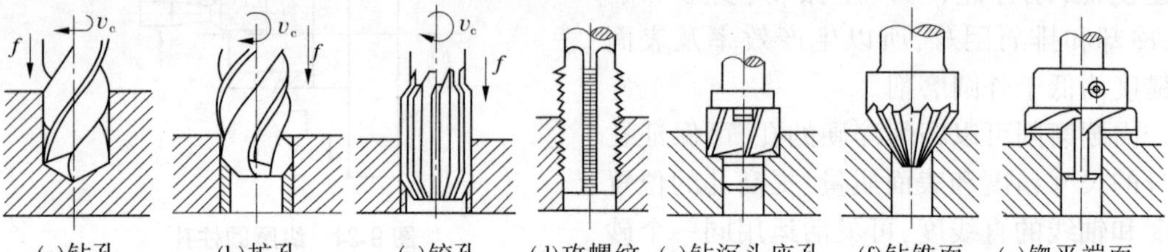

图 9-26　钻削的工作示例

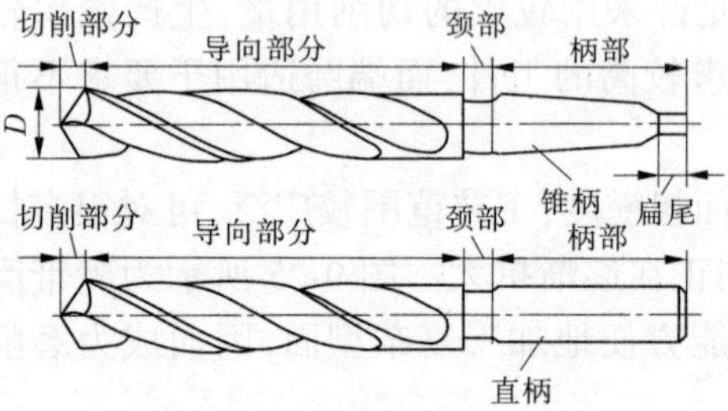

图 9-27　标准麻花钻的组成

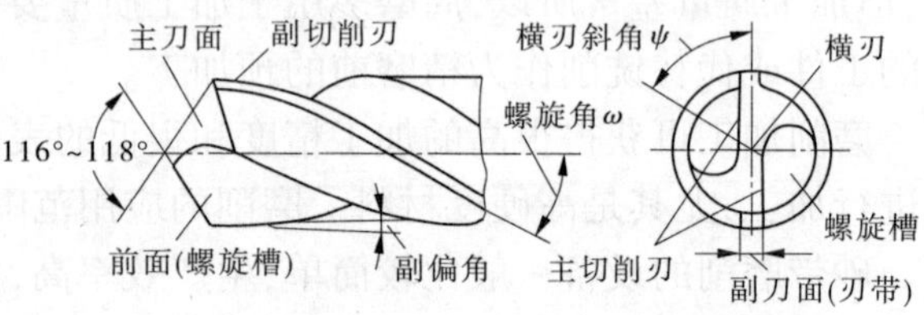

图 9-28　麻花钻的切削部分

钻孔前，单件小批量生产的工件多采用平口钳或压板螺栓装夹，以划线、样冲眼确定孔的中心；孔的位置精度要求较高或大批量生产的工件，常采用钻套等夹具装夹定位。钻孔的尺寸精度为 IT12 ~IT13，表面粗糙度 Ra 为 50 ~12.5 μm。

钻孔时轴向抗力大，排屑困难，刚度差，定心性不好，钻头易产生弯曲甚至折断，还会产生孔不圆、孔径扩大或孔的轴线歪斜等引偏缺陷(见图 9-29)。这就要求钻头在刃磨时尽量使两个主切削刃对称或修磨出分屑槽(见图 9-30)，钻孔前预钻锥形定心坑或用钻套导向(见图 9-31)；钻孔时应根据工件材料的不同选用不同的切削用量，要常退出钻头以利排屑，加注切削液进行冷却。

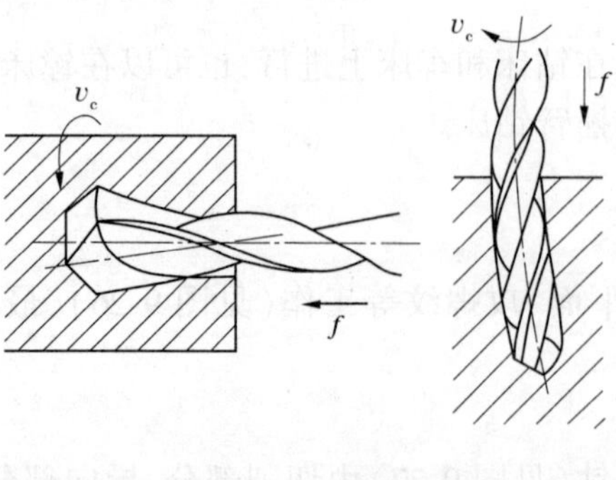

图 9-29　引偏缺陷

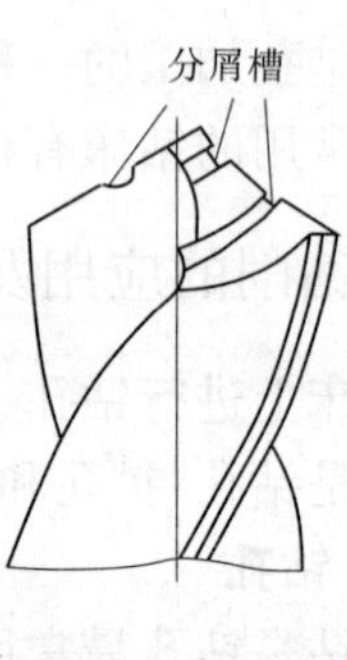

图 9-30　分屑槽

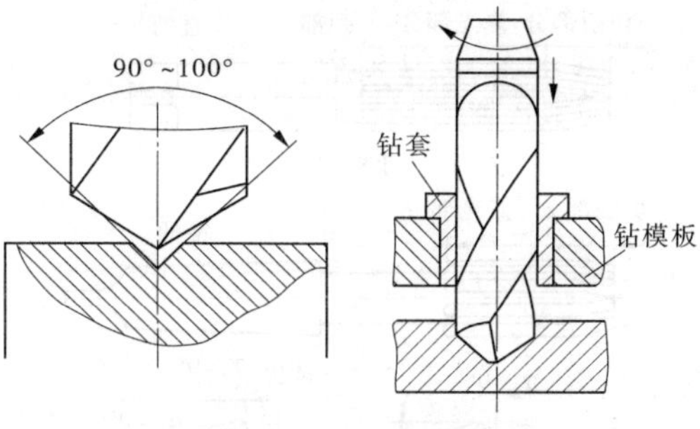

图 9-31　防引偏措施

钻孔主要用于加工质量要求不高的孔,例如螺栓孔、螺纹底孔、油孔等。对于加工精度和表面质量要求较高的孔或直径大的孔,则应进行扩孔、铰孔、镗孔或磨孔等后续加工。

9.6.1.2　扩孔

扩孔是用扩孔钻(见图 9-32)对已钻出、铸出或锻出的孔进行扩大孔径并提高其加工质量的加工工艺。

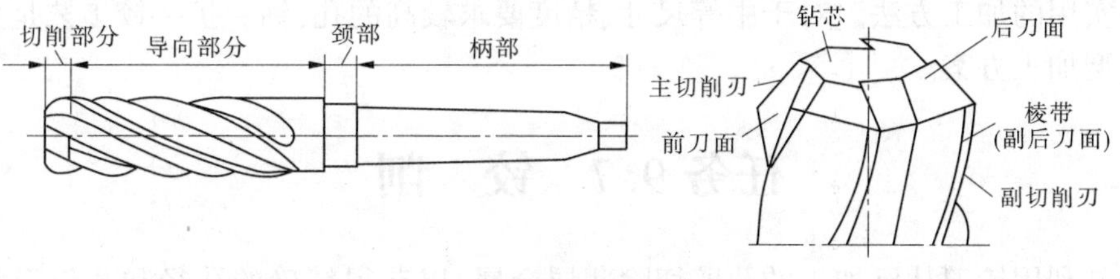

图 9-32　扩孔钻

扩孔钻无横刃,刚性好,刀齿多,导向性好,背吃刀量较小,切削较平稳,可修正毛坯孔的轴线位置误差和孔径形状误差。一般扩孔的尺寸精度可达 IT9 ~ IT10,表面粗糙度 Ra=6.3~3.2 μm。生产中,直径为 30~100 mm 的孔常采用小钻头(直径为孔径的 50%~70%倍)预钻孔,然后扩孔成相应尺寸的孔,这样可以提高孔的加工质量和生产效率。特殊形状的扩孔钻(也称锪钻)用来加工各种沉头座孔(锪钻的前端常带有导向柱,用以加工孔导向)和锪平端面 。

扩孔可作为要求不高的孔的最终加工,也可作为孔的精加工前的预加工,当孔的精度和表面粗糙度要求高时,则要采用铰孔。

9.6.1.3　铰孔

铰孔是用铰刀(见图 9-33)对孔进行精加工的方法之一。在钻床上铰孔时,工件不动,铰刀既做旋转主运动,也做纵向进给运动。铰孔的尺寸精度可达 IT7~IT9,表面粗糙度 Ra=0.4~1.6 μm。

铰刀一般分为手铰刀和机铰刀两种,由切削部分、修光(校准)部分、颈部及柄部组成。铰刀可校准孔径、修光孔壁。

铰孔的加工余量一般为 0.05 ~0.25 mm。铰孔时必须用适当的切削液进行冷却、润滑和清洗,以防止产生积屑瘤并减少切屑在铰刀和孔壁上的黏附。与磨孔和镗孔相比,铰

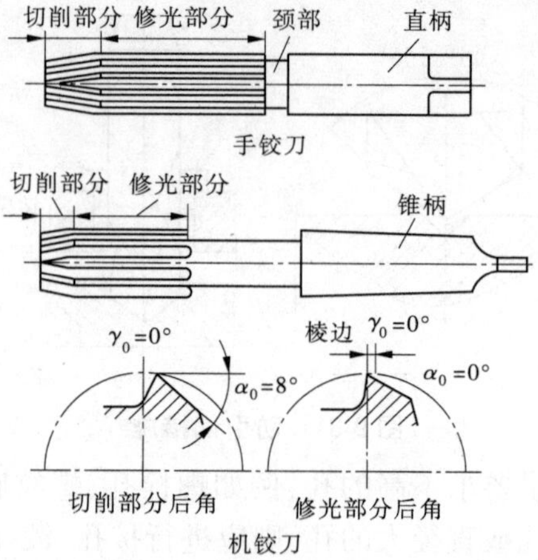

图 9-33　铰刀

孔易保证孔的精度,生产率高;但铰孔不能校正孔轴线的位置误差,孔的位置精度应由前工序保证。铰孔不宜加工阶梯孔和盲孔。对于较小的孔,与内磨及精镗相比,铰孔是一种较为经济实用的加工方法。对于中等尺寸、精度要求较高的孔,钻—扩—铰工艺是生产中常用的典型加工方案。

任务 9.7　铰　削

铰削是利用铰刀从已加工的孔壁切除薄层金属,以获得精确的孔径和几何形状及较低的表面粗糙度的切削加工。铰削一般在钻孔、扩孔或镗孔以后进行,用于加工精密的圆柱孔和锥孔,加工孔径范围一般为 3~100 mm。由于铰刀的切削刃长,铰削时各刀齿同时参加切削,生产效率高,在孔的精加工中应用较广。

铰削的工作方式一般是工件不动,由铰刀旋转并向孔中做轴向进给。在车床上铰削时,工件旋转,铰刀做轴向进给。铰削过程中,铰刀前端的切削部分进行切削,后面的校准部分起引导、防振、修光和校准作用。铰孔的尺寸和几何形状精度直接由铰刀决定。铰削可分粗铰和精铰,一般在车床、镗床或钻床上进行,称为机铰,也可手工铰削。粗铰的切削深度(单边加工余量)为 0.3~0.8 mm,加工精度可达 IT10~IT9,表面粗糙度 $Ra=10\sim1.25$ μm。精铰的切削深度为 0.06~0.3 mm,加工精度可达 IT8~IT6,表面粗糙度 $Ra=1.25\sim0.08$ μm。铰孔的切削速度较低,例如用硬质合金圆柱形多刃铰刀对钢件铰孔时,当孔径为 40~100 mm 时,切削速度为 6~12 m/min,进给量为 0.3~2 mm/r。正确选用煤油、机械油或乳化液等切削液可提高铰孔质量和延长刀具寿命,并有利于减小振动。

任务 9.8　镗　削

镗削是一种用刀具扩大孔或其他圆形轮廓的内径切削工艺,其应用范围一般从半粗加工到精加工,所用刀具通常为单刃镗刀(称为镗杆)。

镗削主要适用于加工机座、箱体、支架等外形复杂的大型零件(见图9-34)。

镗孔和钻—扩—铰工艺相比,孔径尺寸不受刀具尺寸的限制,且单刃镗刀镗孔具有较强的形状位置误差修正能力。

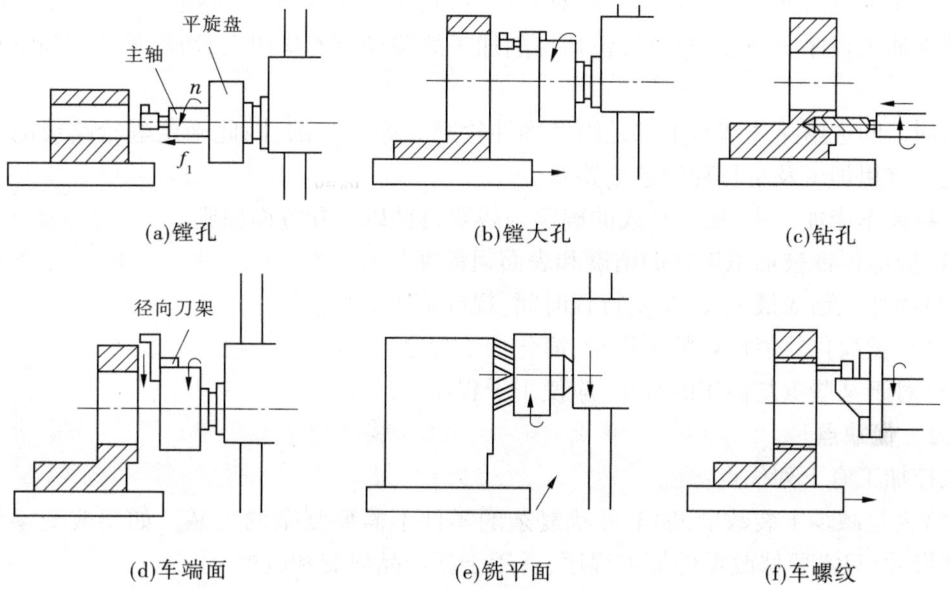

图9-34　镗床的工作示例

在镗床上镗孔可加工各种不同尺寸和不同精度等级的孔,工艺范围广,对于孔径较大、尺寸和位置精度要求较高的孔和孔系,镗孔几乎是唯一的加工方法。

任务9.9　数控加工中心

加工中心是从数控铣床发展而来的。与数控铣床的最大区别在于加工中心具有自动交换加工刀具的能力,通过在刀库上安装不同用途的刀具,可在一次装夹中通过自动换刀装置改变主轴上的加工刀具,实现多种加工功能。

数控加工中心是由机械设备与数控系统组成的适用于加工复杂零件的高效率自动化机床。数控加工中心是目前世界上产量最高、应用最广泛的数控机床之一。它的综合加工能力较强,工件一次装夹后能完成较多的加工内容,加工精度较高,就中等加工难度的批量工件,其效率是普通设备的5~10倍,特别是它能完成许多普通设备不能完成的加工,对形状较复杂、精度要求高的单件加工或中小批量多品种生产更为适用。它把铣削、镗削、钻削、攻螺纹和切削螺纹等功能集中在一台设备上,使其具有多种工艺手段。加工中心按照主轴加工时的空间位置分类有卧式和立式加工中心;按工艺用途分类有镗铣加工中心和复合加工中心;按功能特殊分类有单工作台、双工作台和多工作台加工中心。按主轴种类分有单轴、双轴、三轴及可换主轴箱的加工中心等。

9.9.1　加工原则

9.9.1.1　加工线路的确定

数控车床进给加工路线指车刀从对刀点(或机床固定原点)开始运动起,直至返回该点并结束加工程序所经过的路径,包括切削加工的路径及刀具切入、切出等非切削空行程路径。

精加工的进给路线基本上都是沿其零件轮廓顺序进行的,因此确定进给路线的工作重点是确定粗加工及空行程的进给路线。

在数控车床加工中,加工路线的确定一般要遵循以下几方面原则:

(1)应能保证被加工工件的精度和表面粗糙度。

(2)使加工路线最短,减少空行程时间,提高加工效率。

(3)尽量简化数值计算的工作量,简化加工程序。

(4)对于某些重复使用的程序,应使用子程序。

9.9.1.2　优缺点

数控加工有下列优点:

(1)大量减少工装数量,加工形状复杂的零件不需要复杂的工装。如要改变零件的形状和尺寸,只需要修改零件加工程序,适用于新产品研制和改型。

(2)加工质量稳定,加工精度高,重复精度高,适应飞行器的加工要求。

(3)多品种、小批量生产情况下生产效率较高,能减少生产准备、机床调整和工序检验的时间,而且由于使用最佳切削量而减少了切削时间。

(4)可加工常规方法难以加工的复杂型面,甚至能加工一些无法观测的加工部位。

数控加工的缺点是机床设备费用昂贵,要求维修人员具有较高水平。

9.9.2　分类

加工中心常按主轴在空间所处的状态分为立式加工中心和卧式加工中心,加工中心的主轴在空间处于垂直状态的称为立式加工中心,主轴在空间处于水平状态的称为卧式加工中心。主轴可作垂直和水平转换的,称为立卧式加工中心或五面加工中心,也称复合加工中心。按加工中心立柱的数量分,有单柱式和双柱式(龙门式)。

按加工中心运动坐标数和同时控制的坐标数分,有三轴二联动、三轴三联动、四轴三联动、五轴四联动、六轴五联动等。三轴、四轴是指加工中心具有的运动坐标数,联动是指控制系统可以同时控制运动的坐标数,从而实现刀具相对工件的位置和速度控制。

按工作台的数量和功能分,有单工作台加工中心、双工作台加工中心和多工作台加工中心。

按加工精度分,有普通加工中心和高精度加工中心。普通加工中心,分辨率为 1 μm,最大进给速度为 15~25 m/min,定位精度 10 μm 左右。高精度加工中心,分辨率为 0.1 μm,最大进给速度为 15~100 m/min,定位精度为 2 μm 左右。定位精度为 2~10 μm 的,以±5 μm 较多,可称精密级。

9.9.3　数控

数控加工中心是一种带有刀库并能自动更换刀具,对工件能够在一定的范围内进行多种加工操作的数控机床。

在加工中心上加工零件的特点是:被加工零件经过一次装夹后,数控系统能控制机床按不同的工序自动选择和更换刀具;自动改变机床主轴转速、进给量和刀具相对工件的运动轨迹及其他辅助功能,连续地对工件各加工面自动地进行钻孔、锪孔、铰孔、镗孔、攻螺纹、铣削等多工序加工。由于加工中心能集中地、自动地完成多种工序,避免了人为的操作误差、减少了工件装夹、测量和机床的调整时间及工件周转、搬运和存放时间,大大提高了加工效率和加工精度,所以具有良好的经济效益。

9.9.4　方法

在数控加工中心,当今编程方法通常有两种:①简单轮廓—直线、圆弧组成的轮廓,直接用数控系统的 G 代码编程。②复杂轮廓——三维曲面轮廓,在计算机中用自动编程软件(CAD/CAM)画出三维图形,根据曲面类型设定各种相应的参数,自动生成数控加工程序。以上两种编程方法基本上能满足数控加工的要求。但加工函数方程曲线轮廓时就很困难,因为早期的铣床数控系统不具备函数运算功能,直接用 G 代码不能编制出函数方程曲线的加工程序,版本较低的 CAD/CAM 软件通常也不具备直接由方程输入图形的功能。所以,切削函数方程曲线轮廓,通常使用的方法是:根据图纸要求,算出曲线上各点的坐标,再根据算出的坐标值用直线或圆弧指令代码编制程序,手工输入系统进行加工。

9.9.5　特点

加工中心能实现三轴或三轴以上的联动控制,以保证刀具进行复杂表面的加工。加工中心除具有直线插补和圆弧插补功能外,还具有各种加工固定循环、刀具半径自动补偿、刀具长度自动补偿、加工过程图形显示、人机对话、故障自动诊断、离线编程等功能。

加工中心从外观上可分为立式、卧式和复合加工中心等。立式加工中心的主轴垂直于工作台,主要适用于加工板材类、壳体类工件,也可用于模具加工。卧式加工中心的主轴轴线与工作台台面平行,它的工作台大多为由伺服电动机控制的数控回转台,在工件一次装夹中,通过工作台旋转可实现多个加工面的加工,适用于箱体类工件加工。复合加工中心主要是指在一台加工中心上有立、卧两个主轴或主轴可 90°改变角度,因而可在工件一次装夹中实现五个面的加工。

9.9.6　故障处理

故障一:数控加工中心串行编码器通信错误报警。原因分析:单元检测到数控加工中心的电机编码器断线或通信不良。处理措施:检查电机的编码器反馈线与放大器的连接是否正确,是否牢固。如果反馈线正常,更换伺服电机(因为电机的编码器与电机是一体的,不能拆开),如果是 α 电机更换编码器。如果是偶尔出现,可能是干扰引起,检查电机反馈线的屏蔽线是否完好。

故障二:数控加工中心编码器脉冲计数错误报警(LED 显示 6,系统的 PMM 画面显示 303/304/305/308 报警)。原因分析:伺服电机的串行编码器在运行中脉冲丢失,或不计数。处理措施:关机再开,如果还有相同报警,更换电机(如果是 α 电机更换编码器)或反馈电缆线。如果数控加工中心重新开机后报警消失,则必须重新返回参考点后再运行其他指令。如果系统的 PMM 是 308 报警,可能是干扰引起,关机再开。

9.9.7　加工中心的选用

9.9.7.1　被加工对象的选定

确定选购对象之前,首先要明确准备加工的对象。一般来说,具备下列特点的零件适合在加工中心加工:

多工序集约型工件指在一个工件上需要用许多把刀具进行加工。

定位烦琐的工件例如有一定位孔距精度要求的多孔加工,利用机床定位精度高的特点,很方便实施。

重复生产型的工件适合单件小批量生产。小批量指在 1~100 件,每批数量不多,但又需要重复生产。另外,即使工件形状尺寸不同,但又是相似工件,易于实现成组加工(GT)工艺的零件。

复杂形状的零件模具、航空零件等复杂形状工件,能借助于自动程序编制技术在加工中心上加工各种异形零件。

箱体类、板类零件在卧式加工中心上利用回转工作台,对箱体零件进行多面加工,如主轴箱体、泵体、阀体、内燃机缸体等。如果连顶面也要一次装夹中加工,可选用五面体加工中心。立式加工中心适合加工箱盖缸盖、平面凸轮等。龙门加工中心用于加工大型箱体、板类零件,如内燃机车缸体、加工中心立柱、床身、印刷墙板机等。

9.9.7.2　机床规格的选定

根据确定的加工工件的大小尺寸,相应确定所需机床的工作台尺寸和三个直线坐标系的行程。工作台尺寸应保证在其上面能顺利装夹工件,加工尺寸则必须在各坐标行程内,此外还要考虑换刀空间和各坐标干涉区的限制。

9.9.7.3　机床精度的选定

用户根据工件的加工精度要求,选用相应精度等级的机床,批量生产的零件,实际加工出的精度数值可能是定位精度的 1.5~2 倍。普通型机床批量加工 8 级精度工件,精密机床加工精度可达 5~6 级,但要有恒温等工艺条件,所以精密型机床使用严格,价格高。

9.9.7.4　刀库容量的选定

加工中心的制造厂家对同一种规格的机床,通常都设 2~3 种不同容量刀库,例如卧式加工中心刀库容量有 30、60、80 等,立式加工中心有 16、24、32 把容量的刀库。

用户在选定时,可以根据被加工工件的工艺分析结果来确定所需数量,通常以需要一个零件在一次装夹中所需刀具数来确定刀库的容量,因为换另一零件加工时,需要重新安排刀具,否则刀具管理复杂并容易出错。

从统计数据来看,立式加工中心选用 20 把刀左右的刀库,卧式加工中心则选用 40 把刀左右的刀库为宜,当然要根据实际需要最后确定。用于柔性制造单元(FMC)或柔性制造系统(FMS)的加工中心机床,其刀库容量应选大容量刀库,甚至配置可交换刀库。

9.9.7.5　机床选择功能及附件的选定

选定加工中心机床时,除基本功能和基本件外,还有提供用户根据自身要求选用的功能和附件,称选择功能、选择附件(任选附件)。随着数控技术的发展,可供选择的内容越来越多,其构成价格在主机中所占的比例也越来越大,所以不明确目的大量选用附件也是不经济的,所谓"有备无患"的订购指导思想实质上是浪费。因此,选订时要全面分析,还要适当考虑长远因素。

选择功能主要对于数控系统而言,对那种价格增加不多,但对使用带来许多方便的功能,应适当配置齐全一点,而对可以多台机床公用的附件,就可以考虑一机多用,但必须考虑接口是通用的。

9.9.7.6　加工节拍与机床台数估算

根据已经选定的工件,然后分析工艺路线,在这个工艺路线中选出准备在加工中心上加工的工序,对这些工序作工时节拍估算。

根据现用工艺参数,估算每道工序的切削时间,而辅助时间通常取切削时间的10%~20%。

另外,中小型加工中心的每次换刀时间需10~20 s,这样单工序时间为

$$t_{单序}=t_{切}+t_{辅}+(10\sim20\ \mathrm{s})=t_{切}+(10\%\sim20\%)t_{切}+(10\sim20\ \mathrm{s})$$

有了单工序时间就不难计算出年产量。一年300个工作日,机床开动率按75%~85%计算,如果计算结果产量达不到目标值,但相差不多,修改工艺参数;如果差距很大,应考虑增加机床台数配置。

9.9.8　加工中心的调试与验收

9.9.8.1　加工中心的调试

机床调试的目的是考核机床安装是否稳固,各传动、操纵、控制等系统是否正常和灵敏可靠。

调试试运行工作依以下步骤进行:

按说明书的要求给各润滑点加油,给液压油箱灌入合乎要求的液压油,接通气源。

通电,各部件分别供电或各部件一次通电试验后,再全面供电。观察各部件有无报警、手动各部件观察是否正常,各安全装置是否起作用,即使机床的各个环节都能操作和运动起来。

灌浆,机床初步运转后,粗调机床的几何精度,调整经过拆装的主要运动部件和主机的相对位置。将机械手、刀库、交换工作台、位置找正等。这些工作做好后,即可用快干水泥灌死主机和各附件的地脚螺栓,将各地脚螺栓预留孔灌平。

调试,准备好各种检测工具,如精密水平仪、标准方尺、平行方管等。

精调机床的水平,使机床的几何精度达到允许误差的范围内,采用多点垫支撑,在自由状态下将床身调成水平,保证床身调整后的稳定性。

用手动操纵方式调整机械手相对于主轴的位置,使用调整心棒。安装最大重量刀柄时,要进行多次刀库到主轴位置的自动交换,做到准确无误,不撞击。

将工作台运动到交换位置,调整托盘站与交换工作台的相对位置,达到工作台自动交换动作平稳,并安装工作台最大负载,进行多次交换。

检查数控系统和可编程控制器 PLC 装置的设定参数是否符合随机资料中的规定数据,然后试验各主要操作功能、安全措施、常用指令的执行情况等。

检查附件的工作状况,如机床的照明、冷却防护罩、各种护板等。

一台加工中心安装调试完毕后,由于其功能繁多,在安装后,可在一定负载下经过长时间的自动运行,比较全面地检查机床的功能是否齐全和稳定。运行的时间可每天 8 h 连续运行 2~3 d 或每 24 h 连续运行 1~2 d。连续运行可运用考机程序。

9.9.8.2　加工中心的验收

加工中心的验收是一项复杂的检测技术工作。它包括对机床的机、电、液、气各部分的综合性能检测及机床静态、动态精度的检测。在我国有专门的机构,即国家机床产品质量检测中心。用户的验收工作可依照该机构的验收方法进行,也可请上述机构进行验收。主要集中在两个方面。

1. 加工中心几何精度检查

加工中心的几何精度是组装后几何形状误差,其检查内容如下。

(1)工作台的平面度;

(2)各坐标方向移动的相互垂直度;

(3)X 轴方向移动对工作台面的平行度;

(4)Y 轴方向移动对工作台面的平行度;

(5)X 轴方向移动对工作台上下型槽侧面的平行度;

(6)主轴的轴向窜动;

(7)主轴孔的径向跳动;

(8)主轴箱沿 Z 坐标方向移动对主轴轴心线的平行度;

(9)主轴回转轴心线对工作台面的垂直度;

(10)主轴箱在 Z 坐标方向移动的直线度。

常用的检测工具有精密水平仪、直角尺、精密方箱、平尺、平行光管、千分表或测微仪、高精度主轴心棒及刚性好的千分表杆。每项几何精度按照加工中心的验收条件的规定进行检测。注意:检测工具的等级必须比所测的几何精度高一等级。同时,必须在机床稍有预热的状态下进行,在机床通电后,主轴按中等转速回转 15 min 以后再进行检验。

2. 机床性能验收

根据《金属切削机床实验规范总则》规定的试验项目如下:

(1)试验项目、可靠性、空运转振动、热变形、静刚度;

(2)抗振性切削、噪声、激振、定位精度;

(3)主轴回转精度、直线运动不均匀性、加工精度。

对机床做全面性能试验必须用高精度的检测仪器。在具体的机床验收时,各验收内容可按照机床厂标准和行业标准进行。

9.9.9 加工中心操作要点

作为一个熟练的操作人员,必须在了解加工零件的要求、工艺路线、机床特性后,方可操纵机床完成各项加工任务。因此,整理几项操作要点供参考:

(1)为了简化定位与安装,夹具的每个定位面相对加工中心的加工原点,都应有精确的坐标尺寸。

(2)为保证零件安装方位与编程中所选定的工件坐标系及机床坐标系方向的一致性,及定向安装。

(3)能经短时间的拆卸,改成适合新工件的夹具。由于加工中心的辅助时间已经压缩得很短,配套夹具的装卸不能占用太多时间。

(4)夹具应具有尽可能少的元件和较高的刚度。

(5)夹具要尽量敞开,夹紧元件的空间位置能低则低,安装夹具,不能和工步刀具轨迹发生干涉。

(6)保证在主轴的行程范围内使工件的加工内容全部完成。

(7)对于有交互工作台的加工中心,由于工作台的移动、上托、下托和旋转等动作,夹具设计必须防止夹具和机床的空间干涉。

(8)尽量在一次装夹中完成所有的加工内容。当非要更换夹紧点时,要特别注意不能因更换夹紧点而破坏定位精度,必要时在工艺文件中说明。

(9)夹具底面与工作台的接触,夹具的底面平面度必须保证在0.01~0.02 mm以内,表面粗糙度不大于3.2 μm。

9.9.10 加工中心的生产管理技术

加工中心的使用是一项具有一定规模的复杂的技术工程。它涉及生产管理、技术管理、人才培训等一系列工作。各项工作都应遵行一定的原则,这个原则就是充分发挥加工中心效益的保证系统。因此,重视使用技术是一方面,重视管理技术又是必不可少的另一方面。

我国各机械制造厂中已把加工中心作为高效率自动化装备,作为重点设备。但在设备管理上却参差不齐。在加工中心的管理上,必须提倡加工中心的生产特点和它所需配合的各环节的生产节拍。不能将普通机床的管理方法移到数控机床上,在管理上应注意以下几点:

(1)充分发挥机床的全部功能,在机床投入使用时,为了充分发挥机床具有的全部功能,应认真阅读使用说明书,深刻理解机床的各种功能及其能力。根据本厂加工零件的性质,合理安排加工的对象、工序,选择相应的配套件和附件。对易损件安排好备件。

(2)设置数控工段,将数控机床集中在一个专门的部门,工艺技术准备、生产管理准备由工厂技术部门统一进行。生产车间设有专门的技术人员。避免单台数控机床分散在各车间,只加工少量关键零件,造成大量生产时间闲置的局面。设置专门的工段,便于维修的管理。

(3)合理安排生产节拍、技术准备周期。在向加工中心安排生产任务时,应先将工艺部门的工艺文件、加工工序、工具卡片准备齐全,再送加工零件到加工位置上,以免操作者停机去找工具、修改程序、组装夹具而造成长时间停机。

(4)选择合适的规章制度,如数控机床管理制度,安全操作规程,数控机床使用规定,数控机床保养、点检制度等。同时,要及时向制造和设计部门反馈信息。

(5)重视技术队伍的建设。对一台包括多种技术成果的复杂设备,完全掌握使用需要训练有素的技术班子,包括工艺、操作、机电维修等,人员的培养要有一个过程,领导管理设备的部门对此要有全面认识。

9.9.11　工装夹具的应用

在多品种小批量的生产过程中,工件的安装、拆卸和清洗、托板的自动交换、切屑的排出等在整个制造过程中是频繁发生的。为了提高加工中心的加工效率,在加工设备上搞高速化和高性能化是一方面,缩短安装时间、降低消耗是另一重要方面。夹具在制造厂属于工装部分,它是保证零件准确定位、有效加工的必要手段。对于加工中心来说,要求夹具定位精度高,装卸方便,适于粗加工、精加工和各种多工序复合加工的形式。

国内加工中心的使用尚处于初期阶段,夹具设计采用手工设计方式较多,备有 CAD/CAM 系统的还较少。下面仅就加工中心常见的装夹定位的使用方式做一介绍。

9.9.11.1　加工中心加工定位基准的选择

在确定工艺方案之前,合理地选择定位基准对保证加工中心的加工精度,提高加工中心的应用效率有着决定性的意义。在选择定位基准时,要全面考虑各个工位的加工情况,达到下面三个目的:

(1)所选基准应能保证工件定位准确,装卸方便、迅速,夹紧可靠,且夹具结构简单。

(2)所选定的基准与加工部位的各个尺寸计算简单。

(3)保证各项加工精度。

9.9.11.2　确定零件夹具

在加工中心上,夹具的任务不仅是夹紧工件,而且还要以各个方向的定位面为参考基准,确定工件编程的原点。加工中心的高柔性要求其夹具比普通机床结构更紧凑、简单,夹紧动作更迅速、准确,尽量减少辅助时间。在加工机床上,要想合理应用好夹具,首先要对加工中心的加工特点有比较深刻的理解和掌握,同时还要考虑加工零件的精度、批量大小、制造周期和制造成本。

根据加工中心的机床特点和加工需要,目前常用的夹具类型有专用夹具、组合夹具、可调夹具和成组夹具。一般的选择顺序是单件生产中尽量用虎钳、压板螺钉等通用夹具,批量生产时优先考虑组合夹具,其次考虑可调夹具,最后选用专用夹具和成组夹具。在选择时要综合考虑各种因素,选择最经济的、最合理的夹具形式。

习题与思考题

9-1　请说明车削的切削用量,包括名称、定义、代号和单位。

9-2　刀具刃部的材料应具备哪些要求？

9-3　高速钢和硬质合金在性能上的主要区别是什么？各适合制造何种刀具？

9-4　什么是积屑瘤？它的存在一定不好吗？为什么？

9-5　请分析车外圆时各切削分力的作用和影响。

9-6　常用的切削液有哪几种？各自的作用和适用范围有哪些？

9-7　顺铣和逆铣有何不同？实际应用情况如何？

9-8　周铣和端铣有何不同？实际应用情况如何？

9-9　扩孔与铰孔为什么能达到较高的精度和较小的表面粗糙度？

模块 10　工艺过程的基本知识

在生产过程中,根据零件的生产类型、材料、结构、形状、尺寸和技术要求等的不同,使用不同的机器、采用不同的加工方法、经过一定的工艺过程才能完成加工。这就要求根据零件的具体要求,结合现场的具体条件,选择合适的加工方法加工零件的各组成表面,同时还要合理地安排加工顺序,对零件逐步进行加工。

对于同一个零件,可能有几种不同的加工工艺方案,并且都能加工出合格的零件,但是可能只有一种方案,无论是从生产效率还是从经济效益来看,是比较合理且切实可行的。因此,必须根据零件的具体要求和可能的加工条件等,拟定较为合理的工艺过程,即为了使零件的加工过程满足"优质、高效、低消耗"的要求,首先要制定合理的零件加工工艺过程,然后按照这一工艺过程对零件进行加工。

零件本身的结构对加工质量、生产效率和经济效益有着重要影响。在设计零件结构时,不仅要考虑满足使用要求,还应当考虑是否能够制造和便于制造,也就是要考虑零件结构的工艺性,从而获得较好的技术经济效果。本模块将介绍与拟定工艺过程有关的问题和零件结构的工艺性问题。

任务 10.1　基本概念

10.1.1　生产过程和工艺过程

一台机器往往由几十个甚至成百上千个零件组成,其生产过程是相当复杂的。产品由原材料制成成品的过程中,各个相互联系的劳动过程的总和,称为生产过程。它包括原材料的运输与保管、生产和技术的准备、制造毛坯、零件的加工过程(包括机械加工、热处理、表面处理等)、产品的装配、产品的检验和调试、油漆和包装等。

为了降低生产成本,一台机器的生产往往由许多工厂联合完成,这有利于零部件的标准化和组织专业化生产。一个工厂的生产过程可以分为多个车间的生产过程。一个车间生产的产品,往往是其他车间的原材料。

在生产过程中,直接改变原材料(或毛坯)的形状、尺寸、相互位置和材料性质,使之成为成品的过程,称为工艺过程,它是生产过程中最主要的一部分过程。例如,铸造、锻造、焊接、冲压、热处理、机械加工、表面处理、装配等都是工艺过程。工艺过程又包括若干道工序。

工序是指在同一工作地点对一个(或同时对几个)工件所连续完成的那部分工艺过程。它是工艺过程的基本单元,又是生产管理和经济核算的基本依据。划分工序的主要依据是工作地是否变动和工作是否连续。如果零件批量较大,在单件生产中在同一地点完成的工作可能要分在几个工作地点完成,这就变成了多道工序。因此,零件的工艺过程与其生产类型有密切关系。

10.1.2 生产纲领和生产类型

10.1.2.1 生产纲领

生产纲领是指企业在计划期内应当生产的产品产量和进度计划。一般计划期限为一年，所以也称为年产量。生产纲领是划分生产类型的依据，对企业的生产过程及管理有着决定性的影响。生产纲领的大小影响着工艺过程的制定。

零件的生产纲领可按下式计算：

$$N=Qn(1+a)(1+b)$$

式中 N——零件的生产纲领，件/a；

Q——产品的年生产纲领，台/a；

n——每台产品中该零件的数量，件/台；

a——备品的百分率(%)；

b——废品的百分率(%)。

10.1.2.2 生产类型

生产类型是指企业（或车间、工段、班组、工作地）生产专业化程度的划分。根据生产纲领的大小和产品品种的多少，机械制造生产一般可分为 3 种类型：单件生产、成批生产和大量生产。具体为：

(1)单件生产。单个地制造某一零件，很少重复，甚至完全不重复的生产，称为单件生产。例如，重型机器、大型船舶的制造，机修车间的生产和新产品的试制，通常都是单件生产。

(2)成批生产。成批地制造相同的零件，每隔一段时间又重复进行的生产，称为成批生产。例如，通用机床和液压传动装置的制造就是这种生产类型。

每批所制造的相同零件的数量，称为批量。根据批量的大小和产品的特征，成批生产又可分为小批生产、中批生产和大批生产。小批生产的工艺过程的特点和单件生产十分接近，大批生产和大量生产的工艺过程的特点又比较接近，所以实际生产中往往相提并论，即单件小批生产和大批大量生产，而成批生产则仅指中批生产。

(3)大量生产。当产品的制造数量很大，大多数工作地点经常是重复地进行一种零件或某一工序的生产时，称为大量生产。例如，汽车、拖拉机和轴承制造都属于大量生产。

在拟定零件的工艺过程时，由于生产类型不同，所采用的工艺方法、设备、工艺装备和生产的组织以及对工人的技术要求等都有很大不同。各种生产类型的工艺特征见表 10-1。

表 10-1 各种生产类型的工艺特征

生产类型	单件生产	成批生产	大量生产
毛坯的制造方法及机加工余量	铸件用木模手工造型，锻件用自由锻。毛坯精度低，加工余量大	部分铸件用金属模，部分锻件用模锻。毛坯精度中等，加工余量中等	铸件广泛用金属模机器造型，锻件广泛采用模锻以及其他高生产率的毛坯制造方法。毛坯精度高，加工余量小

续表 10-1

生产类型	单件生产	成批生产	大量生产
机床设备及其布置形式	采用通用机床。机床按类别和规格大小采用“机群分式”排列布置	采用部分通用机床和部分高生产率机床。机床按加工零件类别分工段排列布置	广泛采用高生产率的专用机床及自动机床。机床设备按流水线形式排列布置
夹具	多用标准附件,很少采用专用夹具,常采用画线及试切法达到尺寸精度	广泛采用夹具,部分靠画线达到加工精度	广泛采用高生产率夹具,靠模夹具及调整法达到加工精度
刀具与量具	采用通用刀具与万能量具	较多采用专用刀具及专用量具	广泛采用高生产率刀具和量具
对工人的要求	需要技术熟练的工人	需要一定技术熟练程度的工人	对操作工人的技术要求较低,对调整工人的技术要求高
工艺文件	有简单的工艺路线卡	有工艺规程,对关键零件有详细的工艺规程	有详细的工艺文件
生产率	低	中	高
成本	高	中	低

任务 10.2　机械加工工艺过程

机械加工工艺过程是指采用机械加工方法,改变毛坯的形状、尺寸和表面质量等,使其成为产品零件的过程。

机械加工工艺过程在机械制造的整个工艺过程中占有重要地位。它包括同时进行的和相互联系的各个过程,比如机械加工时金属的切削过程,工人的劳动过程,被加工零件尺寸、形状和性质的改变过程,机床设备的工作过程和工艺装备的工作过程等。

规定零件制造工艺过程和操作方法等的工艺文件称为机械加工工艺规程。它是在具体生产条件下,将合理的工艺过程和操作方法按规定的形式书写成工艺文件,并经过审批后用于指导生产。按工艺规程组织生产,对保证产品质量、提高生产率以及降低成本有着重要意义。生产中的各种准备工作和生产辅助工作,都以工艺规程为依据。

10.2.1　机械加工工艺过程组成

机械加工工艺过程是由一个或若干个顺序排列的工序组成的,毛坯依次通过这些工序转变成为成品。而工序又可划分为若干个安装、工位或工步。

10.2.1.1　工序

工序是指在同一工作地点对一个(或同时对几个)工件所连续完成的那部分工艺过程。它是工艺过程的基本单元,又是生产计划的基本单元。如图 10-1 所示零件,当加工数量较少的时候,其工序划分见表 10-2;当加工数量较大时,其工序划分见表 10-3。

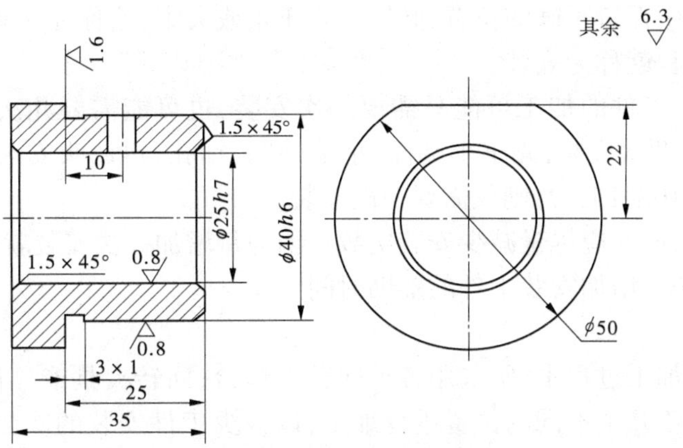

图 10-1　轴套零件图

表 10-2　轴套生产量较少时的加工工艺过程

工序号	工序内容	设备
1	车	车床
2	钻	钻床
3	铣	铣床
4	磨	磨床

表 10-3　轴套生产量较大时的加工工艺过程

工序号	工序内容	设备
1	车右端、外圆、钻孔	车床
2	车左端、车孔	车床
3	钻小孔	钻床
4	铣平面	铣床
5	磨孔	磨床
6	磨外圆	磨床

在表 10-2 中的工序 1，先车小端及孔，再调头装夹车大端，这是一道工序。如果是一批工件，先车好小端及孔，再车这批工件的大端，这时对每个工件来说，小端与大端的加工是不连续的。因此，应该是两道工序。

通常把产品或零部件在生产过程中，由毛坯准备到成品包装入库，经过企业各有关部门或工序的先后顺序，称为工艺路线。

10.2.1.2　安装

在进行工件的机械加工时，必须把工件放在机床上，使它在夹紧之前就有一个正确的位置，这个确定工件在机床上占有正确位置的过程就是定位。工件定位后，为了使工件在承受切削力的过程中保持正确的位置,必须把它压紧或夹牢,这称为夹紧。工件从定位到夹紧的一次装夹过程就称为安装。

在一个工序内,工件的加工可能只需要一次安装,也可能需要几次安装。如表 10-3 中的工序 1,要进行两次安装,先车小端面、小端外圆、钻孔,再调头安装,车大端面、大外圆、孔。而表 10-3 中的工序 2,则仅需要一次安装。

工件在加工过程中,应尽量减少安装次数。因为每增加一次安装就会多一次误差,降低加工精度,而且还会增加安装工件的辅助时间。

10.2.1.3　工位

在工件的机械加工过程中,常采用各种回转工作台、回转夹具或移位夹具,使工件在一次安装中先后处于几个不同的位置进行加工,以减少工件安装的次数。而为了完成一定的工序,一次安装后,工件与夹具或设备的可动部分一起相对于刀具或设备的固定部分所占据的每一个位置,称为工位。

10.2.1.4　工步

工步是指在一个工序内,一次安装中,在加工表面、切削工具和切削用量中的转速与进给量不变的条件下所连续完成的那部分工艺过程。一个工序中可以只包括一个工步,也可以包括几个工步。例如,在表 10-3 中的工序 1,包括粗、精车端面和外圆等工步。而工序 3 中钻床钻孔时,就只有一个工步。

有时,采用几把刀具(或复合刀具)同时加工几个表面,以提高生产率,这种工步称为复合工步。复合工步在工艺规程中可写为一个工步。在转塔车床、专用机床上的加工通常采用复合工步,其生产率大大提高。

构成工步的任一要素(加工表面或装配时的连接表面,加工或装配工具,刀具或切削用量)改变后,一般即变成了另一个新的工步。但是,对于那些在一次安装中连续进行的若干相同的工步,为了简化工序内容的叙述,通常看作一个工步。例如,在同一个零件上的同一工序中连续钻 4 个对称的 ϕ 20 mm 的孔,就可以看做一个工步,在工艺规程上写成“钻 4-ϕ 20 孔”。

10.2.1.5　走刀

在一个工步中,如果被加工表面需切去的金属层很厚,不能一次切除,需要分几次切削,则每一次刀具相对于工具移动,并切去一层金属所完成的工作称为一次走刀。所以,一个工步可以包括一次或几次走刀。

10.2.2　制定机械加工工艺规程的基本要求和依据

10.2.2.1　机械加工工艺规程的工艺文件组成

在机械加工生产上,用来说明工艺规程的工艺文件主要有机械加工(或装配)工艺过程卡、机械加工(或装配)工序卡和机械加工工艺(综合)卡。对于自动和半自动机床上完成的工序,还要有机床调整卡片;对于检验工序,还要有检验工序卡片。

机械加工(或装配)工艺过程卡是指以工序为单位简要说明产品或零件的加工(或装配)过程的一种工艺文件。在单件小批生产中,通常只用比较简单的机械加工(或装配)工艺过程卡。

机械加工(或装配)工序卡是指在工艺过程卡的基础上,按每道工序所编制的一种工艺文件。一般有工艺简图,并详细说明该工序的每个工步的加工(或装配)内容、工艺参数、操作要求以及所用设备和工艺装备等。对于成批大量生产,除有较详细的工艺过程卡外,还要编制机械加工(或装配)工序卡。

机械加工工艺(综合)卡是比工艺过程卡详细,比工序卡简单且较灵活,它是介于两者之间的一种格式卡片。它既要说明工艺路线,又要说明各工序的主要内容。主要用于成批生产。

10.2.2.2　机械加工工艺规程的作用

(1)工艺规程是指导和组织生产的主要技术文件。生产的计划和调度、工人操作和产品质量检验等都是以工艺规程为依据的。经批准实施的工艺规程是不得违反的,是加工零件的依据。

(2)工艺规程是生产准备工作的基本依据。在产品投产之前,需要做大量的技术准备和生产准备工作。例如,加工刀具和设备的设计、制造和采购,原材料、半成品的供应,毛坯的制造等,都需要按照工艺规程来安排和组织。

(3)工艺规程是新建和扩建企业的基础。根据零件的工艺规程,可以确定生产所需的设备种类和数量,从而进一步计算厂房的面积,工人的工种、等级和数量,以及投资额等。

工艺规程不是一成不变的,它随着生产技术的发展而不断改进和完善,使生产水平和工艺水平不断提高。

10.2.2.3　制定工艺规程的原则

在一定的生产条件下,以最少的劳动消耗和最低的费用,按计划规定的进度,可靠地加工出符合图样所提出的各项技术要求的零件。工艺规程首先要保证产品质量,同时要争取最好的经济效益。在制定工艺规程时还要注意技术上的先进性、经济上的合理性和要有良好的劳动条件。

10.2.2.4　制定工艺规程的技术依据

制定工艺规程时,必须具有下列原始资料作为基本的技术依据:

(1)产品的装配图及零件图。根据产品的装配图可以分析零件的功用,通过零件图分析零件的主要表面、重要的技术条件和重要的位置尺寸标注等,以便找出关键的技术问题,并采取相应的工艺措施。

(2)毛坯图。根据零件图样可以设计出毛坯图。从机械加工的角度,对毛坯生产提出要求。

(3)产品的生产纲领和生产类型。根据产品的生产纲领和生产类型的不同,制定工艺规程的详细程度也不同。

(4)本厂的生产条件。根据本厂的生产条件,制定切实可行的工艺规程。

(5)国内外生产技术的发展情况。了解国内外的先进生产工艺,结合本厂的实际情况,制定先进的工艺规程,促进本厂的生产技术水平不断提高。

(6)有关手册、标准及指导性文件。

10.2.3 机械加工工艺规程的制定

10.2.3.1 零件图的研究和工艺分析

熟悉整个产品(如整台机器)的用途、性能和工作条件,结合装配图明确被加工零件在产品中的位置、作用、装配关系及其精度等技术要求对产品质量和使用性能的影响。然后,从加工的角度对零件从以下几个方面进行工艺分析:

(1)审查零件图的完整性和正确性。检查零件图的视图、剖视、剖面是否足够正确,尺寸、公差、形位公差、粗糙度和技术要求的标注是否齐全、合理,材料、热处理以及其他技术条件是否说明清楚,分析零件主要表面的精度、表面质量和技术要求等在现有的生产条件下能否达到,以便采取适当的措施。

(2)审查零件材料的选择是否恰当。应立足国内选择零件材料,采用我国资源丰富的材料,不要轻易选用贵重材料。另外,要保证所选材料不会增加工艺的难度和复杂程度。

(3)审查零件的结构工艺性。零件的结构工艺性是指所设计的零件在能满足使用要求的前提下,制造的可行性和经济性。不同的生产类型和生产条件下,对零件的结构工艺性的要求也可能不同。零件结构设计的时候应从以下几个方面考虑,来确保零件的机械加工;加工时应便于进刀、退刀;减少加工表面数、加工表面面积,尽量避免内表面加工;便于工件装夹,减少装夹次数,有利于增强刀具和工件的刚度;有相互位置精度要求的各表面,应尽可能在一次装夹中加工完成;减少刀具的调整与走刀次数;采用标准刀具和通用量具,减少刀具和量具种类。

(4)区分零件主、次要表面和分析保证主要表面的方法。零件的主要表面是指零件与其他零件相配合的表面,或者直接参与机器工作过程的表面。主要表面以外的表面称为次要表面。主要表面的加工质量很大程度上影响着零件工作可靠性和使用寿命。因此,要首先考虑主要表面的最终加工方法,然后确定这以前一系列准备工序的加工方法。次要表面的加工可根据实际情况和在方便加工的情况下,安排在各主要表面加工工序之间进行。

另外,对零件的审查中,若有不合理的设计,应会同有关设计者共同研究,提出合理性的意见,并按规定手续进行必要的修改。

10.2.3.2 根据生产纲领确定生产类型

由于不同生产类型的加工工艺有很大的不同,因此制定工艺规程的时候,应根据零件的生产纲领确定其相应的生产类型。生产类型确定了,零件的制造工艺过程的总体轮廓就勾画出来了。

10.2.3.3 毛坯的选择

毛坯的选择主要包括毛坯的材料、类型和生产方法的选用。选择毛坯种类和制造方法时,应全面考虑机械加工的成本和毛坯制造成本,以达到降低零件生产总成本的目的。毛坯的种类有铸件、锻件、型材、冲压件及焊接件等。

究竟选择何种毛坯,必须根据实际生产情况和零件的具体要求来决定。一个零件毛坯可以用几种不同的方法来制造,因而必须对各种方案进行多方面的比较,最后选择综合性指标最高的制造方法。在具体选择毛坯时，应全面考虑下列因素的影响：

(1)零件生产纲领的大小。生产纲领是选择毛坯的重要条件。通过生产纲领确定生产类型。当成批大量生产时，应采用精度和生产率都比较高的毛坯制造方法。例如，铸件采用金属造型或精密铸造方法，锻件采用模锻等使毛坯的形状和尺寸尽量与成品接近，减少机械加工劳动量，提高劳动生产率，缩短生产周期。但这样带来的问题就是用于制造毛坯的设备及装备的费用比较高，这可以通过由材料消耗的减少和机械加工费用的降低来补偿。因此，需要考虑毛坯成本的核算。

毛坯制造成本可用下式表示：

$$C=M+P+H/n$$

式中　C——每一个毛坯的制造成本；

M——每一个毛坯的材料价值；

P——制造一个毛坯的工资；

H——工艺装备及其他杂费；

n——零件批量。

当采用先进制造方法时，$(M+P)$ 减少，而 H 增加，但 H 分摊在单件产品上的费用则随着年产量的增加而减少。根据上式可以求得最低毛坯成本的生产批量。大于这个批量时，可以选用先进的毛坯制造方法；反之，则应采用普通的毛坯制造方法，如砂型铸造或自由锻造毛坯、型材件等。

(2)零件的材料和力学性能。多数情况下，零件的材料和力学性能要求也就决定了毛坯的种类。例如，当零件材料为铸铁或铸钢、铸铝合金、铸镁合金等时，要选用铸造毛坯；形状复杂的钢质箱体、机架、大齿轮等，通常采用铸造毛坯；但是需要较高强度的重要钢质零件，不论结构形状复杂与否，均不宜直接选取轧制型材，而应选用锻件。

从力学性能方面来说，如果零件的力学性能要求较高，应选择锻件；而力学性能要求不高时，则可选用型材或铸件。

(3)零件的结构形状和尺寸。零件的结构形状和尺寸在很大程度上也决定了可以采用某种毛坯制造方法的可能性和经济性。例如，结构形状复杂的零件，常采用铸件毛坯；对于薄壁件，不宜采用砂型铸造；尺寸较大的零件则可以采用砂型铸造；对于中小型零件，可采用较先进的特种铸造方法(如离心铸造、熔模铸造、压力铸造等)；大型轴类零件可采用自由锻件；对于台阶直径相差不大，且强度要求不高的阶梯轴，可直接选取圆棒料，而台阶直径相差较大的阶梯轴，为了节约材料和减少机械加工的劳动量，则应选择锻件毛坯；套类零件(如汽缸套)宜采用离心铸造毛坯；一些非旋转体的板条形钢质零件，一般多为锻件；此外，重型复杂零件宜采用组合毛坯。

(4)本厂现有的生产条件。选择毛坯时，还要考虑现有的生产条件、工艺水平和传统生产习惯，如毛坯制造的实际能力、型材的品种规格等。同时，还应考虑组织外部协作的可能性，从而使选定的毛坯生产方法既是高质量、低成本，又是切实可行的。

(5)考虑新技术、新材料、新工艺，降低生产成本。零件的制造成本包括所消耗材料的费用，燃料、动力费用，工资，设备、工艺装备的折旧费和修理费，废品损失费用，以及其他辅助费用等。在选择毛坯的类型及生产方法时，通常是在满足零件使用要求和工艺性要求的前提下,对几个可供选择的方案从经济上分析比较,从中选出总成本较低的方案。

分析毛坯生产方法的经济性时,不能单纯考虑毛坯的生产成本,还要比较毛坯的材料利用率和后续的机械加工成本,从而选用使零件的总制造成本最低的最佳毛坯生产方法。这就要求在选择毛坯的生产方法时,必须注意毛坯制造技术的发展状况,大力采用新技术、新工艺,如精密铸造、冷挤压等。这样可以减少机械加工工作量,甚至实现少切屑或无切屑加工,节省材料和能源,提高生产率,降低生产成本。

10.2.3.4　选择定位基准和主要表面加工方法

在机械加工中,无论采用哪种安装方法,都必须使工件在机床或夹具上正确地定位,以保证被加工面的精度。

任何在空间不限制其相对位置的物体,都具有 6 个自由度,即沿着空间中 3 个互相垂直的坐标轴的移动和绕着这 3 个坐标轴的转动。要使工件在空间中处于相对固定的位置(定位),就必须限定这 6 个自由度。在机械加工中,用 6 个相应的支承点来限制工件的 6 个自由度,以完全确定工件的正确位置,称为工件的“六点定位原理”。在工件加工中,完全限制 6 个自由度的点位称为完全定位。限度少于 6 个自由度就可以使工件正确定位的方法称为不完全定位。而 1 个自由度同时由 2 个或 2 个以上的定位元件来限制的方法称为过定位。当过定位导致工件或定位元件变形,影响加工精度时,是不被允许的。但当过定位不影响工件位置,又能提高加工精度时,可以采用。工件加工过程中,根据加工要求,应该被限制的自由度而没有得到限制,就称为欠定位。欠定位满足不了加工要求,因此是不被允许的。

在零件的设计、制造和装配过程中,一些点、线、面被作为依据,用来确定其余点、线、面的位置,这些作为依据的点、线、面称为基准。根据作用不同,分为设计基准和工艺基准两大类。

设计时在零件图纸上所使用的基准,称为设计基准。如图 10-2 所示,齿轮内孔、外圆和分度圆的设计基准是齿轮的轴线,两端面可以认为是互为基准。如图 10-3 所示,表面 2 和孔 3 的设计基准是表面 1,孔 4 的设计基准是孔 3 的中心线。

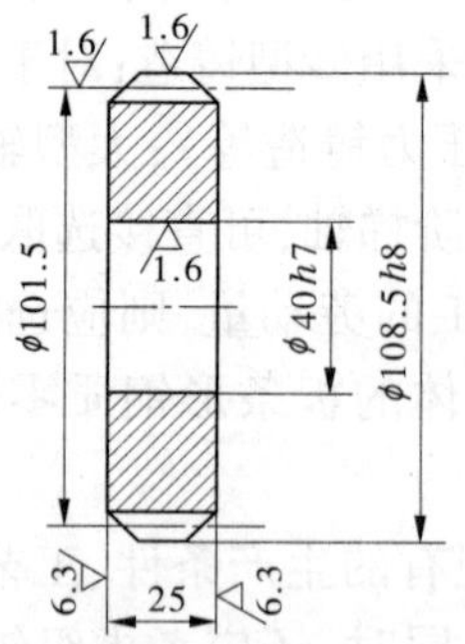

图 10-2　齿轮

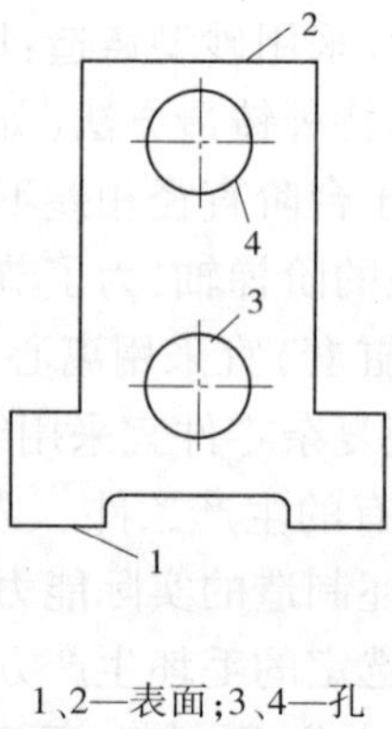

1、2—表面;3、4—孔

图 10-3　机架简图

工艺基准是指在制造和装配机器过程中所使用的基准。根据用途又分为定位基准、度量基准和装配基准,分别用于工件加工时的定位、工件的测量检验和零件的装配。

考虑工件定位时,首先要选择定位基准。定位基准的正确选择对保证加工精度、安排加工顺序和提高加工生产率影响重大。由于定位的作用就是保证加工表面的位置精度,所以选择定位基准的总的原则是从有位置精度要求的表面中选择。

对毛坯开始进行机械加工时,第一道工序只能以毛坯表面定位,这种基准面称为粗基准。粗基准的选择应保证各加工表面有足够的加工余量,不加工表面尺寸和位置符合图样要求,并为后续工序提供精基准。粗基准的选择原则如下:

(1)如果工件要求必须保证加工表面与某一不加工表面之间的位置的精度,则应选取不加工的表面作粗基准。若有多个不加工表面,则应选择与加工表面相互位置精度要求高的表面作粗基准,以保证这些不加工表面与加工表面之间的相互位置变动最小。

(2)对于所有表面都要加工的零件,应选择加工余量和公差最小的表面作粗基准,以避免因位置偏移导致余量不足,无法加工,造成废品。

(3)选取要求加工余量均匀的重要表面作粗基准,以保证其加工余量均匀和表面组织性能的一致。如机床床身加工,由于床身的导轨面的耐磨性要好,而且金相组织要均匀,所以需选择导轨面作为粗基准来加工床脚底面,然后翻身再以床脚底面作为精基准加工导轨面,才能保证技术要求和加工余量均匀。

(4)选取光洁、平整,无飞边、浇冒口或其他缺陷,面积足够大、装夹稳定的表面为粗基准,以保证定位准确、夹紧可靠。如果必须要选用有缺陷的表面作为粗基准,则需要把这些表面加以修整后再使用。

(5)由于粗基准是未经加工的粗糙表面,其尺寸精度低,形位误差大,表面粗糙度低,如果多次采用粗基准,不能保证每次安装位置的一致性,而使被加工表面的位置超差。因此,粗基准只能在第一道工序中使用一次,不应重复使用。

第一道工序之后,应当以加工过的表面为定位基准,这种定位基准称为精基准。精基准选择的目的是使装夹方便、正确、可靠,保证加工精度,以及夹具的结构简单。选择精基准应遵循以下原则:

(1)基准重合原则。就是尽可能选择设计基准作为定位基准,这样可以避免定位基准与设计基准不重合而引起的定位误差。

(2)基准统一原则。对于某些位置精度要求较高的表面进行加工时,应尽可能选择统一的定位基准,这样有利于保证各加工面的位置精度。例如,加工较精密的阶梯轴时,往往以中心孔为定位基准车削各个表面,而在精加工之前再将中心孔加以修研,仍以中心孔定位磨削各表面。这样有利于保证各表面的位置精度(如同轴度、垂直度等)。

又如,箱体类零件的加工,一般采用一面两孔作为精基准;圆盘类零件(如齿轮)以孔及基准端面作为精基准。

采用基准统一原则的优点就是简化工艺过程的制定及夹具的设计与制作工作,由于基准统一,有可能在一次装夹中加工较多的表面,便于采用高生产率的专用设备,在一次装夹中加工出的各表面可获得较高的相互位置精度。

(3)互为基准原则。当两个表面相互位置精度以及它们自身的尺寸与形状精度都要求很高时,可以采用互为基准的原则,反复多次进行加工。如齿轮、轴承类零件的加工。

(4)自为基准原则。某些精加工或光整加工工序,要求加工余量小而均匀,以保证加工质量和提高生产率,则可选用被加工表面本身作为定位基准,称为自为基准原则。如手工铰孔、拉孔、无心磨外圆,以及在四爪卡盘上用“校正法”加工内孔或外圆。

采用自为基准原则时,一般不能提高加工表面的位置精度,只能提高尺寸精度、形状精度及减小表面粗糙度。若该加工面与其他面间有位置精度要求,则由先行工序保证。

在实际工作中,定位基准的选择有时不可能完全符合上述原则,应根据实际情况进行具体分析,从解决最主要的问题着眼,对整个加工过程中的工艺基准进行通盘考虑,以选择最有利的方案。

选择加工方法时应考虑每种加工方法的加工经济精度、零件材料的可加工性、工件的结构形状和尺寸、生产类型及工厂现有生产条件。

加工表面的技术要求是决定表面加工方法的最重要因素。这些技术要求除零件设计图样上所规定的外,还包括由于基准不重合而提高对某些表面的加工要求,以及由于被选择作为精基准而可能对其提出的更高加工要求。

10.2.3.5　制定工艺路线

制定工艺路线是确定工艺过程的总体布局,是在规定的条件下,确定零件的加工工序内容、数目和先后顺序,把加工工件的各个工序按顺序合理地排列出来。它不仅影响加工质量和生产率,而且影响工人的劳动强度和经济性。

1. 确定加工方法

根据零件每个加工表面,特别是主要表面的技术要求,选择较合理的加工方法及加工次数。在选择加工方法的时候,应该考虑所选加工方法的加工精度及表面粗糙度与零件的精度及表面粗糙度要求相适应;被加工材料的性质;工件的结构形状和尺寸大小;所选加工方法与生产类型相适应;充分利用现有设备和工艺手段,充分挖掘企业潜力,重视新技术、新工艺的应用。

2. 划分加工阶段

按照加工性质和目的的不同,工艺过程一般可划分成粗加工、半精加工、精加工和光整加工几个阶段。当毛坯余量特别大,表面非常粗糙时,在粗加工之前还要安排荒加工。

划分加工阶段的目的在于:减少或消除内应力、切削力和切削热对精加工的影响,保证加工质量;及时发现毛坯缺陷;充分发挥粗、精加工设备的优势,避免以精干粗,做到合理使用设备;便于安排热处理工序;避免或减少损伤已精加工过的表面。

对于加工精度要求不高、刚性足够或加工余量不大的工件,以及装夹、运输不便的重型零件可以不划分加工阶段。但是为了弥补不划分加工阶段带来的弊端,重型零件在粗加工之后,要松开夹紧,消除夹紧变形及热变形,然后重新夹紧,继续进行精加工。

3. 组合工序

当选定了各表面的加工方法及划分加工阶段后,就可将同一阶段中各表面的加工组合成若干工序。组合工序有工序集中和工序分散两种不同的原则。

工序集中是指整个工艺过程采用尽量少的工序,每道工序安排尽量多的加工内容。工序集中的特点是:减少工序数目,缩短工艺路线,减少设备数量,相应地减少操作工人数目和生产面积,从而简化了生产计划和管理工作;有利于采用高效机床和工艺装备,提高生产率;每个工序安排的加工内容较多,有利于保证各加工面间的位置精度要求;工件装夹次数少,生产辅助时间短;生产准备工作量大,操作、调整、维修费时,产品转型困难。

工序分散是指将工件的加工分散在较多的工序完成,每道工序的加工内容很少。分散到极限时,一道工序可能只包含一个简单工步的内容。工序分散的特点是:设备数量和工人数量多,生产面积大,工序数目多,工艺路线长,使生产计划和组织工作复杂;采用比较简单的机床和工艺装备,调整方便,操作工人易于掌握;工件装夹次数多,生产辅助时间长,工件的多次装夹会降低位置精度;生产准备工作量小,操作、调整、维修简单,产品转型容易。

工序集中和工序分散各有利弊,必须根据零件的生产类型、加工要求和工厂现有的生产条件来确定选择。一般来说,单件小批生产多采用工序集中原则,而大批大量生产既可采用工序集中,也可采用工序分散。

4. 安排加工顺序

不同的加工顺序安排,将得到不同的技术经济效果,甚至会影响零件的加工质量。

1)切削加工顺序的安排

切削加工顺序安排应遵循以下原则:

(1)先安排粗加工工序,后安排精加工工序。

(2)先加工基准面,再加工其他表面。精基准面应在一开始就加工,因为后续工序加工其他表面时,要用它定位。

(3)先加工主要表面(指零件的工作表面、装配基准面等),后加工次要表面(指非工作面、键槽、螺孔等)。由于主要表面技术要求较高,加工工作量较大,应先安排加工。次要表面一般可穿插在主要表面加工工序之间,或稍后进行加工,但应安排在主要表面最后精加工或精整加工之前。

(4)先加工平面,后加工孔。

2)热处理工序的安排

通过热处理可以提高零件的力学性能,改善材料的切削加工性能和消除内应力。根据热处理的目的不同,一般可分为预备热处理(为了改善金属的组织和切削加工性而进行的热处理,如退火、正火等)、最终热处理(为了提高零件表层硬度和强度而进行的热处理,如淬火、氮化等)和去除内应力处理(时效处理)。

3)检验工序的安排

为了保证产品质量,除加工过程中每道工序操作者的自检外,必要时还要安排专门的检验工序,在以下情况安排检验工序:

(1)粗加工阶段之后;

(2)关键工序前后;

(3)特种性能检验(如磁力探伤、动平衡试验、密封性试验)之前;

(4)零件从一个车间转到另一个车间之前;

(5)零件全部加工结束之后。

4)其他辅助工序的安排

(1)零件的表面处理,如电镀、油漆、发蓝等,一般均安排在工艺过程的最后。但有些大型铸件的内腔不加工面,常在加工之前先涂防锈油漆等。

(2)去毛刺、倒棱边、去磁、清洗等,应适当穿插在工艺过程中进行。

若缺少辅助工序或者对辅助工序要求不严,将给装配工作带来困难,甚至使机器不能使用。

10.2.3.6　确定各工序的加工余量、尺寸及公差

为了获得合格的零件,必须从毛坯上切去的那层材料,称为加工余量。加工余量分为工序余量和总余量。某工序中所需切除的那层材料,称为工序余量。从毛坯到成品总共要切除的余量,称为总余量,它等于相应表面各工序余量之和。

工件上留加工余量的目的在于切除上一道工序所留下的加工误差和表面缺陷,以保证获得所需要的精度和表面质量。影响加工余量的因素有:加工表面上的表面粗糙度和表面缺陷层深度;加工前或上一道工序的尺寸公差;加工前或上一道工序各表面相互位置的空间偏差;本工序加工时的装夹误差。

毛坯上所留的加工余量如果过大,则费料、费工、增加工具的消耗,有时还会使工件最耐磨的表面层被加工掉,达不到工件的技术要求;如果过小,则不能保证切去工件表面的缺陷层,不能纠正上一道工序的加工误差,有时还会使刀具在不利的条件下切削,加剧刀具的磨损。

决定加工余量的大小时,应考虑在保证加工质量的前提下使余量尽可能的小。目前,加工余量的确定方法主要有如下几种:

(1)估计法。由工人和技术人员根据经验和具体生产条件,估计各工序余量的大小。为了保证不出废品,往往加工余量偏大,仅用于单件生产。

(2)查表法。结合具体的加工要求和条件,根据各种标准和工艺手册确定各工序的加工余量。由于手册的适用性广,所以一般加工都能用。

(3)计算法。为了精确确定各工序的余量,通过分析影响因素,列出公式,计算工序余量,用于重要零件或成批大量生产的零件。

10.2.3.7　确定各工序的设备及工艺装备

确定各工序所需的设备(机床)及工艺装备(产品制造过程中所用的各种工具的总称,包括刀具、夹具、模具、量具、检具、辅具、钳工工具和工位器具等),以保证生产的顺利进行。

机床的选择原则:机床的加工尺寸范围应与工件的外廓尺寸相适应;工作精度应适应工序要求的精度;生产率符合工件的生产类型;还应考虑本厂的现有条件,没有相应设备时,应改装设备或设计专用设备。

工艺装备的选择应与产品的生产类型相适应,综合考虑零件的技术要求、生产率和经济性。

10.2.3.8　确定切削用量和工时定额

对于单件小批生产,一般不规定切削用量,而是由操作工人根据经验自行选定。但对于自动线和流水线,为了保证生产节拍均衡,各工序、工步都要规定切削用量,并不得随意改变。可通过查阅有关切削用量手册及机床参数手册并进行计算,或根据各工厂的实际经验来确定切削用量。

工时定额可通过查阅切削手册、时间定额手册并进行计算,或由统计资料估算来确定。

10.2.3.9　确定各主要工序的技术要求及检验方法

为了保证产品质量,对于各主要工序应提出技术要求及工人操作时的注意事项。必要时,要设计及制造专用的检验工装工具。

10.2.3.10　填写工艺文件

工艺过程拟定以后,以图表或文字的形式写成工艺文件。

任务 10.3　零件结构的工艺性

零件本身的结构对零件的加工质量、生产效率和经济效益都有重要影响。为了获得较好的技术经济效果,在设计零件结构时,不仅要考虑满足使用要求,还应当考虑是否能够制造和便于制造,也就是要考虑零件结构的工艺性。

零件结构的工艺性是指所设计的零件在满足使用要求的前提下,制造的可行性和经济性。它既是评价零件结构设计好坏的技术经济指标之一,又是零件结构设计好坏的结果,所以在零件的设计阶段就应给予它足够的重视。

设计的零件结构,在一定的生产条件下若能高效低耗地制造出来,并便于装配和维修,则认为该零件结构工艺性良好。一个零件的生产过程,一般都要经过毛坯的制造、切削加工、热处理、装配和维修等多个过程。因此,零件的结构工艺性应该是一个整体的概念,要全面考虑各个生产过程对零件结构工艺性的要求,并尽量使各个生产过程都具有良好的工艺性。

研究零件结构工艺性的目的在于,在现有的工艺条件下使加工零件方便、生产效率高、加工劳动量少及加工质量高。零件的结构工艺性也不是一成不变的,随着科学技术的发展,新技术、新工艺的不断涌现,原来不可行的可能已变得可行,甚至变得很容易加工。

产品及零件的制造,包括毛坯生产、切削加工、热处理和装配等许多阶段,各个生产阶段都是有机地联系在一起的。在进行零件结构设计时,必须全面考虑,使各个阶段都具有良好的工艺性。当生产阶段对结构的工艺性要求有矛盾时,应综合考虑,统筹安排。由于通常情况下要靠切削加工来保证零件的尺寸精度、形状精度、位置精度和表面质量,因此零件的切削加工对结构工艺性显得更为重要。本任务通过一些常见实例来分析零件结构工艺性。

10.3.1　便于装夹

为了便于装夹,可采取以下措施:

(1)增设工艺凸台。对于某些大型工件,为了保证工件安装时有水平的加工面,且安装方便,定位可靠,需增加工艺凸台。图 10-4(a)所示的零件,加工上表面时难以安装校正,图 10-4(b)所示增加了一个工艺凸台,则安装方便,定位可靠。如需要,精加工后可以将工艺凸台切除。

(2)改变工件结构或增加辅助安装面。车床加工时,装夹工件一般采用三爪卡盘、四爪卡盘。图 10-5(a)所示工件为加工 ϕ 140 mm 外圆及端面,如装夹 A 处,一般卡爪长度

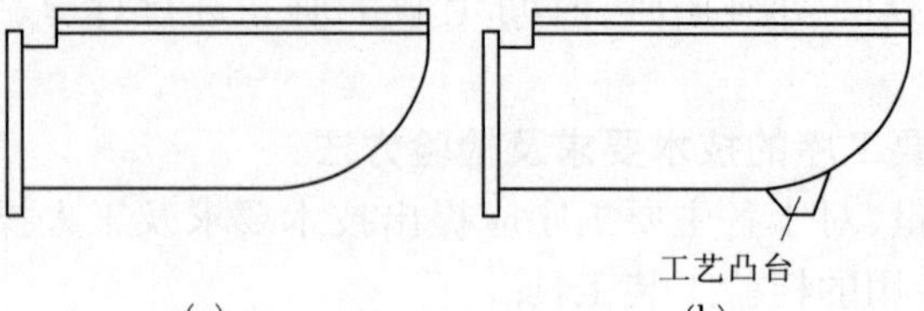

图 10-4　工艺凸台

不够,无法装夹,而 B 处为圆弧面,无法将工件夹紧。若将工件改为图 10-5(b)所示的结构,将 B 处改为 C 处的圆柱面,则容易夹紧。或在毛坯上增加一个辅助安装面 D [见图 10-5(c)],则安装比较方便。

(3)增加装夹凸缘或装夹孔。如图 10-6(a)所示的工件,在加工其上表面时,很难将工件夹紧。如果在其两侧增加凸缘或孔[见图 10-6(b)],就可用压板或螺栓装夹很容易地将工件夹紧定位,同时也便于工件吊装和搬运。

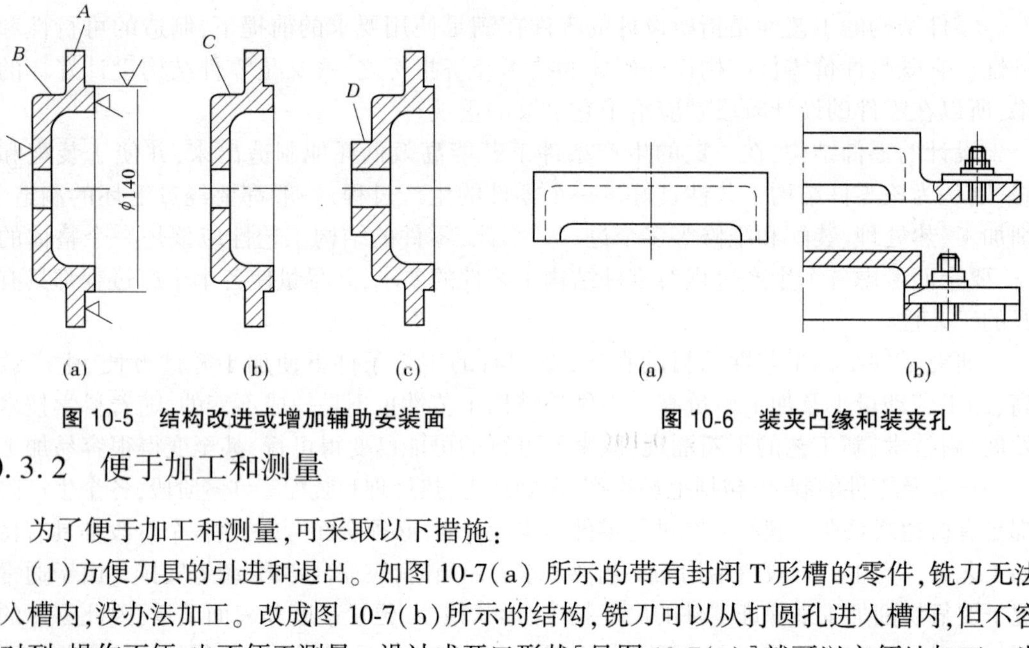

图 10-5　结构改进或增加辅助安装面　　　　图 10-6　装夹凸缘和装夹孔

10.3.2　便于加工和测量

为了便于加工和测量,可采取以下措施:

(1)方便刀具的引进和退出。如图 10-7(a) 所示的带有封闭 T 形槽的零件,铣刀无法进入槽内,没办法加工。改成图 10-7(b)所示的结构,铣刀可以从打圆孔进入槽内,但不容易对到,操作不便,也不便于测量。设计成开口形状[见图 10-7(c)]就可以方便地加工。为了避免刀具或砂轮与工件某个部分相碰,必要时,留出足够的退刀槽、空刀槽或越程槽。

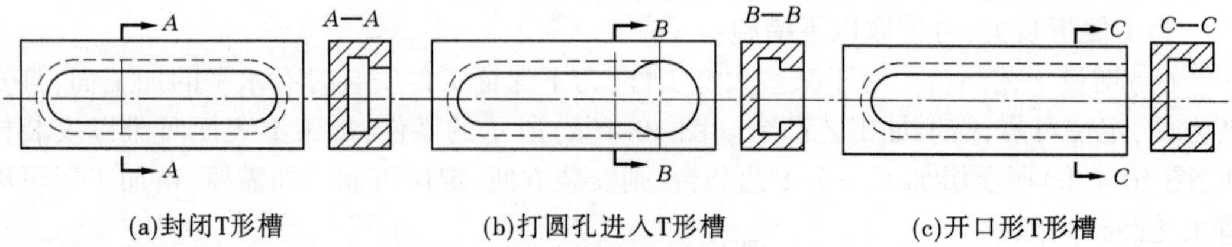

图 10-7　T 形槽加工

图 10-8(a)所示为不合理结构,图 10-8(b)所示依次为车螺纹退刀槽、铣齿或滚齿退刀槽、插齿空刀槽、磨孔越程槽。

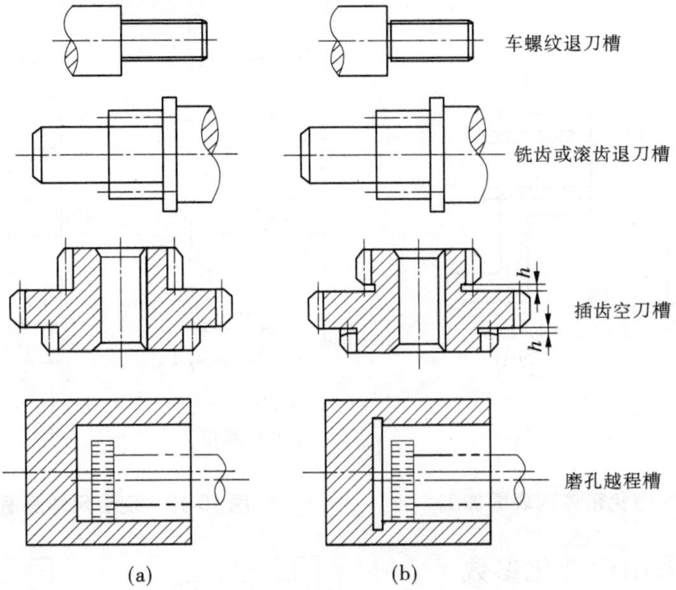

图 10-8　退刀槽、空刀槽和越程槽

(2)给刀具留出足够的加工空间。如图 10-9 所示,若壁面与孔的轴线的距离 s 小于钻头的卡头外径 D 的一半,则难以加工。一般情况下,要保证 $s \geqslant D/2+(2\sim5)$,才便于加工。

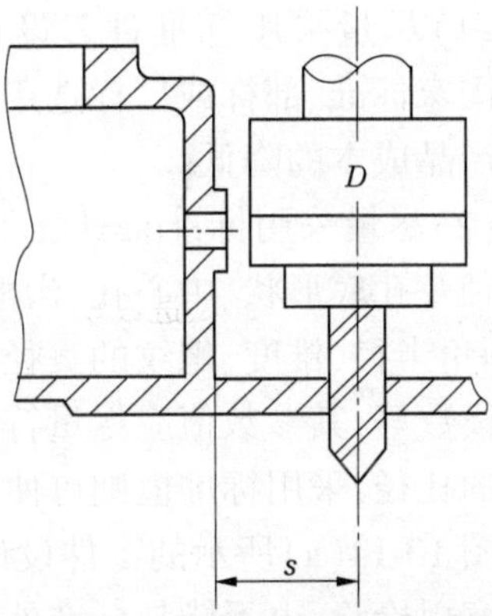

图 10-9　留出足够加工空间

(3)尽量避免弯曲的孔。图 10-10(a)所示零件的孔是无法加工出来的;改为图 10-10(b)所示的结构,中间一段孔是无法加工的;若改为图 10-10(c)所示的结构,虽能加工出来,但还要在中间一段附加一个柱塞,比较费工。因此,设计时,要尽量避免弯曲的孔。

(4)尽量避免箱体内表面的加工。箱体内表面的加工困难,如需要,改成组合件(见图 10-11),则方便加工,不需特殊刀具或夹具,也可保证较高的表面光洁度。

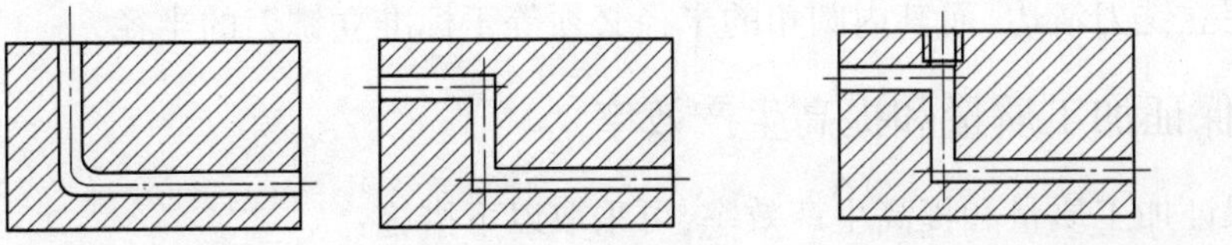

(a)无法加工出　(b)中间一段孔是无法加工　(c)虽能加工出来但比较费工

图 10-10　避免弯曲的孔

(5)零件的尺寸标注要便于加工和度量。图 10-12(a)所示的标注尺寸 100±0.1 不便加工和测量,改为图 10-12(b)后,由 140±0.05 和 40±0.05 来保证 100±0.1,则便于加工和测量。

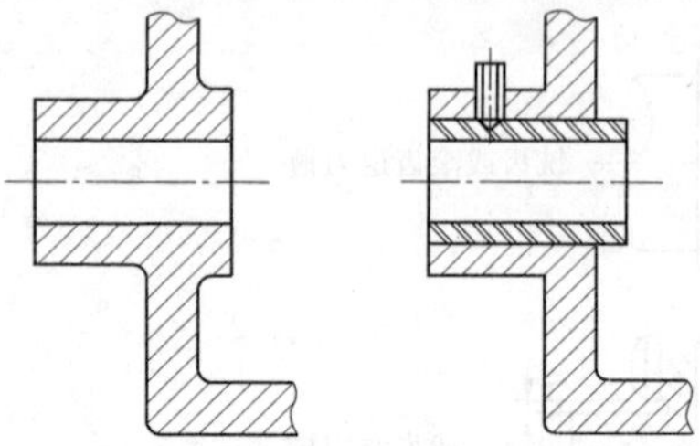

(a) (b)

图 10-11 避免箱体内表面加工

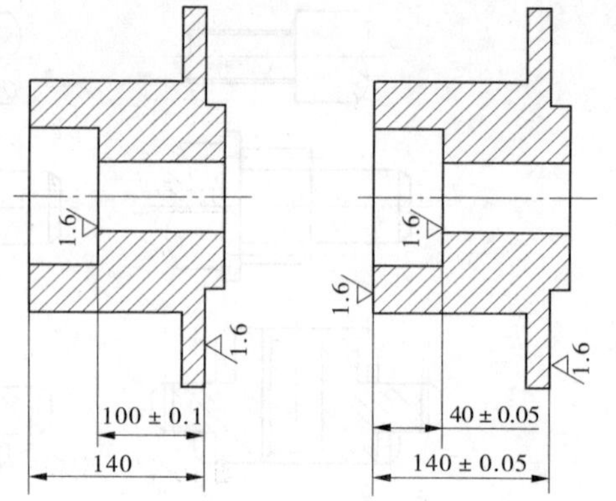

(a)标注尺寸不便于加工和测量

(b)标注尺寸便于加工和测量

图 10-12 便于尺寸测量

10.3.3 尽量采用标准化参数

要尽量采用标准化参数,具体措施为:

(1)尽量采用标准件。设计时,应尽量按国家标准、部标或厂标选用标准件,以利于产品成本的降低。

(2)尽量采用标准刀具加工。零件上的孔径及孔底形状、中心孔、沟槽宽度或角度、圆角半径、锥度、螺纹的直径和螺距、齿轮的模数等,其参数值应尽量符合标准刀具参数,以便能使用标准刀具加工。如图 10-13 所示的孔径,采用标准值则可使用标准刀具进行孔的精加工。

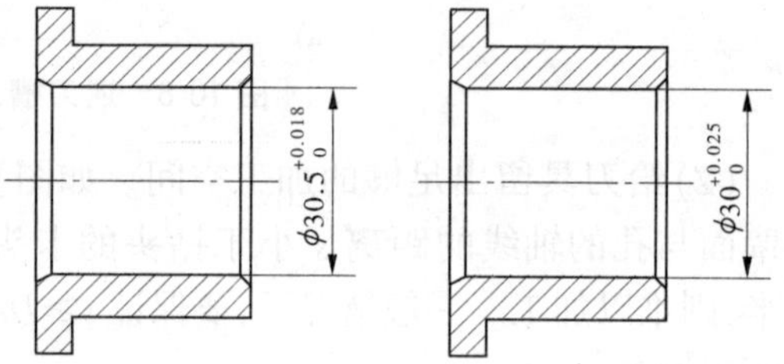

(a) (b)

图 10-13 孔的尺寸和公差采用标准值

图 10-14(a)所示的零件设计中,锥孔锥度值和尺寸都是非标准的,既不能采用标准锥度塞规检验,也不能与标准外锥面配合使用。改为图 10-14(b)所示采用莫氏锥度或图 10-14(c)所示采用米制锥度都为标准值,可方便加工。又如图 10-15(a)所示的零件,凹下表面很难进行加工。若采用图 10-15(b)所示的结构,可以用端铣刀加工,在粗加工后其内圆角用立铣刀清边,而其内圆角的半径必须等于标准立铣刀的半径。

10.3.4 保证加工质量和提高生产效率

为了保证加工质量和提高生产效率,可采取以下措施:

(1)减少安装次数。图 10-16(a)所示的轴承盖上的螺孔设计成倾斜的,不但增加了安装次数,还使钻孔和攻丝都不方便。如果改成图 10-16(b)所示的结构,则便于安装,降低辅助安装时间,提高生产效率。

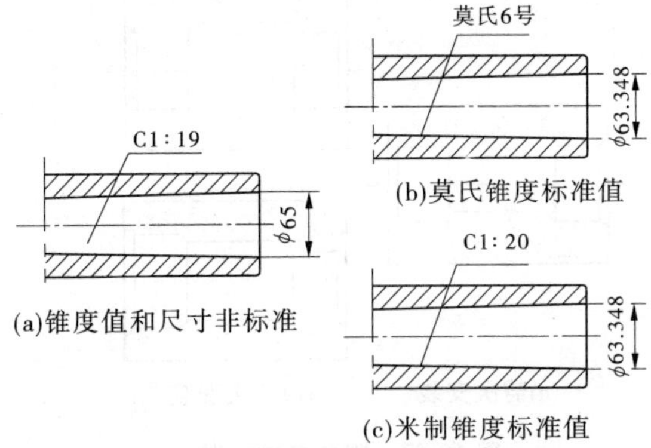

(a)锥度值和尺寸非标准　(b)莫氏锥度标准值　(c)米制锥度标准值

图 10-14　直径和锥度采用标准值

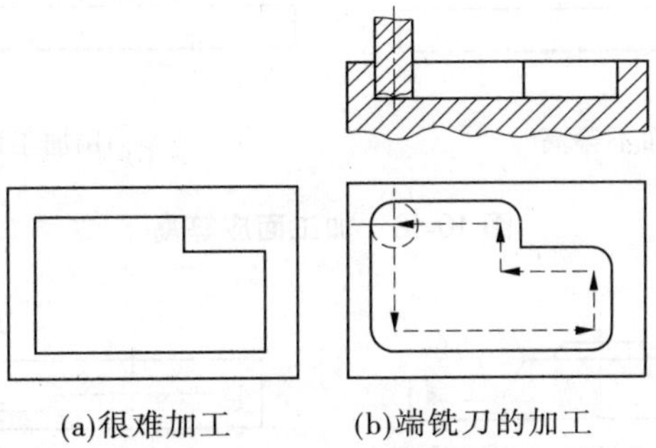

(a)很难加工　(b)端铣刀的加工

图 10-15　凹下表面的加工

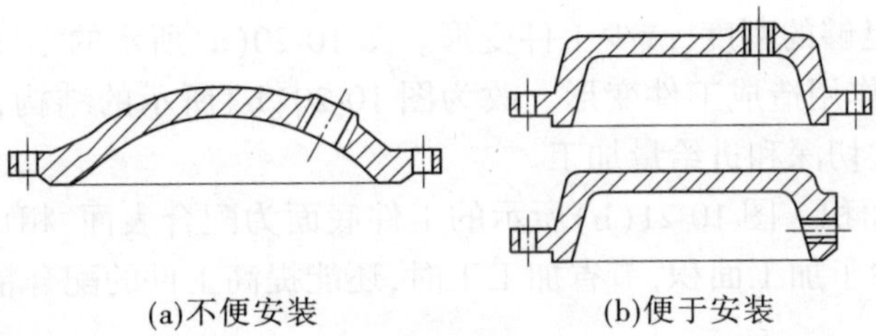

(a)不便安装　(b)便于安装

图 10-16　少设倾斜孔

对于有相互位置精度要求的表面,最好能在一次安装中加工,这样有利于保证加工表面的位置精度,减少安装次数及所用辅助时间。图 10-17(a)所示的轴套两端的孔需两次安装才能加工出来,若改为图 10-17(b)所示的结构,则可在一次安装中加工出来,降低劳动量。

(2)减少机床调整次数。被加工表面应在同一水平面上。图 10-18(a)所示的零件,凸台的高度不同,需逐一升降工作台。如果将凸台设计成图 10-18(b)所示的等高,则在一次走刀中就可以完成所有加工,这样可以节省大量辅助时间,提高劳动生产率。

又如图 10-19(a)所示的零件,由于凸台阻碍,无法采用大直径端铣刀加工。如果改成图 10-19(b)所示的设计,则有可能一次完成加工,可提高生产率以及加工精度。

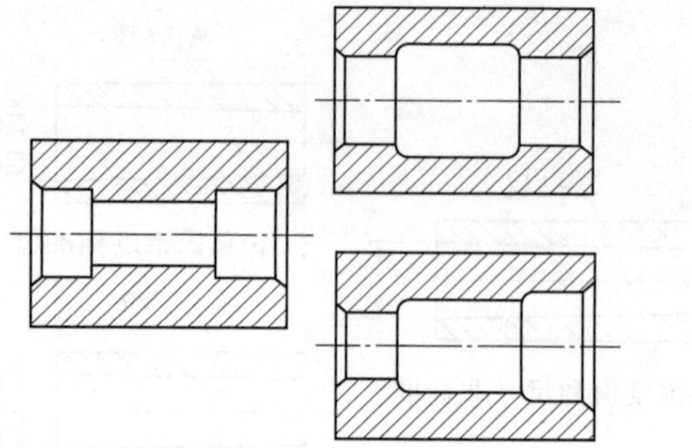

(a)需次安装　　(b)一次安装

图 10-17　避免多次安装

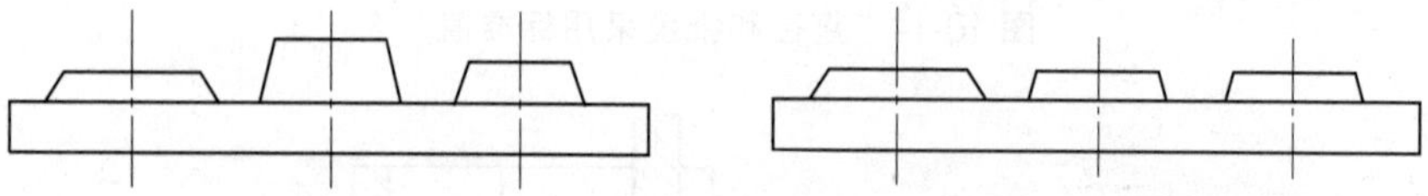

(a)加工面不等高　　(b)加工面等高

图 10-18　加工面应等高

(a)有高于被加工表面的高台　　(b)被加工表面高台无阻碍

图 10-19　不应有高于被加工表面的高台

(3)零件要有足够的刚度,减少工件变形。图 10-20(a)所示的零件结构单薄,刨削上平面时易因切削力作用造成工件变形。改为图 10-20(b)所示的结构,增加肋板,提高刚度,则可以采用较大切深和进给量加工。

(4)减少加工面积。图 10-21(b)所示的工件底面为配合表面,相比于图 10-21(a)所示的结构,不仅减少了加工面积,节省加工工时,还能提高工件的配合精度。

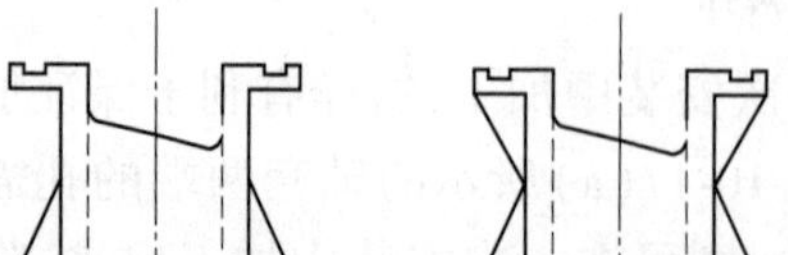

(a)结构单薄　　(b)结构加强

图 10-20　增设加强肋

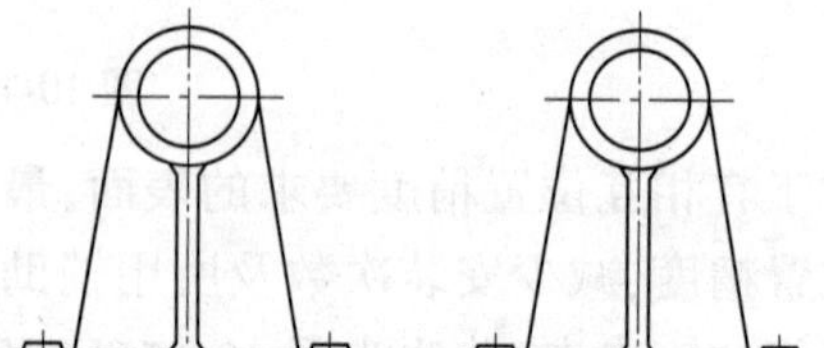

(a)加工面积大　　(b)加工面积减少

图 10-21　减少加工面积

(5)便于多个零件一起加工。图 10-22(a)所示的工件,沟槽底部为圆弧形,只能单个加工。若改为图 10-22(b)所示的结构,则可实现多件一起加工,有利于提高生产效率。

(6)要结合本单位的具体加工条件,并考虑与先进的工艺方法相适应。

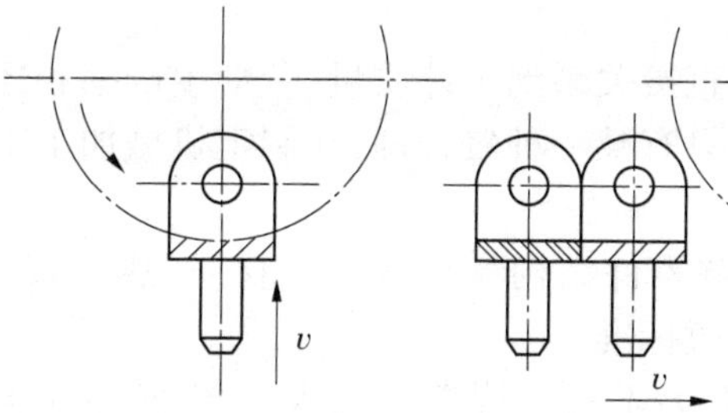

图 10-22　多件同时加工

任务 10.4　四种典型零件加工工艺规程

零件的种类很多,结构形状也千差万别,通常根据结构和用途相似的特点及加工制造方面的特点,将一般零件分为轴套类、轮盘类、叉架类、箱体类等四类典型零件。

10.4.1　轴套类零件加工工艺规程

轴类零件是机器中经常遇到的典型零件之一。它主要用来支承传动零部件,传递扭矩和承受载荷。轴类零件是旋转体零件,其长度大于直径,一般由同心轴的外圆柱面、圆锥面、内孔和螺纹及相应的端面所组成。根据结构形状的不同,轴类零件可分为光轴、阶梯轴、空心轴和曲轴等。轴的长径比小于 5 的称为短轴、大于 20 的称为细长轴,大多数轴介于两者之间。轴用轴承支承,与轴承配合的轴段称为轴颈。轴颈是轴的装配基准,它们的精度和表面质量一般要求较高,其技术要求一般根据轴的主要功用和工作条件制定。

主要要求如下:

(1)尺寸精度比一般的零件的尺寸精度要求高。轴类零件中支承轴颈的精度要求最高,为 IT5~IT7;配合轴颈的尺寸精度要求可以低一些,为 IT6~IT9。

(2)形状精度高。

(3)位置精度高,一般轴的径向跳动为 0.01~0.03,高精度轴的为 0.001~0.005。

(4)表面粗糙度比一般零件高,支承轴颈和重要表面的表面粗糙度 Ra 常为 0.1~0.8 μm,配合轴颈和次要表面的表面粗糙度 Ra 为 0.8~3.2 μm。

轴类零件一般常用的材料有 45 钢、40Cr 合金钢、轴承钢 GCr15 和弹簧钢 65Mn,还有 20CrMoTi、20Mn2B、20Cr 等。轴类零件最常用的毛坯是棒料和锻件,只有一些大型或结构复杂的轴,在质量允许时才采用铸件。由于毛坯经过锻造后,能使金属内部纤维组织沿表面均匀分布,可获得较高的抗拉、抗弯及抗扭强度,所以除光轴、直径相差不大的阶梯轴可使用热轧棒料或冷拉棒料外,一般比较重要的轴大都采用锻件。另外,轴类零件的毛坯还需要经过热处理。

轴的结构设计原则如下:

(1)节约材料,减轻重量尽量采用等强度的外形尺寸,或大的截面系数的截面形状。

(2)易于轴上零件的精确定位,稳固装配拆卸和调整。

(3 采用各种减少应力应用和提高强度的结构措施。

(4)便于加工制造和保证精度。

轴类零件中工艺规程的制定,直接关系到工件质量、劳动生产率和经济效益。一个零件可以有几种不同的加工方法,但只有某一种较合理,在制定机械加工工艺规程中须注意以下几点:

(1)零件图工艺分析中,需理解零件结构特点、精度、材质、热处理等技术要求,且要研究产品装配图、部件装配图及验收标准。

(2)渗碳件加工工艺路线一般为:下料→锻造→正火→粗加工→半精加工→渗碳→去碳加工→淬火→车螺纹、钻孔或铣槽→粗磨→低温时效→半精磨→低温时效→精磨。

(3)粗基准选择:有非加工表面,应选非加工表面作为粗基准。对所有表面都需加工的铸件轴,根据加工余量最小表面找正。且选择平整光滑表面,避开浇口处。选牢固可靠表面为粗基准,同时粗基准不可重复使用。

(4)精基准选择:要符合基准重合原则,尽可能选设计基准或装配基准作为定位基准。符合基准统一原则。尽可能在多数工序中用同一个定位基准。尽可能使定位基准与测量基准重合。选择精度高、安装稳定可靠表面为精基准。

10.4.1.1 传动轴机械加工工艺规程

传动轴的材质为 40Cr,生产数量为 500 件。

传动轴技术要求为调质处理 HB220~240,如图 10-23 所示。传动轴工艺规程卡片见表 10-4。

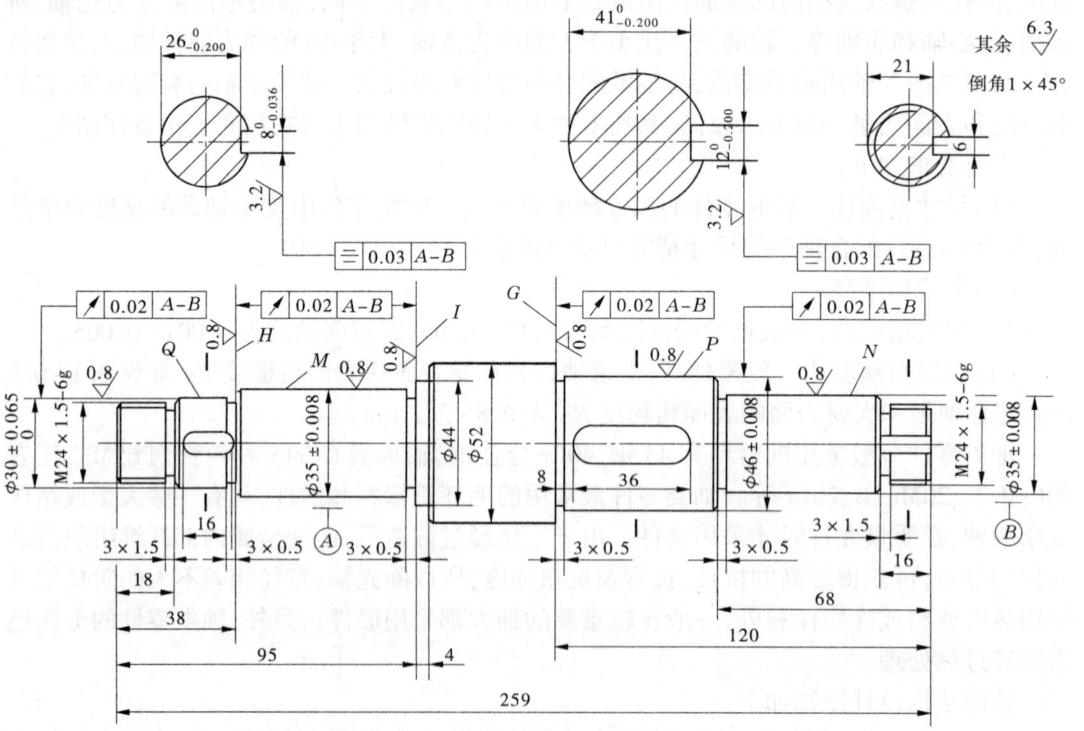

图 10-23 调质处理 HB220~240

表 10-4　传动轴工艺规程卡片

工序	工种	工序内容	加工简图	设备
1	下料	圆钢 $\phi60\times265$	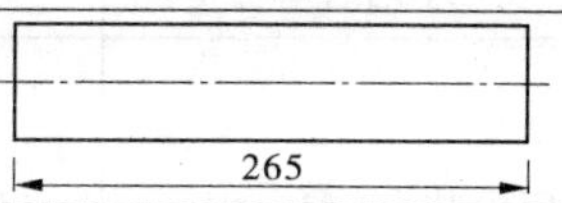	锯床
2	车	车一端面见平；调头，车另一端面保证总长 259	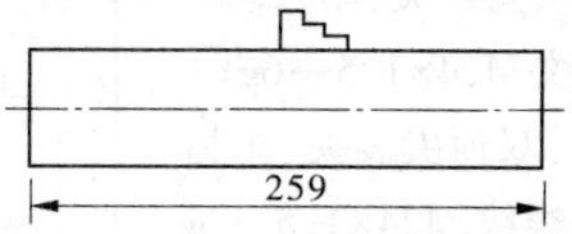	车床
3	车	钻一端中心孔；钻另一端中心孔	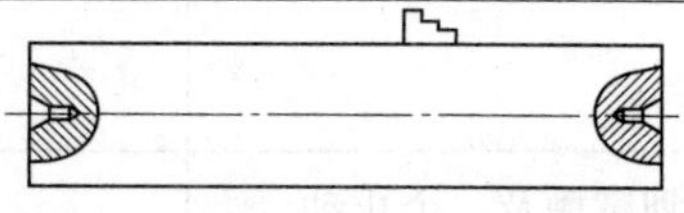	车床
4	车	用尾架顶尖顶住，粗车三个台阶。调头，用尾架顶尖顶住。粗车另外四个台阶	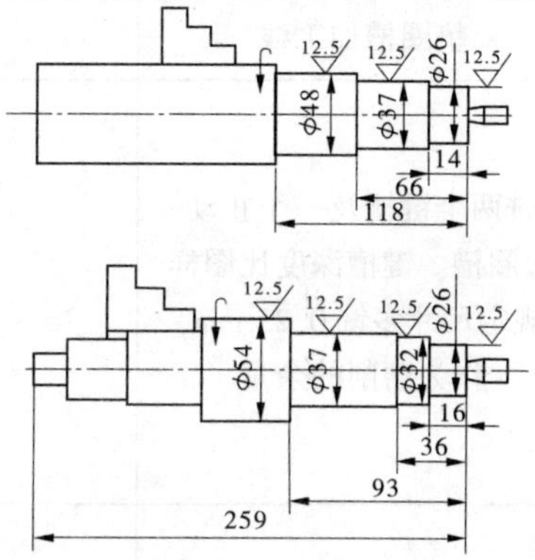	车床
5	钳	修研两端中心孔	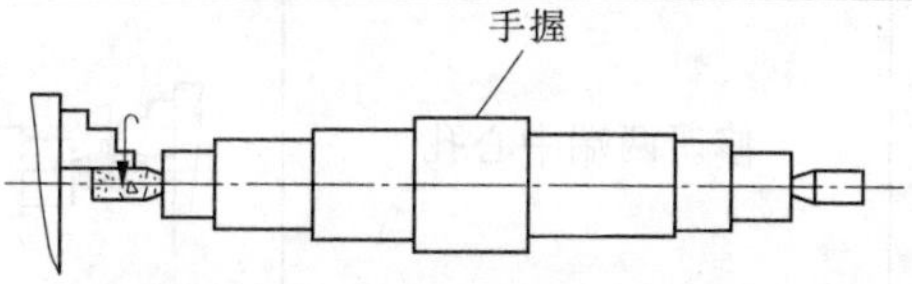	车床
6	热	调质处理 HB220~240		
7	车	双顶尖装夹，半精车三个台阶。切槽三个，倒角三个。调头，双顶尖装夹，半精车余下的五个台阶。切槽三个，倒角四个	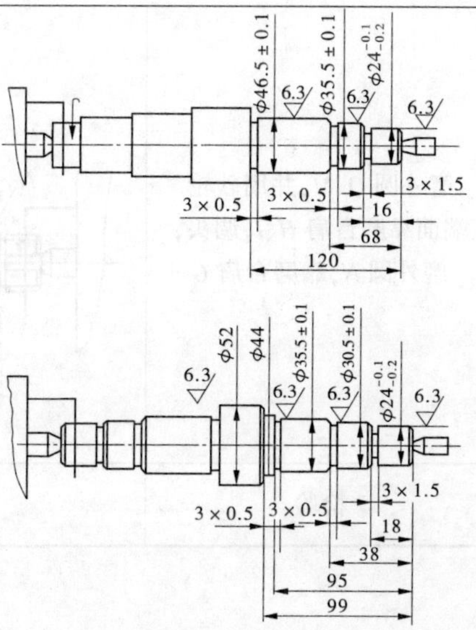	车床

续表 10-4

工序	工种	工序内容	加工简图	设备
8	车	双顶尖装夹，车一端螺纹 M24×1.5—6g。调头，双顶尖装夹，车另一端螺纹 M24×1.5—6g	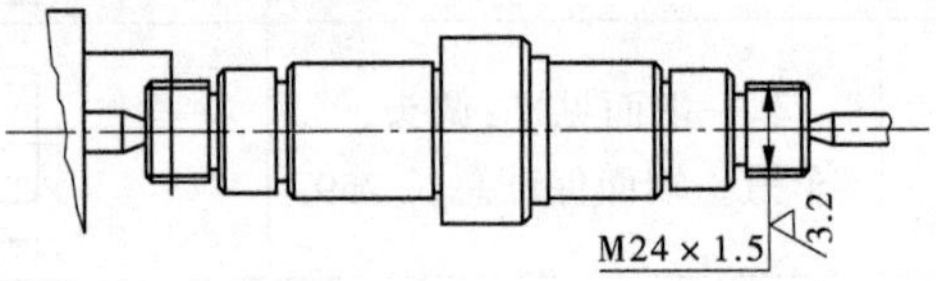	车床
9	钳	划键槽及一个止动垫圈槽加工线		
10	铣	铣两个键槽及一个止动垫圈槽。键槽深度比图样规定尺寸多铣 0.25 mm，作为磨削的余量	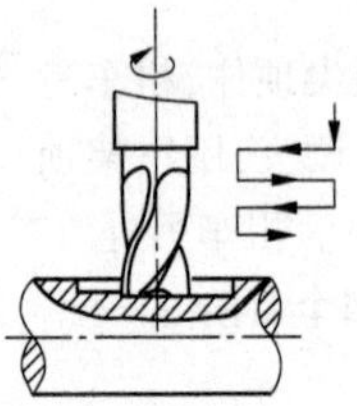	铣床
11	钳	修研两端中心孔	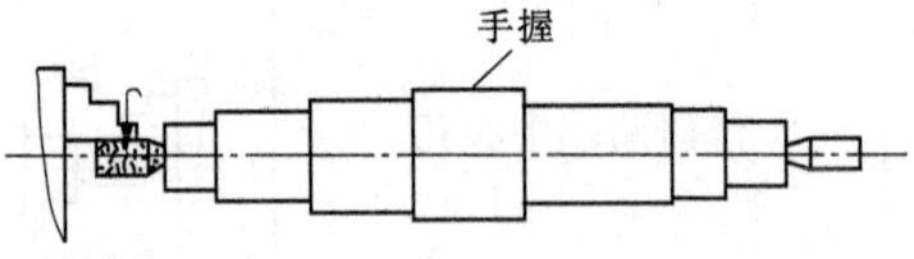	车床
12	磨	磨外圆 Q、M，并用砂轮端面靠磨台肩 H、I，调头，磨外圆 N，靠磨台肩 G	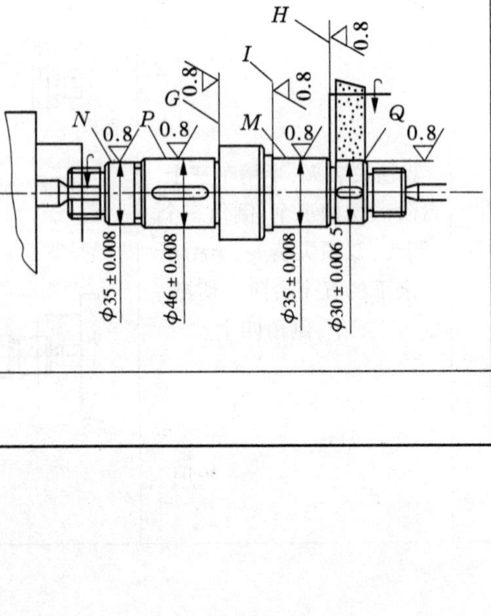	外圆磨床
13	检	检验		

10.4.1.2　中间轴加工工艺规程

中间轴的材料为 45 钢，生产批量为 600 件。中间轴如图 10-24 所示，中间轴工艺规程卡片见表 10-5。

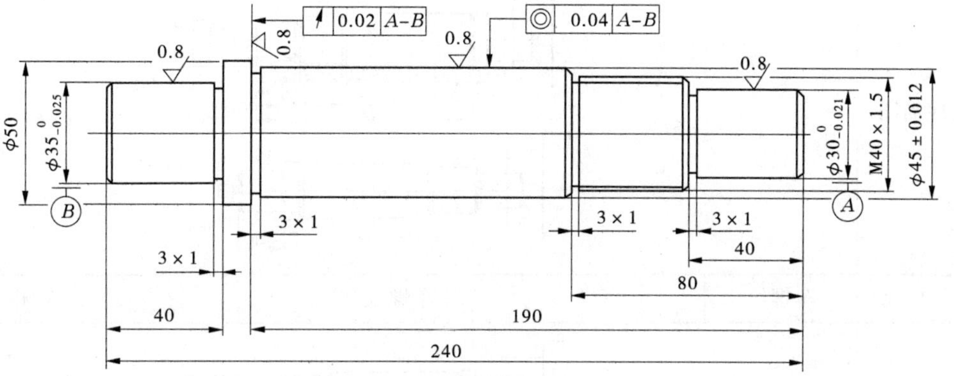

图 10-24　中间轴

表 10-5　中间轴工艺规程卡片

工序号	工序名称	工序内容	机床和刀具
1	下料	圆钢下料	锯床、铁锯
工序简图	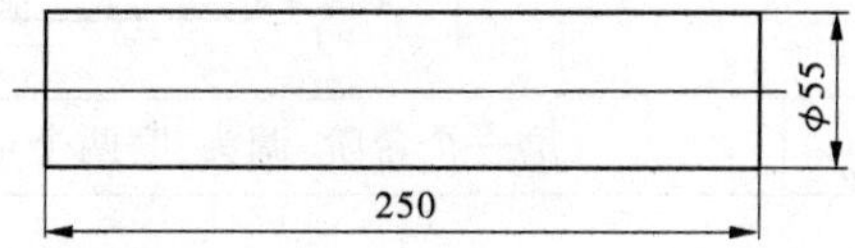		
2	粗车	车端面见平，钻中心孔；粗车四个台阶； 调头，车端面保证总长，钻中心孔；粗车一个台阶	车床、车刀、中心钻
工序简图	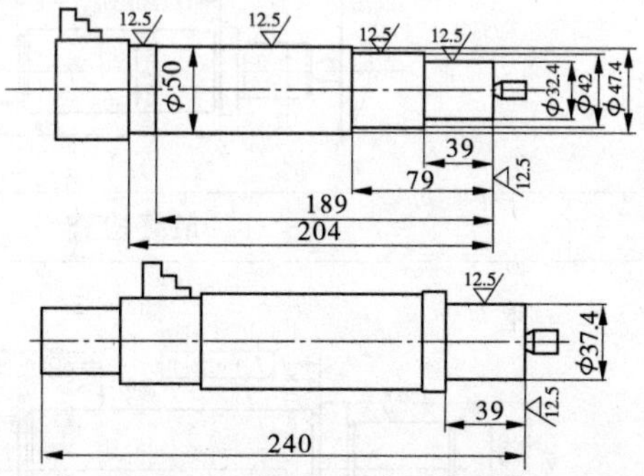		
3	半精车	半精车三个台阶；切槽三个，倒角三个；调头，半精车一个台阶；切槽一个，倒角一个	车床、车刀

续表 10-5

工序号	工序名称	工序内容	机床和刀具
工序简图		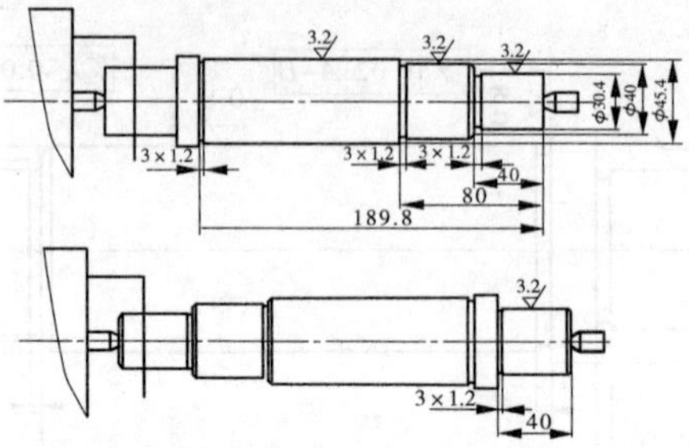	
4	车螺纹	车螺纹	车床、车刀
工序简图		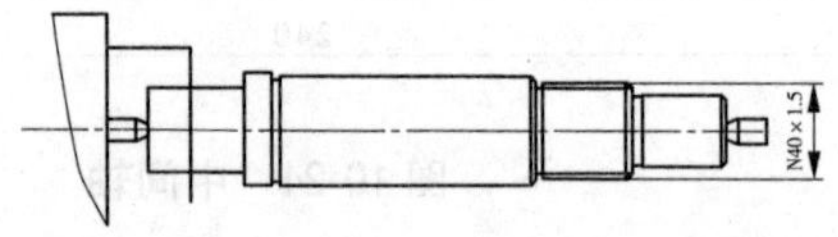	
5	钳	修研两端中心孔	车床、砂轮
工序简图		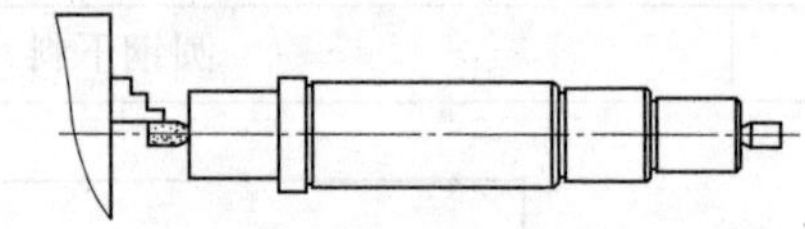	
6	磨	磨一个台阶，调头，磨两个台阶及轴肩	磨床、砂轮
工序简图		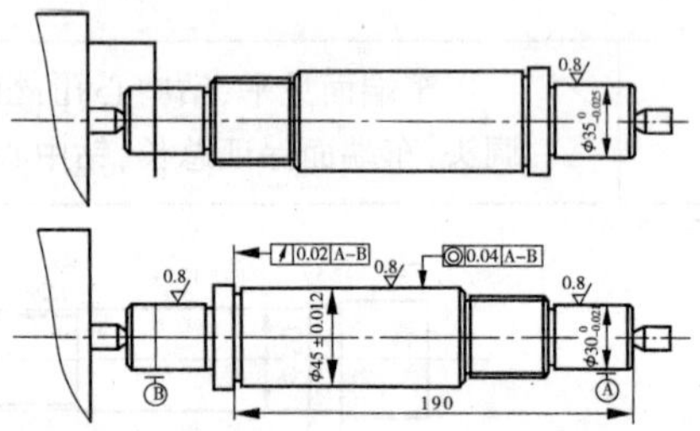	
7	检	最终检查	
工序简图		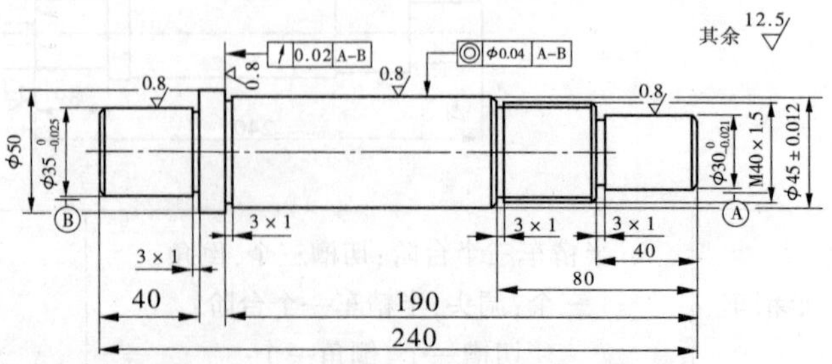	

10.4.2 轮盘类零件加工工艺规程

轮盘材质为 45 钢,生产数量为 500 件。

轮盘技术要求为调质处理 HB220~240,如图 10-25 所示。轮盘加工工艺规程卡片见表 10-6。

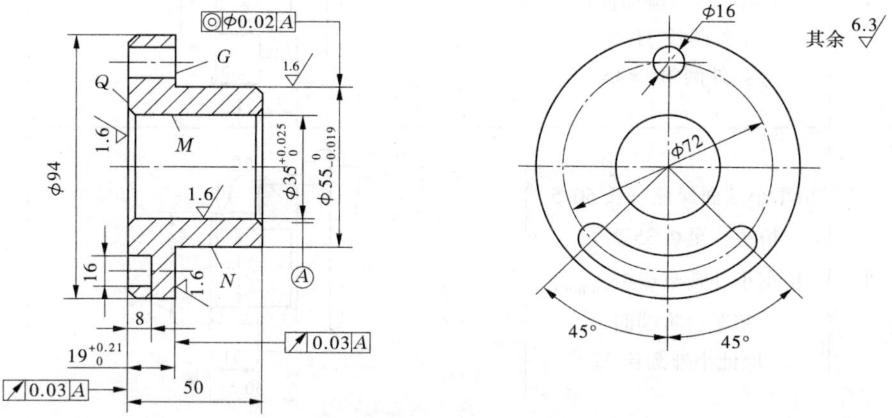

图 10-25 轮盘技术要求

表 10-6 轮盘加工工艺规程卡片

工序	工种	工序内容	加工简图	设备
1	锻	锻造毛坯		
2	车	三爪自定心卡盘夹小端, 粗车大端面见平, 粗车大外圆至 ϕ 96	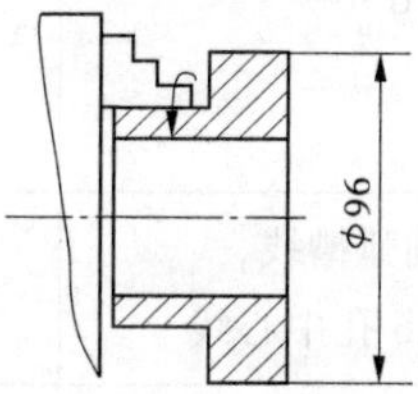	车床
3	车	调头夹大端,粗车小端面 保证总长 52,粗车小外圆至 ϕ 57、长 31,粗车孔至 ϕ 33	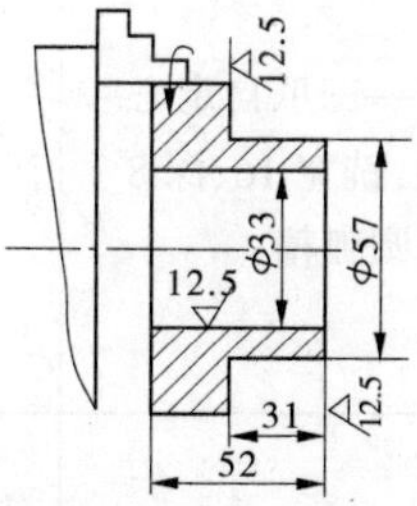	车床
4	热	调质处理 HB220~240		
5	车	半精车大外圆至图纸要求 ϕ 94,半精车大端面保证 ϕ 94、外圆长 20, 倒角 1× 45°	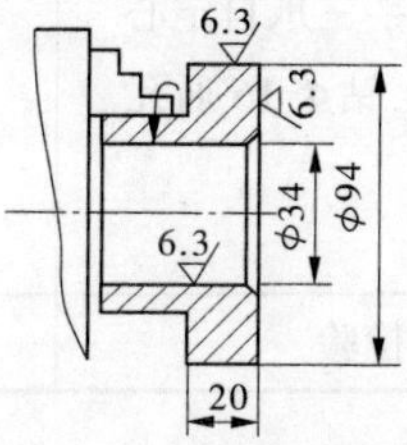	车床

续表 10-6

工序	工种	工序内容	加工简图	设备
6	车	半精车小端面，保证总长 51， 半精车小外圆至 ϕ 54， 半精车台阶端面保证 小外圆长 31.5， 内、外倒角 1×45°	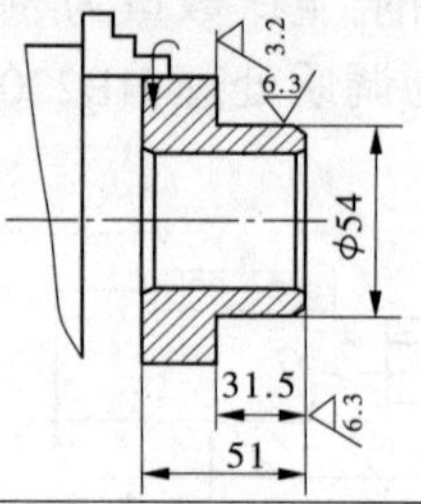	车床
7	车	精车小端面保证总长 50.5， 精车孔至 $\phi\ 35^{+0.025}_{0}$， 精车小外圆至 $\phi\ 55^{0}_{-0.019}$， 精车台阶端面， 保证小外圆长 31	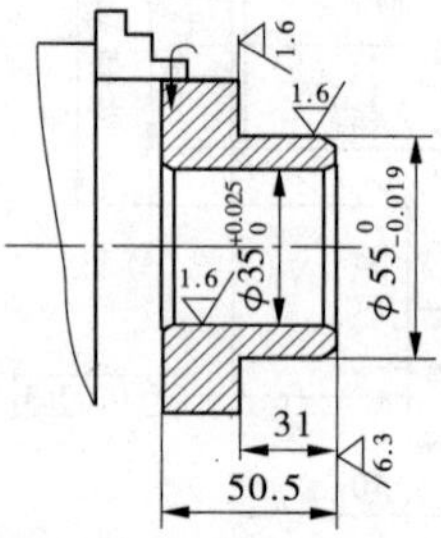	车床
8	车	顶尖、心轴装夹，精车 大外圆端面，保证外圆长 $19^{+0.021}_{0}$	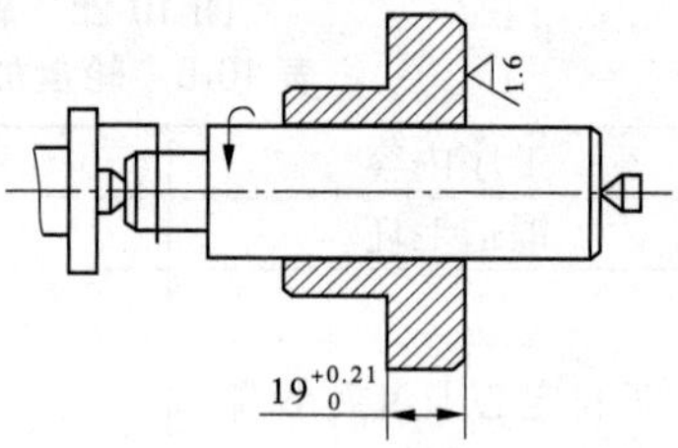	车床
9	钳	划圆弧槽线， 划 ϕ 16 孔中心线		
10	铣	圆工作台—三爪自定心 卡盘装夹，铣宽 16、深 8 的圆弧槽	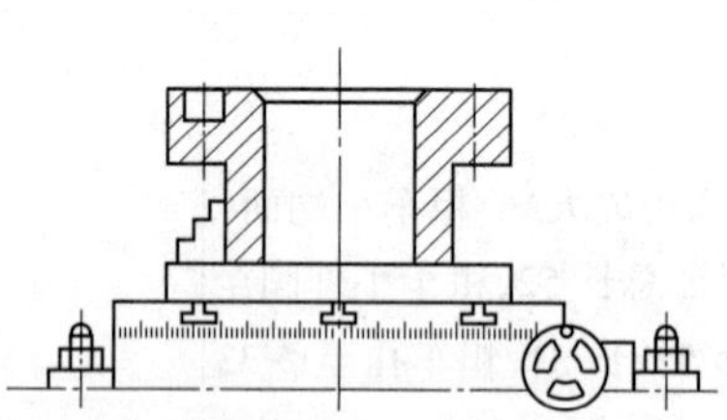	铣床
11	钻	圆工作台—三爪自定心 卡盘装夹，钻 ϕ 16 通孔	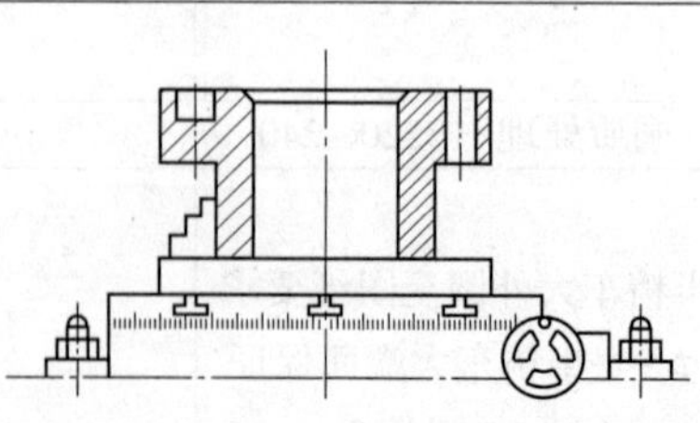	车床
12	检	检验		

10.4.3　叉架类零件加工工艺规程

叉架主要特征在于该衔接部由两管件以一体结构的连接体相连接所构成,叉杆装置直接由铝挤型管材加工折制成型所构成,叉架加工工艺规程卡片见表 10-7。

表 10-7　叉架加工工艺规程卡片

工序	工种	工序内容	加工简图	设备
1	铸	铸造毛坯		
2	钳	划底面 *A* 加工线		
3	刨	平口钳装夹工件; 粗刨底面 *A*; 半精刨底面 *A*	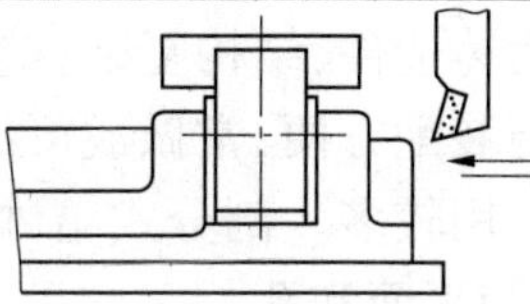	刨床 刨刀
4	钳	划两个 φ 11 孔线		
5	钳	平口钳装夹工件; 钻两个 φ 11 通孔; 锪两个 φ 18 台阶孔	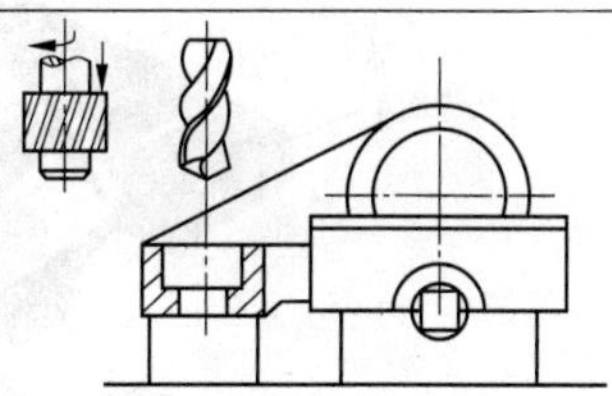	钻床 麻花钻 锪钻
6	钳	划 φ 32 支承孔 两端面线	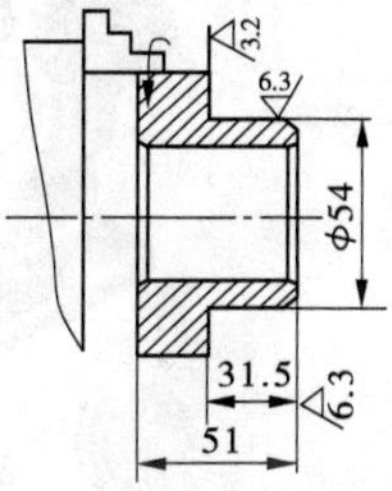	车床
7	铣	平口钳装夹工件; 粗铣两个端面, 长 32 mm	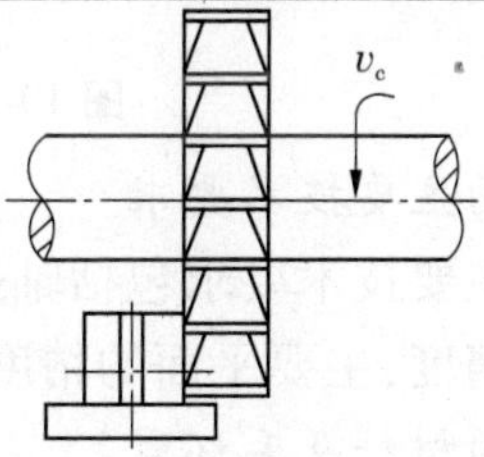	铣床 三面刃 铣刀
8	钳	划 φ 32 支承孔的 十字线及圆孔线		
9	车	花盘—弯板装夹工件, 参照十字线钻孔;半精 车两端面及支承孔、倒角; 精车两端面及支承孔	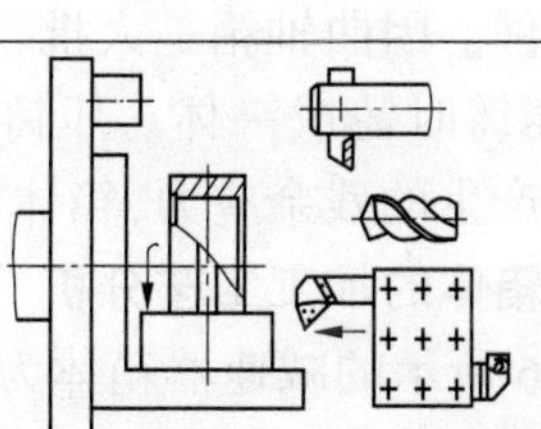	车床 车刀 麻花钻
10	检	检验		

10.4.4　箱体类零件加工工艺规程

10.4.4.1　箱体类零件概述

1. 箱体类零件的功用

箱体类零件通常作为箱体部件装配时的基准零件，它将一些轴、套、轴承和齿轮等零件装配起来，使其保持正确的相互位置关系，以传递转矩或改变转速来完成规定的运动。因此，箱体类零件的加工质量对机器的工作精度、使用性能和寿命都有直接的影响。

2. 箱体类零件的结构特点

箱体类零件多为铸造件，结构复杂，壁薄且不均匀，加工部位多，加工难度大。一般减速器箱体为了制造与装配方便，常做成可剖分的，如图 10-26 所示，这种箱体在矿山、冶金和起重运输机械中应用较多。剖分式箱体也具有一般箱体的结构特点，如壁薄、中空、形状复杂，加工表面多为平面和孔。

图 10-26　减束器箱体

3. 箱体类零件的主要技术要求

箱体类零件的主要技术要求包括轴颈支承孔孔径精度及相互之间的位置精度，定位销孔的精度与孔距精度，主要平面的精度及表面粗糙度等。

4. 箱体类零件的材料及毛坯

箱体类零件的材料常选用灰铸铁，汽车、摩托车的曲轴箱选用铝合金作为主体材料，其毛坯一般采用铸件。因曲轴箱是大批、大量生产的，且毛坯的形状复杂，故采用压铸毛坯，镶套与箱体在压铸时铸成一体。压铸毛坯的精度高，加工余量小，有利于机械加工。为减小毛坯铸造时产生的残余应力，箱体铸造后应安排人工时效。

10.4.4.2　减速器箱体的加工工艺分析

下面以图 10-26 所示的减速器箱体为例，来分析箱体类零件的加工工艺。

1. 减速器箱体的主要加工表面

减速器箱体的主要加工表面可归纳为以下三类：

(1)主要平面。包括箱盖的对合面和顶面、底座的底面和对合面、轴承孔的端面等。

(2)主要孔。包括轴承孔及孔内环槽等。

(3)其他加工部分。包括连接孔、螺纹孔、销孔以及孔的凸台面等。

2. 减速器箱体加工定位基准的选择

1)粗基准的选择

一般箱体类零件选择其重要的孔和另一个相距较远的孔作为粗基准,以保证孔加工时余量均匀。剖分式箱体最先加工的是箱盖或底座的对合面。由于分离式箱体轴承孔的毛坯孔分布在箱盖和底座两个不同部分上,因而在加工箱盖或底座的对合面时,无法以轴承孔的毛坯面作粗基准,而是以凸缘的不加工面作为粗基准。这样可保证对合面加工凸缘的厚薄较为均匀,减小箱体装配时对合面的变形。

2)精基准的选择

精加工时,常以箱体类零件的装配基准或专门加工的一面两孔定位,使得基准统一。剖分式箱体的对合面与底面(装配基面)有一定的尺寸精度和相互位置精度要求;轴承孔轴线应在对合面上,与底面也有一定的尺寸精度和相互位置精度要求。为了保证以上几项要求,加工底座的对合面时,应以底面为精基准,使对合面加工时的定位基准与设计基准重合。箱体装配后加工轴承孔时,仍以底面为主要定位基准,并与底面上的两定位孔组成典型的一面两孔定位方式。这样轴承孔的加工,其定位基准既符合基准统一的原则,又符合基准重合的原则,有利于保证轴承孔轴线与对合面的重合度及与装配基准面的尺寸精度和平行度。

3. 减速器箱体加工过程的划分及加工工艺的安排

1)减速器箱体加工过程的划分

减速器箱体整个加工过程可分为两大阶段,即先对箱盖和底座分别进行加工,然后对装配好的整个箱体进行加工——合件加工。为了保证效率和精度,孔和面的加工还需粗、精加工分开。

2)减速器箱体加工工艺的安排

安排减速器箱体的加工工艺,应遵循先面后孔的原则,对剖分式减速器箱体还应遵循组装后镗孔的原则,因为如果不先将箱体的对合面加工好,轴承孔就不能进行加工。另外,镗轴承孔时,必须以底座的底面为定位基准,所以底座的底面也必须先加工好。由于轴承孔及各主要平面都要求与对合面保持较高的位置精度,所以在平面加工方面应先加工对合面,然后加工其他平面,这体现了先主后次的原则。

4. 减速器箱体热处理和辅助工序的安排

1)合理安排时效工序

一般在毛坯铸造之后安排一次人工时效即可。对一些高精度或形状特别复杂的箱体,应在粗加工之后再安排一次人工时效,以消除粗加工产生的内应力,保证箱体加工精度的稳定性。

2)运输、装夹等辅助工序的安排

减速器箱体的体积、质量较大,故应尽量减少工件的运输和装夹次数。为了保证各加工表面的位置精度,应在一次装夹中尽量多加工一些表面,工序安排相对集中。减速器箱体上相互位置要求较高的孔系和平面，一般尽量集中在同一工序中加工，以减少装夹次数，从而减少安装误差的影响，有利于保证其相互位置精度要求。

10.4.4.3　减速器箱体的加工工艺过程

表 10-8 所示为某厂在小批生产条件下加工图 10-26 所示的减速器箱体的加工工艺过程。该减速器箱体的生产类型为小批生产，毛坯种类为铸件，材料牌号为 HT200。

表 10-8　减速器箱体的加工工艺过程

序号	工序名称	加工内容	加工设备
1	铸造	铸造毛坯	
2	热处理	人工时效	
3	油漆	喷涂底漆	
4	划线	箱盖：根据凸缘面 *A* 划对合面加工线、顶面 *C* 加工线、轴承孔两端面加工线。 底座：根据凸缘面 *B* 划对合面加工线、底面 *D* 加工线、轴承孔两端面加工线	划线平台
5	刨削	箱底：粗、精刨对合面，粗、精刨顶面 *C* 底座：粗、精刨对合面，粗、精刨底面 *D*	牛头刨床或龙门刨床
6	划线	箱底：划中心十字线及各连接孔、销孔、螺纹孔、吊装孔加工线 底座：划中心十字线及各连接孔、油塞孔、油标孔加工线	划线平台
7	钻削	箱盖：按划线钻各连接孔并锪平，钻各螺纹孔的底孔、吊装孔。 底座：按划线钻底面上各连接孔、油塞孔、油标孔，各孔端锪平；将箱盖与底座合在一起，按箱盖对合面上已钻的孔钻底座对合面上的连接孔并锪平	摇臂平台
8	钳工	攻箱盖、底座上的各螺纹孔，铲刮箱盖及底座对合面；箱盖与底座合箱，按箱盖上的划线配钻、铰两个销孔，打入定位销	划线平台
9	铣削	粗、精铣轴承孔端面	铣床
10	镗削	粗、精镗轴承孔，加工轴承孔内环槽	卧式镗床
11	钳工	去毛刺、清洗、打标记	
12	油漆	在各未加工的外表面上涂油漆	
13	检验	按图样要求检验	

习题与思考题

10-1　什么是生产过程和工艺过程？它们分别包括哪些内容？

10-2　根据生产的类型不同，如何制定零件的工艺过程？

10-3　机械加工工艺过程由哪些工序组成？

10-4　制定机械加工工艺规程的原则有哪些？制定的技术依据是什么？

10-5　制定机械加工工艺规程的步骤是什么？

10-6　应该从哪些方面考虑零件结构的工艺性是否合理？

10-7　简述四种典型零件加工工艺规程。

参考文献

[1] 李炯辉. 金属材料金相图谱[M]. 北京:机械工业出版社,2006.
[2] 黎文献. 有色金属材料工程概论[M]. 北京:冶金工业出版社,2007.
[3] 南红艳. 工程训练基础[M]. 北京:煤炭工业出版社,2007.
[4] 郭卫凡,李其钒. 金属工艺学[M]. 徐州:中国矿业大学出版社,2006.
[5] 吴拓. 机械制造工程[M]. 2 版. 北京:机械工业出版社,2005.
[6] 邓文英. 金属工艺学[M]. 5 版. 北京:高等教育出版社,2008.
[7] 张瑞平. 金属工艺学[M]. 北京:冶金工业出版社,2008.
[8] 李军. 金属工艺学[M]. 北京:北京理工大学出版社,2009.
[9] 王宗杰. 熔焊方法及设备[M]. 北京:机械工业出版社,2006.
[10] 熊腊森. 焊接工程基础[M]. 北京:机械工业出版社,2005.
[11] 中国机械工程学会焊接学会. 焊接手册 第 3 卷 焊接结构[M]. 北京:机械工业出版社,2008.
[12] 陈祝年. 焊接工程师手册[M]. 2 版. 北京:机械工业出版社,2010.
[13] 史耀武. 现代焊接生产实用手册[M]. 福州:福建科学技术出版社,2005.
[14] 王章忠. 机械工程材料[M]. 北京:机械工业出版社,2007.
[15] 崔占全,邱平善. 机械工程材料[M]. 哈尔滨:哈尔滨工程大学出版社,2000.
[16] 齐宝森,李莉,吕静. 机械工程材料[M]. 哈尔滨:哈尔滨工业大学出版社,2003.
[17] 郝建民. 机械工程材料[M]. 西安:西北工业大学出版社,2003.
[18] 于永泗,刘民. 机械工程材料[M]. 大连:大连理工大学出版社,2003.
[19] 王晓敏,董尚利,周玉. 机械工程材料[M]. 哈尔滨:哈尔滨工业大学出版社,1998.
[20] 崔忠圻,刘北兴. 金属学与热处理原理[M]. 哈尔滨:哈尔滨工业大学出版社,1998.
[21] 崔占全,王昆林,吴润. 金属学与热处理[M]. 北京:北京大学出版社,2010.
[22] 刘天佑. 金属学与热处理[M]. 北京:冶金工业出版社,2009.
[23] 崔忠圻,覃耀春. 金属学与热处理[M]. 北京:机械工业出版社,2007.
[24] 艾星辉. 金属学[M]. 北京:冶金工业出版社,2009.
[25] 关昕,孟延军. 金属学及热处理[M]. 北京:冶金工业出版社,2008.
[26] 柴增田. 金属工艺学[M]. 北京:北京大学出版社,2009.
[27] 徐先锋,何柏林. 机械工程材料[M]. 北京:化学工业出版社,2010.
[28] 文九巴. 机械工程材料[M]. 北京:机械工业出版社,2009.
[29] 董允,张廷森,林晓娉. 现代表面工程技术[M]. 北京:机械工业出版社,2000.
[30] 刘新田. 表面工程[M]. 开封:河南大学出版社,2000.
[31] 赵文轸. 材料表面工程导论[M]. 西安:西安交通大学出版社,1998.
[32] 赵文光. 实用电镀技术[M]. 哈尔滨:哈尔滨地图出版社,2005.
[33] 安茂中. 电镀理论与技术[M]. 哈尔滨:哈尔滨工业大学出版社,2004.
[34] 覃奇贤. 电镀原理与工艺[M]. 天津:天津科学技术出版社,1993.
[35] 陈天玉. 不锈钢表面处理技术[M]. 北京:化学工业出版社, 2004.
[36] 陈德和. 不锈钢的性能与组织[M]. 北京:机械工业出版社,1977.
[37] 丁德全. 金属工艺学[M]. 北京:机械工业出版社,1998.

[38] 卞洪元,丁金水. 金属工艺学[M]. 北京:北京理工大学出版社,2006.
[39] 杨叔子. 机械加工工艺师手册[M]. 北京:机械工业出版社,2002.
[40] 王文清,李魁盛. 铸造工艺学[M]. 北京:机械工业出版社,2002.
[41] 曹文龙. 铸造工艺学[M]. 北京:机械工业出版社,1989.
[42] 刘喜俊. 铸造工艺学[M]. 北京:机械工业出版社,1999.
[43] 中国机械工程学会铸造专业学会. 铸造手册 第5卷 铸造工艺[M]. 北京:机械工业出版社,2003.
[44] 陶亦亦,潘玉娴. 工程材料与机械制造基础[M]. 北京:化学工业出版社,2006.
[45] 罗继相,王志海. 金属工艺学[M]. 武汉:武汉理工大学出版社,2009.